全国高等教育机电类专业规划教材

互换性与测量技术基础

第二版

刘金华 谈 峰 主编 明兴祖 主审

化学工业出版社

·北京·

本书是根据机电类相关专业培养计划对机械基础课程体系改革的需要编写而成。主要内容包括：互换性与标准化的基本概念、孔和轴的极限与配合、形状和位置公差及检测、表面粗糙度设计与标注、测量技术基础、滚动轴承的互换性、键结合的互换性及检测、圆锥配合的精度设计与标注、渐开线圆柱齿轮的互换性及检测、螺纹的互换性及检测、尺寸链等，书中贯穿了最新国家标准的思想和原则，为加深对互换性基本概念的理解及常见几何公差与配合的应用，在每章后都安排了思考题。

本书可供高等院校机械类和近机类专业"互换性与测量技术"课程教学使用，也可供机械制造类工程技术人员、现场管理人员参考。

图书在版编目（CIP）数据

互换性与测量技术基础／刘金华，谈峰主编．—2版．
北京：化学工业出版社，2019.2（2025.1重印）
全国高等教育机电类专业规划教材
ISBN 978-7-122-33458-9

Ⅰ.①互⋯ Ⅱ.①刘⋯ ②谈⋯ Ⅲ.①零部件-互换性-高等学校-教材②零部件-测量技术-高等学校-教材 Ⅳ.①TG801

中国版本图书馆CIP数据核字（2018）第286510号

责任编辑：高　钰　　　　　　　文字编辑：陈　喆
责任校对：宋　玮　　　　　　　装帧设计：刘丽华

出版发行：化学工业出版社（北京市东城区青年湖南街13号　邮政编码100011）
印　　装：北京云浩印刷有限责任公司
装　　订：三河市振勇印装有限公司
787mm×1092mm　1/16　印张13¾　字数336千字　2025年1月北京第2版第7次印刷

购书咨询：010-64518888　　　售后服务：010-64518899
网　　址：http://www.cip.com.cn
凡购买本书，如有缺损质量问题，本社销售中心负责调换。

定　　价：38.00元　　　　　　　　　　　　　　　　　　　　版权所有　违者必究

前言

"互换性与测量技术"是高等院校机械类、仪器仪表类和机电结合类各专业的一门重要的技术基础课，是联系设计系列课程和工艺系列课程的纽带，也是架设在基础课、实践教学课和专业课之间的桥梁。互换性与测量技术是利用数控技术、计算机辅助设计和辅助制造、计算机集成制造系统、智能制造等先进技术进行现代化生产的基本条件。互换性与测量技术已渗透到零部件的制造与检测、专业化生产的组织协作、测试验收与产品装配、产品的售后服务与使用等全部生产活动中，是现代机械工业生产不可缺少的生产原则和有效的技术措施。

本书共十一章，以互换性与测量技术两大内容展开，以常见几何参数的公差项目、公差选择、标注和含义为重点，以"必需、够用"为度，突出互换性的基本理论和互换性在机械设计中的应用，注重理论联系实际和应用能力的培养及工程素质教育，把几何参数的检测方法与生产实践紧密联系在一起，书中所用的标准都是最新国家标准，内容紧密结合教学大纲，考虑相关专业课程的衔接，形成了比较完整的体系。

本书的内容已制作成用于多媒体教学的PPT课件，并将免费提供给采用本书作为教材的院校使用。如有需要，请发电子邮件至cipedu@163.com获取，或登录www.cipedu.com.cn免费下载。

本书可作为高等院校机械设计与制造、机电一体化、数控加工、模具设计等机械类专业的教学用书，也可作为高等院校机械工程和机电专业的教学用书，可根据各专业对课程的不同要求和教学课时的多少对书中内容作适当的取舍，也适合作为与制造业相关的其他专业的教学用书，还可供制造业的工程技术人员、现场管理人员、操作技术工人参考。

本书由湖南工业大学刘金华、长沙学院谈峰任主编，张灵、米承继、李兵华任副主编，参加本书编写和修订的还有湖南工业大学邓根清、廖翠娇、夏志华、夏德兰，湖南理工谭湘夫。全书由刘金华教授负责统稿，明兴祖教授担任主审。

本书在编写过程中，得到了参编院校的教务处、机械学院和有关任课老师的关心和支持，在本书的编写中引用了国标和技术文献资料，在此一并表示衷心感谢。

由于编者水平有限，书中难免存在不足之处，恳请同仁和读者批评指正。

编 者
2018年10月

目录

第一章　绪论　　1

第一节　概述 ··· 1
　一、互换性的概念 ·· 1
　二、互换性在机械制造中的应用 ··· 1
　三、互换性的分类 ·· 4
第二节　误差和公差 ··· 5
　一、误差 ·· 5
　二、公差 ·· 6
第三节　互换性与标准化 ··· 6
　一、标准与标准化 ·· 6
　二、计量工作 ·· 6
　三、优先数与优先数系 ··· 7
第四节　产品几何技术规范 GPS 简介 ··· 8
　一、产品几何技术规范 GPS 概述 ··· 8
　二、GPS 体系框架 ·· 8
第五节　本课程的研究对象、任务及要求 ····································· 10
　一、本课程的研究对象 ·· 10
　二、本课程的任务 ··· 11
　三、本课程的基本要求 ·· 11
思考题 ··· 11

第二章　孔和轴的极限与配合　　12

第一节　概述 ·· 12
第二节　极限与配合的基本术语及定义 ·· 12
　一、有关孔和轴的定义 ·· 12
　二、有关尺寸的术语及定义 ·· 13
　三、有关偏差、尺寸公差、公差带的术语及定义 ························· 14
　四、有关配合的术语及定义 ·· 16
第三节　极限与配合标准的主要内容 ·· 19
　一、标准公差及标准公差系列 ··· 19
　二、基本偏差及基本偏差系列 ··· 21
　三、基准制 ·· 28

四、公差配合在图样上的标注 ·· 30
　　五、一般、常用、优先公差带与配合 ·· 30
　第四节　线性尺寸的未注公差 ··· 32
　第五节　尺寸精度设计 ··· 33
　　一、基准制的选择 ··· 33
　　二、公差等级的选择 ··· 34
　　三、配合的选择 ··· 37
　思考题 ··· 42

第三章　几何公差　44

　第一节　概述 ··· 44
　　一、几何公差的研究对象 ··· 44
　　二、几何公差类型 ··· 45
　　三、几何公差的特征项目及其符号 ··· 45
　　四、几何公差的标注方法 ··· 46
　　五、几何公差带 ··· 50
　第二节　形状公差及检测 ··· 51
　　一、形状公差项目及公差带 ··· 51
　　二、形状误差的检测 ··· 53
　第三节　方向公差及检测 ··· 59
　　一、基准和基准体系 ··· 59
　　二、方向公差项目及公差带 ··· 60
　　三、方向误差的检测 ··· 64
　第四节　位置公差及检测 ··· 65
　　一、位置公差项目及公差带 ··· 65
　　二、位置误差的检测 ··· 68
　第五节　跳动公差及检测 ··· 69
　　一、跳动公差项目及公差带 ··· 69
　　二、跳动误差的检测 ··· 71
　第六节　公差原则 ··· 72
　　一、术语及定义 ··· 72
　　二、公差原则 ··· 73
　　三、公差原则的应用 ··· 77
　第七节　几何公差的选择 ··· 79
　　一、几何公差项目的确定 ··· 79
　　二、基准的选择 ··· 80
　　三、公差原则的选择 ··· 80
　　四、几何公差值的选择 ··· 80
　　五、未注几何公差的规定 ··· 84

思考题 ··· 85

第四章　表面粗糙度及检测　　88

第一节　概述 ··· 88
　　一、表面粗糙度的概念 ··· 88
　　二、表面粗糙度对产品质量的影响 ·· 88
第二节　表面粗糙度的评定 ··· 90
　　一、基本术语 ·· 90
　　二、评定参数 ·· 91
第三节　表面粗糙度的选择 ··· 93
　　一、表面粗糙度评定参数的选择 ·· 94
　　二、表面粗糙度参数值的选择 ··· 94
第四节　表面粗糙度的标注 ··· 96
　　一、表面粗糙度符号 ·· 96
　　二、表面粗糙度的代号及其标注 ·· 96
　　三、表面粗糙度在图样中的标注 ·· 97
第五节　表面粗糙度的检测 ··· 99
　　一、样板比较法 ··· 99
　　二、光切法 ·· 99
　　三、干涉法 ·· 100
　　四、触针法 ·· 100
　　思考题 ·· 101

第五章　测量技术基础　　103

第一节　概述 ··· 103
　　一、基本概念 ··· 103
　　二、计量单位、长度基准 ·· 104
　　三、量值的传递 ··· 104
第二节　常用测量方法和测量器具 ··· 105
　　一、常用测量方法 ·· 105
　　二、常用测量器具 ·· 107
第三节　测量误差及数据处理 ··· 108
　　一、测量误差种类和产生的原因 ·· 108
　　二、各类测量误差的处理 ·· 110
第四节　光滑工件尺寸的检测 ··· 115
　　一、光滑极限量规 ·· 115
　　二、验收极限及测量器具的选择 ·· 119
　　三、光滑工件的测量 ·· 120
　　思考题 ·· 123

第六章 滚动轴承的互换性 125

第一节 概述 125
一、滚动轴承的结构和种类 125
二、滚动轴承配合性质要求 126
三、滚动轴承代号 126

第二节 滚动轴承的公差等级及选用 128
一、滚动轴承的公差等级 128
二、滚动轴承公差等级选用 129
三、滚动轴承内外径的公差带 129

第三节 滚动轴承与轴、外壳孔的配合及选择 131
一、轴颈和外壳孔的公差带 131
二、滚动轴承配合选择原则 131
三、配合表面的形位公差及表面粗糙度 135
四、滚动轴承配合选择实例 135

思考题 137

第七章 键结合的互换性及检测 138

第一节 键的作用及种类 138

第二节 平键的互换性及检测 139
一、平键连接的公差与配合 139
二、平键连接的检测 141

第三节 花键连接的互换性与检测 142
一、矩形花键的基本参数 142
二、矩形花键的形位公差和表面粗糙度 144
三、矩形花键连接的公差配合及选择 145
四、花键的标注和检测 146

思考题 147

第八章 圆锥配合的精度设计与标注 148

第一节 概述 148
一、圆锥配合的特点 148
二、圆锥配合的种类 148
三、圆锥配合的基本参数 149

第二节 圆锥系列和圆锥公差 149
一、锥度和锥角系列 149
二、圆锥公差 151
三、圆锥公差的确定方法 152

第三节 圆锥配合的精度设计 153

一、圆锥配合的形成方式 ………………………………………………… 153
　　二、圆锥配合的精度设计方法 …………………………………………… 154
　　三、圆锥配合精度设计实例 ……………………………………………… 155
第四节　角度和锥度的检测 ………………………………………………… 156
　　一、直接测量圆锥角 ……………………………………………………… 156
　　二、用量规检验圆锥角偏差和基面距偏差 ……………………………… 156
　　三、间接测量圆锥角或锥度 ……………………………………………… 156
思考题 ………………………………………………………………………… 157

第九章　渐开线圆柱齿轮传动的互换性及其检测　158

第一节　概述 ………………………………………………………………… 158
　　一、对齿轮传动的使用要求 ……………………………………………… 158
　　二、齿轮加工误差的来源及影响 ………………………………………… 159
第二节　单个齿轮的误差项目及其检测 …………………………………… 161
　　一、影响齿轮传动平稳性的因素及检测参数 …………………………… 161
　　二、影响传递运动准确性的因素及检测参数 …………………………… 164
　　三、影响齿轮载荷分布均匀性的因素及检测 …………………………… 166
　　四、影响齿轮副侧隙的单个齿轮因素及测量 …………………………… 167
第三节　齿轮副误差评定及检测 …………………………………………… 170
　　一、轴线平行度偏差及检测 ……………………………………………… 170
　　二、接触斑点及检测 ……………………………………………………… 170
　　三、齿轮副侧隙及检测 …………………………………………………… 171
　　四、中心距极限偏差 ……………………………………………………… 171
　　五、齿轮副切向综合误差 ………………………………………………… 171
第四节　齿轮精度标准及选择 ……………………………………………… 173
　　一、齿轮精度等级及其选择 ……………………………………………… 173
　　二、齿轮副侧隙及侧隙值的确定 ………………………………………… 175
　　三、齿轮公差组的检验组及其选择 ……………………………………… 178
　　四、齿坯公差 ……………………………………………………………… 178
思考题 ………………………………………………………………………… 180

第十章　螺纹连接的互换性及检测　183

第一节　概述 ………………………………………………………………… 183
　　一、螺纹的分类及使用要求 ……………………………………………… 183
　　二、普通螺纹连接的主要参数 …………………………………………… 183
第二节　普通螺纹几何参数误差对互换性的影响 ………………………… 185
　　一、螺纹直径偏差的影响 ………………………………………………… 185
　　二、螺距误差的影响 ……………………………………………………… 185
　　三、牙侧角偏差的影响 …………………………………………………… 186

四、作用中径对螺纹旋合性的影响 ……………………………………………… 187
　　五、普通螺纹合格性的判断原则（泰勒原则） ………………………………… 187
　第三节　普通螺纹的基本偏差与公差 ……………………………………………… 188
　　一、螺纹的基本偏差 …………………………………………………………… 188
　　二、螺纹的公差 ………………………………………………………………… 189
　　三、螺纹的旋合长度 …………………………………………………………… 190
　第四节　螺纹的精度设计与标注 …………………………………………………… 190
　　一、普通螺纹的精度设计与标注 ……………………………………………… 190
　　二、梯形螺纹的精度设计与标注 ……………………………………………… 192
　第五节　螺纹的检测 ………………………………………………………………… 193
　　一、综合检验 …………………………………………………………………… 193
　　二、单项测量 …………………………………………………………………… 194
　思考题 ………………………………………………………………………………… 195

第十一章　尺寸链　　　　　　　　　　　　　　　　　　196

　第一节　概述 ………………………………………………………………………… 196
　　一、尺寸链的定义和特性 ……………………………………………………… 196
　　二、尺寸链的组成 ……………………………………………………………… 197
　　三、尺寸链的种类 ……………………………………………………………… 197
　第二节　用极值法计算尺寸链 ……………………………………………………… 198
　　一、建立尺寸链 ………………………………………………………………… 198
　　二、极值法公式 ………………………………………………………………… 199
　　三、用极值法解装配尺寸链 …………………………………………………… 199
　　四、用极值法求工艺尺寸链 …………………………………………………… 203
　第三节　用统计法计算尺寸链 ……………………………………………………… 203
　　一、统计法基本公式 …………………………………………………………… 203
　　二、计算方法 …………………………………………………………………… 205
　第四节　保证装配精度的其他尺寸链计算方法 …………………………………… 206
　　一、分组互换法 ………………………………………………………………… 206
　　二、修配法 ……………………………………………………………………… 206
　　三、调整法 ……………………………………………………………………… 207
　思考题 ………………………………………………………………………………… 208

参考文献　　　　　　　　　　　　　　　　　　　　　　210

绪论

第一节 概 述

一、互换性的概念

在日常生活中，经常会遇到电灯泡、洗衣机、电视机、热水器等家用电器设备的某一个零部件出现故障而不能正常使用，只要换上相同型号的零（部）件就能正常运转了。不必要考虑生产厂家，这是因为相同规格的这些零（部）件具有互相替换的性能。

现代化工业是按专业化大协作组织生产的，即用分散加工、集中装配的方法来保证产品质量、提高生产率和降低成本。如一台小轿车由上万个零部件组成，这些零部件分别由几百家专业工厂按照技术要求，成批加工生产，而生产汽车的总公司仅生产发动机和车身，并把加工出的合格零件装配在一起，组成一辆完整的符合使用性能要求的轿车。这种由不同专业工厂、不同设备条件、不同人员生产的零部件，可不经选择、修配和调整，就能装配成合格的产品，这种零部件称为具有互换性的零部件。

零件的互换性是指在同一规格的一批零部件中，可以不经选择、修配或调整，任取一件装配在机器或部件上，装配后能满足设计、使用和生产上的要求。

随着科学技术的发展，现代制造业已由传统的生产方式发展到利用数控技术（NC、CNC）、计算机辅助设计（CAD）、计算机辅助制造（CAM）、计算机辅助制造工艺（CAPP）、柔性制造系统（FMS）、计算机集成制造系统（CIMS）等进行现代化生产。互换性是利用这些先进制造技术组织生产的基本条件，按照互换性原则进行生产，有利于广泛的组织协作，进行高效率的专业化生产，从而便于组织流水作业和自动化生产，简化零部件的设计、制造和装配过程，缩短生产周期，提高劳动生产率，降低成本，保证产品质量，便于使用维修。所以，互换性是现代机械工业生产中不可缺少的生产原则和有效的技术措施。

二、互换性在机械制造中的应用

互换性在保证产品性能、提高产品质量、提升经济效益等方面有着重大的实际意义，互换性原则已成为现代机械制造业中一个普遍遵守的原则，是制造业可持续发展的重要技术基础。互换性原则是用来发展现代化机械工业、提高生产效率、保证产品质量、降低经济成本的重要技术经济原则,是工业发展的必然趋势。

互换性原则的普及和深化对我国现代化建设具有重要意义,特别是在机械行业中,遵循互换性原则,不仅能够大大提高劳动生产率,而且能促进技术进步,显著提高经济效益和社会效益。其主要表现有以下几个方面:

(1) 在设计方面　零件具有互换性,就可以最大限度地利用标准件、通用件和标准部件,这样可以简化制图、减少计算工作量,缩短设计周期,并便于采用计算机进行辅助设计。这对发展系列产品、改善产品性能都有重大的作用。例如在研发设计新产品时,通常基于互换性原则,利用游标卡尺、卡钳、卷尺、千分尺、水平仪、角度仪和三坐标测量仪等工具"反求"相似产品的尺寸、形状等几何信息(图 1-1),分析尺寸公差、表面粗糙度、制造工艺等技术指标,快速生成工程图纸(图 1-2),缩短研发周期。

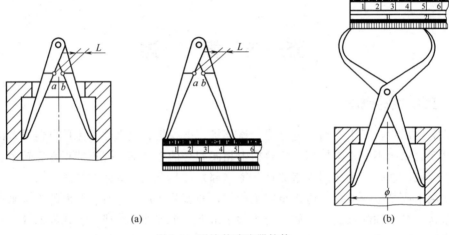

图 1-1　测绘某减速器箱体

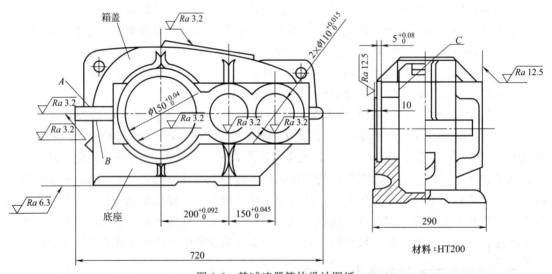

图 1-2　某减速器箱体设计图纸

(2) 在制造加工方面　同一台设备的各个零部件可以分散在多个工厂同时加工,可合理地进行生产分工和专业化协作。这样,每个工厂由于产品单一,批量较大,有利于采用高效率的专用设备制造,容易实现高质、高产、低耗,生产周期也会显著缩短。尤其对计算机辅

机械加工工序卡片

机械加工工序卡片		产品型号		零件图号			共 10 页
		产品名称	减速器齿轮轴	零件名称	齿轮轴		第 8 页

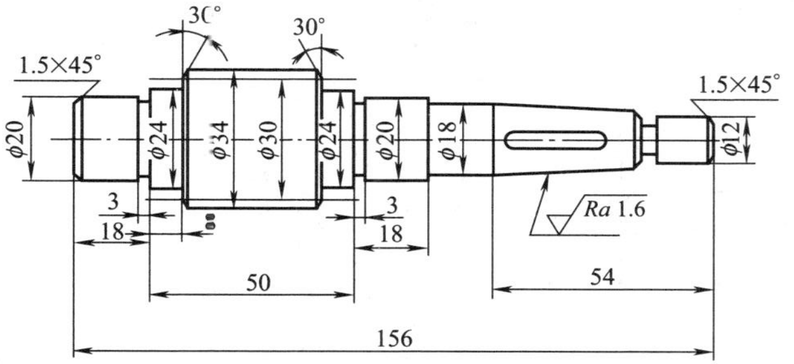

车间	工序号	工序名称	材料牌号
机加工	5	铣键槽	45
	6	滚齿	

毛坯种类	毛坯尺寸外形	每台毛坯可制件数	每台件数
圆锻	φ34×156	1	1

设备名称	设备型号	设备编号	同时加工件数
车床	CA6140/Y3150K		1

夹具名称	夹具编号	切削液
三爪卡盘		

工序号	工步号	工步内容	工艺装备	设备型号	主轴转速 /(r/min)	切削转速 /(r/min)	进给量 /(mm/r)	切削深度 /mm	走刀次数	工步工时 机动	工步工时 辅助
5	1		三爪卡盘、顶尖、铣刀		1000	0.7	0.8	0.4	5	40	
6	1		三爪卡盘、顶尖、滚齿刀		1000	0.6	0.9	0.4	4	60	

		设计(日期)	校对(日期)	审核(日期)
更改文件号	签字	日期		
处数				
更改文件号	处数	签字	日期	

图 1-3 某齿轮轴工艺卡片

助制造（CAM）的产品，不但产量和质量高，且加工灵活性大，生产周期缩短，成本低，从而提高劳动生产率。例如，每个生产线上的工人都可以根据包含几何尺寸与公差等技术要求的工艺卡片（图1-3）进行零件加工制造，零件制作完成后，工作人员还需要依据设计要求和标准对产品进行检验。

（3）在产品装配方面　由于其零部件具有互换性，使装配作业顺利，易于实现流水作业或自动化装配，从而缩短装配周期，提高装配作业质量。例如，装配工人可以根据某型减速器装配图（图1-4）提取配合类型和连接要求，进而确定装配工艺，组装零部件，而配合类型和连接要求等技术标准均是互换性原则的基本内容。

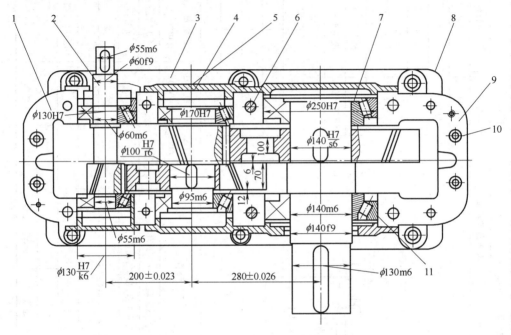

图1-4　某型减速器装配图

（4）在使用维修方面　互换性原则可以保证失效后的零件得以及时更换，可以减少机器的维修时间和费用，保证机器再次正常运转，从而提高机器的寿命和使用价值，使之"物尽其用"。例如，某减速器端盖螺栓损坏，根据互换性原则，换用同型号的螺栓即可保证整个减速器继续使用，避免因单一零件失效而浪费整机的运行。

总之，互换性原则可以为产品的设计、制造、维护和使用以及组织管理等各个领域带来巨大的经济效益和社会效益，而生产水平的提高、技术的进步又可促进互换性在深度和广度方面进一步发展。

三、互换性的分类

互换性按互换的程度可分为完全互换性、不完全互换性两种。

（1）完全互换性　完全互换性是零部件在装配或更换时不经挑选、调整或修配，装配后能够满足预定的使用性能，这样的零部件就具有完全互换性。如标准件螺钉、螺母、滚动轴承、齿轮等。

（2）不完全互换性　当装配精度要求很高时，若采用完全互换将使零件的尺寸公差很小，加工困难，成本很高，甚至无法加工。为了便于加工，这时可将其制造公差适当放大，在完工后,再用测量仪器将零件按实际尺寸分组,按组进行装配。如此,既保证装配精度与使用要求,又降低成本。此时,仅是组内零件可以互换,组与组之间不可互换,称为不完全互换。不完全互换性是零(部)件在装配或更换时,允许有附加选择或附加调整,但不允许修配,装配后能够满足预定的使用性能。

互换性按照决定参数或使用要求可分为几何参数互换性、功能互换性两种。

(1) 几何参数互换性　几何参数互换性是指规定几何参数(包括尺寸大小、几何形状及相互位置关系)的极限,来保证产品的几何参数充分近似达到的互换性,又称为狭义互换性,本书所讲的就是几何参数的互换性。

(2) 功能互换性　功能互换性是指规定功能参数的极限所达到的互换性。功能参数不仅包括几何参数,还包括其他一些参数,如物理、化学等参数,又称为广义互换性。

生产中究竟采用何种互换性方式由产品精度、产品的复杂程度、生产规模、设备条件以及技术水平等一系列因素决定。一般大量和批量生产采用完全互换法。精度要求很高,常采用分组装配,即不完全互换法生产。

第二节　误差和公差

一、误差

为了满足互换性的要求,最理想的方法是采用同规格的零部件,其几何参数都要做得完全一致,这在实际中是不可能的,也是不必要的。零部件在加工过程中,由于种种因素的影响,不可能把工件做得绝对准确,不可能把同一批次的零件做得完全一致,零部件的几何参数总是不可避免地会产生误差,这样的误差称为几何量误差。加工后零件的实际参数值与理论几何参数值存在一定的误差,这种误差称为加工误差。加工误差可分为下列几种(图1-5)。

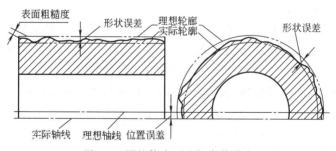

图 1-5　圆柱体表面几何参数误差

① 尺寸误差指一批工件的尺寸变动,即加工后零件的实际尺寸和理想尺寸之差,如直径误差、孔距误差等。

② 形状误差指加工后零件的实际表面形状对于其理想形状的差异(或偏离程度),如圆度、直线度等。

③ 位置误差指加工后零件的表面、轴线或对称平面之间的相互位置对于其理想位置的差异(或偏离程度),如同轴度、位置度等。

④ 表面粗糙度指零件加工表面上具有的较小间距和峰谷所形成的微观几何形状误差。

二、公差

尽管几何量误差可能会影响零部件的互换性,但实践证明,只要将这些误差控制在一定范围内,即将同规格零部件实际几何参数的变动限制在一定范围内,就能保证它们的互换性。公差是指允许尺寸、几何形状和相互位置误差变动的范围,用公差来限制加工误差。零部件的误差在公差范围内,为合格件;超出公差范围,为不合格件。公差则是由设计人员制定的,选定公差的原则是在保证满足产品使用性能的前提下,给出尽可能大的公差。在满足功能要求的前提下,公差应尽可能定得大些,以方便制造和获得最佳的技术经济效益。公差越小,加工越困难,生产成本越高。

第三节　互换性与标准化

一、标准与标准化

生产中要实现互换性,零部件的几何尺寸及其几何参数必须在规定的公差范围内。在生产中如果同类产品的规格太多,或者规格相同而规定的公差大小各异,就会给实现互换性带来很多困难。为了实现互换性生产,必须有一种措施,使各个分散的生产部门和生产环节之间保持必要的技术统一,以形成一个统一的整体,标准和标准化是建立这种关系的主要措施。要实现互换性,就要严格按照统一的标准进行设计、制造、装配、检验等,而标准化正是实现这一要求的一项重要技术手段。因此,在现代工业中,标准化是广泛实现互换性生产的前提和基础。

标准是对技术、经济和相关特征的重复事物和概念所作的统一规定,它是以科学技术和生产经验的综合成果为基础,经有关方面协商,由主管机构批准,并以特定形式颁布统一的规定,作为共同遵守的准则和依据(GB/T 20000.1—2014)。本课程涉及的技术标准多为强制性标准,必须贯彻执行。

标准化就是指在经济、技术、科学以及管理等社会实践中,对重复性的事物(如产品、零件、部件)和概念(如术语、规则、方法、代号、量值)在一定范围内通过简化、优选和协调,做出统一的规定,经审批后颁布、实施以获得最佳秩序和社会成效。

根据标准法规定,我国的标准分为国家标准、行业标准、地方标准和企业标准四级。按照制定的范围不同,标准分为国际标准、国家标准、地方标准、行业标准和企业标准五个级别。在国际范围内制定的标准称为国际标准,用"ISO""IEC"等表示;在全国范围内统一制定的标准称为国家标准,用"GB"表示;在全国同一行业内制定的标准称为行业标准,各行业都有自己的行业标准代号,如机械标准用"JB"表示;在企业内部制定的标准称为企业标准,用"QB"表示。

二、计量工作

我国的计量工作自1985~2017年先后颁布了有关度量衡的法律《中华人民共和国计量法》,保证了我国计量制度的统一和量值传递的准确可靠,使得计量工作沿着科学、先进的方向迅速发展,促进了企业计量管理和产品质量水平的不断提高。

目前,计量测试仪器的制造工业已有很大的进步和发展,其产品不仅满足国内工业发展的需要，而且还出口到国际市场。我国已能生产机电一体化测试仪器产品，如激光丝杆动态检查仪、光栅式齿轮全误差测量仪、三坐标测量机、激光光电比较仪等一批达到或接近世界先进水平的精密测量仪器。

三、优先数与优先数系

在产品设计和制定技术标准时，涉及很多技术参数，这些技术参数在生产各个环节中往往不是孤立的，当选定一个数值作为某种产品的技术参数时，这个数值就会按一定规律向一切相关的材料、产品等有关参数指标扩散。例如螺栓的直径确定后，不仅会传播到螺母的内径上，也会传播到加工这些螺纹的刀具上，传播到检测这些螺纹的量具及装配它们的工具上。技术参数的传播在生产中很多，既可能发生在相同量值之间，也可能发生在不同量值之间。因此工程技术的参数即使只有微小的差别，经过多次传播后也会造成尺寸规格的杂乱。如果随意选取，势必给组织生产、协调配套和设备维修带来很大的困难。为了保证互换性，必须合理地选定零件的公差。通过对零件技术参数合理分档、分级，对零件技术参数极限简化、协调统一，必须按照科学、统一的数值标准，即优先数和优先数系。优先数和优先数系是公差数值标准化的基础。优先数系中的任一个数值均称为优先数。

优先数系是国际上统一的数值分级制度，是一种无量纲的分级数系，适用于各种量值的分级。在确定产品的参数或参数系列时，应最大限度地采用优先数和优先数系。产品（或零件）的主要参数（或主要尺寸）按优先数形成系列，可使产品（或零件）系列化，便于分析参数间的关系，可减轻设计计算的工作量。

优先数系由一些十进制等比数列构成，其代号为 Rr。等比数列的公比为：$q_r = \sqrt[r]{10}$，其含义是在同一个等比数列中，每隔 r 项的后项与前项的比值增大为 10。如 R5：设首项为 a，其各项依次为 aq_5、$a(q_5)^2$、$a(q_5)^3$、$a(q_5)^4$、$a(q_5)^5$，则 $a(q_5)^5/a = 10$，故 $q_5 = \sqrt[5]{10} \approx 1.6$，目前 ISO 优先数系的公比 $q_{10} = \sqrt[10]{10} \approx 1.25$，$q_{20} = \sqrt[20]{10} \approx 1.12$，$q_{40} = \sqrt[40]{10} \approx 1.06$，补充系列的公比 $q_{80} = \sqrt[80]{10} \approx 1.03$，优先数系的基本系列见表 1-1。

表 1-1 优先数系基本系列（GB/T 321—2005）

R5	R10	R20	R40	R5	R10	R20	R40	R5	R10	R20	R40
1.00	1.00	1.00	1.00			2.24	2.24		5.00	5.00	5.00
			1.06				2.36				5.30
		1.12	1.12	2.50	2.50	2.50	2.50			5.60	5.60
			1.18				2.65				6.00
	1.25	1.25	1.25			2.80	2.80	6.30	6.30	6.30	6.30
			1.32				3.00				6.70
		1.40	1.40			3.15	3.15			7.10	7.10
			1.50				3.35				7.50
1.60	1.60	1.60	1.60			3.55	3.55		8.00	8.00	8.00
			1.70				3.75				8.50
		1.80	1.80	4.00	4.00	4.00	4.00			9.00	9.00
			1.90				4.25				9.5
	2.00	2.00	2.00			4.50	4.50	10.00	10.00	10.00	10.00
			2.12				4.75				

优先数的理论值一般都是无理值，实际应用时有困难，对计算作圆整保留三位有效数称为常用值，即优先数中优先的含义。优先数的化整对计算值的相对误差较大，一般不宜采

用，在产品设计时，对主要尺寸和参数必须采用优先数。通常机械产品的主要参数按 R5 和 R10 系列；专用工具的主要尺寸按 R10 系列，通用零件和工具及通用型材的尺寸等按 R20 系列。

第四节　产品几何技术规范 GPS 简介

一、产品几何技术规范 GPS 概述

产品几何技术规范（Dimensional Geometrical Product Specification and Verification，GPS）是机电产品技术标准和计量规范的基础，根据产品的微观和宏观几何特征建立的一个几何技术标准体系，覆盖产品开发、设计、制造、质检、使用以及维修、报废等全生命周期，其应用涉及国民经济的各个部分和学科。GPS 体系由涉及产品几何特征及其特征量的诸多技术标准所组成，目前分为四类标准：GPS 基础标准、GPS 综合标准、GPS 通用标准和 GPS 补充标准，这些标准涵盖尺寸、距离、角度、形状、位置、方向、表面粗糙度等微、宏观几何特征，并形成相应的标准链，还包括工件的特定工艺公差标准和典型的机械零件几何要素标准，是一个非常完备的标准体系。

新一代 GPS 基于新的公差理论和概念，提出了 GPS 的总体规划（GPS 矩阵模型），明确了各标准在 GPS 矩阵模型中的位置以及与其他标准的关系，并以标准链的形式实现了产品尺寸、距离、角度、形状、位置、方向等宏观几何特征的尺寸公差与形位公差和涉及表面粗糙度等微观几何特征的表面结构的全面结合，通过对产品几何精度的"实时"与"在线"控制，充分保证了产品在设计、制造、质检、使用、维修等阶段各项技术要求的协调与统一。同时，通过与计算机技术高度融合，实现了与现代设计方法和制造技术的有机结合，是对传统标准几何精度控制思想的一次重大变革。

二、GPS 体系框架

根据 GB/Z 20308—2006《产品几何技术规范（GPS）总体规划》，GPS 矩阵模型（GPS Matrix Model）包括 GPS 基础标准、GPS 综合标准、GPS 通用标准和 GPS 补充标准，如图 1-6 所示。GPS 的标准化工作应遵循明确性原则、全面性原则和互补性原则。

（1）GPS 基础标准　它是确定 GPS 的基本原则和体现体系框架及结构的标准，是协调和规范 GPS 体系中各标准的依据，在 GPS 体系中，GPS 基础标准是其他三类标准的基础，是最顶层的技术标准。

（2）GPS 综合标准　它给出了综合概念和规则，涉及或影响所有几何特征标准链的全部链环或部分链环的标准，在 GPS 标准体系中起着统一各 GPS 通用标准链和 GPS 补充标准链技术规范的作用，它是高层次的技术标准。

（3）GPS 通用标准　它是 GPS 标准体系的主体，为各种类型的几何特征建立了从图样标注、公差定义和检验要求到检验设备的计量校准等方面的技术规范。

（4）GPS 补充标准　它是基于制造工艺和要素本身的类型，对 GPS 通用标准中各要素在特定范围内的补充规定。

通用标准中包含多个标准链，标准链是影响同一几何特征的一系列相关标准，按照相应的规范要求分成多个链环，每个链环至少包括一个标准，它们之间相互关联，并与其他链环

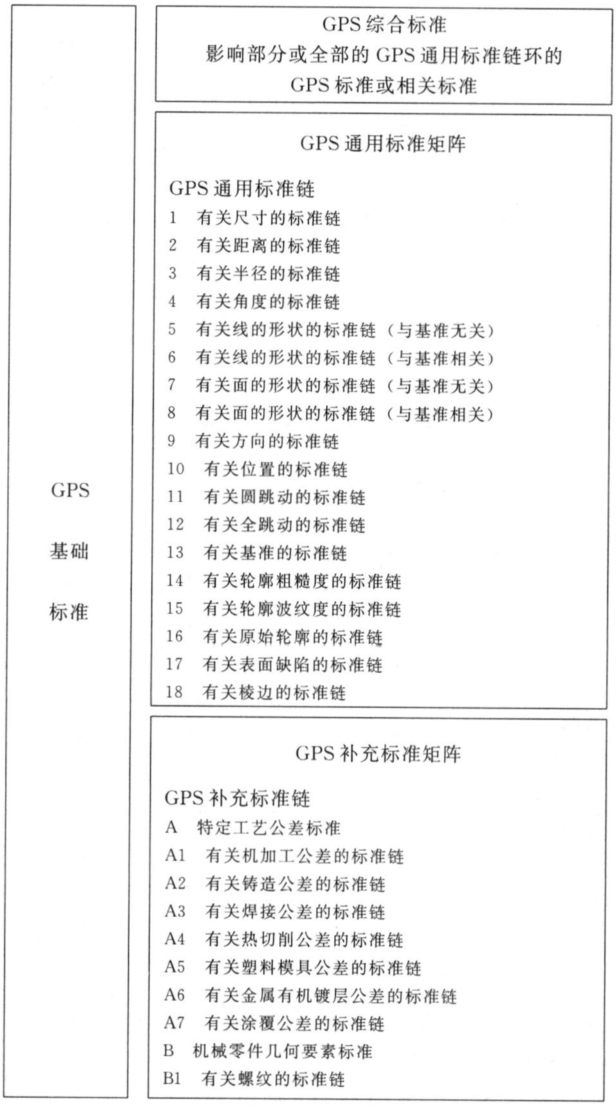

GPS基础标准	GPS综合标准
	影响部分或全部的GPS通用标准链环的GPS标准或相关标准
	GPS通用标准矩阵
	GPS通用标准链
	1　有关尺寸的标准链
	2　有关距离的标准链
	3　有关半径的标准链
	4　有关角度的标准链
	5　有关线的形状的标准链（与基准无关）
	6　有关线的形状的标准链（与基准相关）
	7　有关面的形状的标准链（与基准无关）
	8　有关面的形状的标准链（与基准相关）
	9　有关方向的标准链
	10　有关位置的标准链
	11　有关圆跳动的标准链
	12　有关全跳动的标准链
	13　有关基准的标准链
	14　有关轮廓粗糙度的标准链
	15　有关轮廓波纹度的标准链
	16　有关原始轮廓的标准链
	17　有关表面缺陷的标准链
	18　有关棱边的标准链
	GPS补充标准矩阵
	GPS补充标准链
	A　特定工艺公差标准
	A1　有关机加工公差的标准链
	A2　有关铸造公差的标准链
	A3　有关焊接公差的标准链
	A4　有关热切削公差的标准链
	A5　有关塑料模具公差的标准链
	A6　有关金属有机镀层公差的标准链
	A7　有关涂覆公差的标准链
	B　机械零件几何要素标准
	B1　有关螺纹的标准链

图1-6　GPS总体规划框架

形成有机联系，缺少任一链环的标准，都将影响该几何特征功能的实现。通用标准矩阵模型中行矩阵由18个表征产品几何特征的对象组成，列矩阵由6个表征产品几何定义和控制的对象组成（即链环），如图1-7所示。

（1）链环1—产品文件表示（图样标注代号）　链环1所包含的GPS通用标准规定了为处理或表达工件特征，图样标注中使用的代号（代表几何特征的符号和代号的定义、使用、组合规则、代号之间的差异以及含义上的变化）。

（2）链环2—公差定义及其数值　链环2所包含的GPS通用标注定义了用相关代号表示的公差及其规范值、代号转换规则和具有关联公差的理论正确要素及其几何特征。

（3）链环3—实际要素的特征或参数定义　链环3所包含的GPS通用标准补充和扩展了理想要素的含义，以准确定义对应于公差标注的非理想几何要素。本链环中，实际要素特征的定义基于一系列数值点，为帮助使用者对定义的理解和实现计算机计算，实际要素的特征或参数以文字描述和数学表达的方式分别予以定义。

链环	1	2	3	4	5	6
要素的几何特征	产品文件表示(图样标注代号)	公差定义及其数值	实际要素的定义及参数特征	工件偏差评定	测量器具	测量器具校准
1 尺寸						
2 距离						
3 半径						
4 角度						
5 与基准无关的线的形状						
6 与基准相关的线的形状						
7 与基准无关的面的形状						
8 与基准相关的面的形状						
9 方向						
10 位置						
11 圆跳动						
12 全跳动						
13 基准						
14 轮廓粗糙度						
15 轮廓波纹度						
16 原始轮廓						
17 表面缺陷						
18 棱边						

图 1-7　GPS 通用标准矩阵简图

（4）链环 4—工件偏差评定　链环 4 所包含的 GPS 通用标准在兼顾链环 2 和链环 3 定义的同时，定义了工件偏差评定的详细要求。

（5）链环 5—测量器具　链环 5 所包含的 GPS 标准描述了特定的或各种类型的测量（计量）器具，并定义了测量（计量）器具的特性。这些特性影响着测量过程及测量（计量）器具本身带来的不确定度。标准中还包括测量（计量）器具已定义特性的最大允许误差。

（6）链环 6—测量器具校准　链环 6 所包含的 GPS 通用标准描述并规定了测量（计量）器具的计量、校准和校准程序，以及链环 5 中涉及的测量（计量）器具特性的技术要求（最大允许误差）。

第五节　本课程的研究对象、任务及要求

一、本课程的研究对象

公差配合与测量技术是机械工程一级学科的一门主干技术基础课，它将机械设计和制造工艺系列课程紧密地联系起来，是架设在技术基础课、专业课和实践教学课之间的桥梁。机械设计过程从总体设计到零件设计，是研究机构运动学问题，即完成对机器的功能、结构、

形状、尺寸的设计过程。为了保证实现从零、部件的加工到装配成机器，实现要求的功能和正常运转，还必须对零、部件和机器进行精度设计。这是因为机器的精度直接影响到机器的工作性能、振动、噪声和使用寿命，而且，科技越发达，机械工业生产规模越大，协作生产越广泛，对机械精度要求越高，对互换性的要求也越高。本课程研究对象就是如何进行几何参数的精度设计，即如何利用有关的国家标准，合理解决机器使用要求与制造工艺之间的矛盾，及如何应用质量控制方法和测量技术，保证国标的贯彻执行，以确保产品质量。精度设计是从事产品设计、制造、测量等工程技术工作人员必须具备的能力。

二、本课程的任务

本课程的任务是：通过讲课、实验、作业等教学环节，了解互换性与标准化的重要性；熟悉极限与配合的基本概念；掌握极限配合标准的主要内容；初步掌握确定公差的原则和方法；了解技术测量的工具和方法；初具选择和操作计量器具的技能。初步建立测量误差的概念，可分析测量误差与处理测量数据。建立尺寸链的概念和了解它的计算方法，为正确地理解和绘制设计图样及正确地表达设计思想打下基础。

三、本课程的基本要求

学习本课程，是为了获得机械工程技术人员必备的公差配合与检测方面的基本知识、基本技能。随着后续课程的学习和实践知识的丰富，将会加深对本课程的内容的理解。学习本课程后应该达到下列要求。

① 掌握机械零件几何精度、互换性与标准化等基本概念。
② 了解本课程所介绍的各个公差标准和基本内容。
③ 正确理解图样上所标注的各种公差配合代号的技术含义；掌握公差配合、形位公差和表面粗糙度的国家标准。
④ 初步学会根据机器和零部件的功能要求，选用合适的公差与配合，并能正确地标注到图样上。
⑤ 掌握测量技术的基本知识；熟悉常用量具和量仪的基本结构、工作原理、各部分作用及调整使用知识，熟悉多种精密量仪的结构、原理和各组成部分的作用。
⑥ 正确、熟练地选择和使用生产现场的量具、量仪对零部件的几何量进行准确检测和综合处理检测数据。
⑦ 熟悉常用典型结合的公差配合和检测方法。

思 考 题

1. 什么是互换性？简述它在机械制造中的作用。
2. 完全互换与不完全互换有何区别？各应用于什么场合？采用不完全互换的条件和意义是什么？
3. 简述加工误差、公差、互换性三者的关系。
4. 简述优先数和优先数系的基本内容。
5. 何谓标准化？它与互换性有何关系？标准是如何分类的？

第二章

孔和轴的极限与配合

第一节 概 述

光滑圆柱体结合是机械制造中应用最广泛的一种结合形式。因此,适用于光滑圆柱体结合及其他结合形式的《极限与配合》标准也是应用最广泛的基础标准。

极限与配合的标准化,有利于实现互换性生产;有利于机器的设计、制造、使用和维修;有利于保证机械零、部件的精度、使用性能和寿命;也有利于刀具、量具、机床等工艺装备的标准化。

本章主要介绍国家标准 GB/T 1800《产品几何技术规范(GPS)极限与配合》中规定的基本概念、主要内容及其应用,其分为两部分。

GB/T 1800.1—2009《产品几何技术规范(GPS)极限与配合 第 1 部分:公差、偏差和配合的基础》,主要将旧版 GB/T 1800.1—1997、GB/T 1800.2—1998、GB/T 1800.3—1998 内容合并;

GB/T 1800.2—2009《产品几何技术规范(GPS)极限与配合 第 2 部分:标准公差等级和孔、轴极限偏差表》,主要将旧版 GB/T 1800.4—1999 部分内容进行修改。

第二节 极限与配合的基本术语及定义

术语和定义是极限与配合标准的基础,也是从事机械类各专业工作人员的技术语言。为了正确理解及应用标准,首先必须掌握极限与配合的基本术语和定义。在极限与配合中的孔和轴都具有广义性。

一、有关孔和轴的定义

孔:主要是指工件的圆柱形内表面,也包括非圆柱形内表面(由二平行平面或切面形成的包容面)即凹进去的包容面。

轴:主要是指工件的圆柱形外表面,也包括非圆柱形外表面(由二平行平面或切面形成的被包容面)即凸出来的被包容面。

在极限与配合中,孔和轴都是由单一尺寸确定的,如图 2-1 所示。孔、轴的特点是:装配后孔为包容面而轴为被包容面；加工时随着余量的切除，孔的尺寸由小变大而轴的尺寸则由大变小。

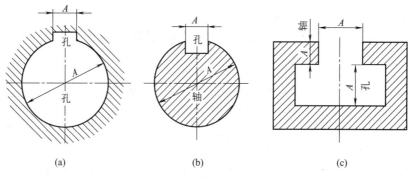

图 2-1　孔和轴的定义示意图

二、有关尺寸的术语及定义

1. 尺寸

用特定的单位表示长度值的数字称为尺寸。从尺寸的定义可知，尺寸是指长度的值，它由数字和特定单位两部分组成，例如 50cm、20mm 等。

长度值是较广泛的概念，其实质是线性的两点间距离。它包括直径、半径、宽度、深度、高度和中心距等。国家标准规定，在机械制图中图样上尺寸通常以毫米（mm）为单位，标注时可将单位省略，仅标注数字。

2. 公称尺寸

公称尺寸是由图样规范确定的理想形状要素的尺寸。孔用 D 表示，轴用 d 表示。通过它利用上、下极限偏差可计算出极限尺寸。公称尺寸是设计人员根据使用性能的要求，通过对强度、刚度的计算及结构方面的考虑或通过试验、类比并按照标准直径或标准长度圆整后确定的尺寸。这样可以减少定值刀具、量具等的规格数量，便于应用。

3. 实际（组成）要素的尺寸

由接近实际（组成）要素所限定的工件实际表面的组成要素部分的尺寸。由于测量时不可避免地存在测量误差，所以实际（组成）要素的尺寸并非尺寸的真值，从理论上讲尺寸的真值是难以得到的，但是随着测量精度的提高实际尺寸会越来越接近其真值。孔用 D_a 表示，轴用 d_a 表示。

4. 提取组成要素的局部尺寸

一切提取组成要素上两相对点之间的距离称为提取组成要素的局部尺寸，简称为提取要素的局部尺寸。对于一个轴或孔是任意横截面两点间距离，用两点法测量得到。

5. 极限尺寸

允许尺寸变化的两个界限值称为极限尺寸。尺寸要素允许的最大尺寸称为上极限尺寸，孔和轴分别用 $D_{\max}$ 和 $d_{\max}$ 表示；尺寸要素允许的最小尺寸称为下极限尺寸，孔和轴分别用 $D_{\min}$ 和 $d_{\min}$ 表示，如图 2-2 所示。

极限尺寸是用来控制实际尺寸的，极限

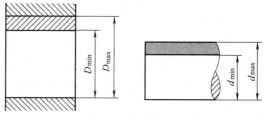

图 2-2　极限尺寸

尺寸在设计时就已经给定。如果不考虑其他因素，合格零件的实际尺寸应符合下列公式：
$$D_{\max}(d_{\max}) \geqslant D_a(d_a) \geqslant D_{\min}(d_{\min}) \tag{2-1}$$
否则零件尺寸不合格。

三、有关偏差、尺寸公差、公差带的术语及定义

1. 偏差

偏差是指某一尺寸（实际要素的尺寸、极限尺寸等）减其公称尺寸所得的代数差。某一尺寸可能比公称尺寸大、也可能比公称尺寸小或者与公称尺寸相等，因此偏差值可正，可负，还可以为零。偏差除零外，无论在书写或计算时必须在数值前标注"＋"号或"－"号，例如 $\phi 50.01 - \phi 50 = +0.01$（+0.01 为偏差）。

(1) 实际偏差　实际（组成）要素的尺寸减其公称尺寸所得的代数差。即
$$E_a = D_a - D \quad e_a = d_a - d \quad (E_a \text{表示孔的实际偏差}，e_a \text{表示轴的实际偏差})$$

(2) 极限偏差　极限尺寸减其公称尺寸所得的代数差称为极限偏差。极限偏差可以分为上极限偏差和下极限偏差，而且上极限偏差总是大于下极限偏差。

上极限尺寸减其公称尺寸所得的代数差称为上极限偏差。孔和轴的上极限偏差分别用 ES 和 es 表示。

下极限尺寸减其公称尺寸所得的代数差称为下极限偏差。孔和轴的下极限偏差分别用 EI 和 ei 表示。

孔、轴的上极限偏差表达式为
$$\text{ES} = D_{\max} - D \quad \text{es} = d_{\max} - d \tag{2-2}$$
孔、轴的下极限偏差表达式为
$$\text{EI} = D_{\min} - D \quad \text{ei} = d_{\min} - d \tag{2-3}$$

极限偏差是用来控制实际偏差的，在实际生产中极限偏差应用比较广泛。一般在图样上要标注公称尺寸和极限偏差。上极限偏差标注在公称尺寸的右上角，下极限偏差标注在右下角，标注形式如下：

$$\phi 20^{+0.028}_{+0.007} \quad \phi 20^{-0.020}_{-0.041} \quad \phi 20^{\ 0}_{-0.021} \quad \phi 20 \pm 0.02$$

2. 尺寸公差（简称公差 T）

允许尺寸变动的量或变动的范围称为尺寸公差。由于加工时不可避免地存在加工误差，所以公差不能为零，更不能为负值，公差是一个没有符号的绝对值。公差等于上极限尺寸减去下极限尺寸之差或上极限偏差减去下极限偏差之差。孔的公差用 T_h 表示，轴的公差用 T_s 表示。其表达式如下：

孔的公差　　　　　　　$T_h = D_{\max} - D_{\min} = \text{ES} - \text{EI}$ 　　　　　　　　(2-4)

轴的公差　　　　　　　$T_s = d_{\max} - d_{\min} = \text{es} - \text{ei}$ 　　　　　　　　(2-5)

注意：公差与极限偏差是两种不同的概念，故不能混淆。

允许尺寸变动的范围大——公差值大——加工精度低——易加工

允许尺寸变动的范围小——公差值小——加工精度高——难加工

公差是决定零件精度的，而极限偏差是决定极限尺寸相对公称尺寸位置的。孔、轴的公称尺寸、极限尺寸、极限偏差与公差相互关系如图 2-3 所示。

3. 尺寸公差带

由最大极限尺寸和最小极限尺寸或上偏差和下偏差限定的一个区域称为尺寸公差带。尺

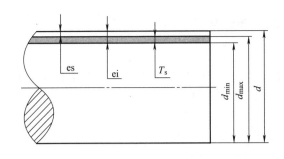
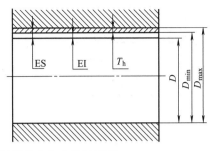

图 2-3 轴、孔公称尺寸、极限尺寸、极限偏差与公差示意图

寸公差带的大小是由公差值确定的,尺寸公差带在公差带图中的位置是由基本偏差确定的。孔的公差带用▨表示,轴的公差带用▨表示。

(1) 公差带图　用图所表示的公差带称为公差带图。孔、轴公差带图如图 2-4 所示。

公称尺寸相同的孔的公差带或轴的公差带都可以画在同一个公差带图上。画公差带图时,在零线左端标注"0""+"号和"-"号,在其下方画上与零线相垂直的一条带箭头的直线,并标注公称尺寸。如果极限偏差为正值,按恰当比例(不需要按严格比例)将孔或轴的公差带画在零线的上方,为负值时画在零线的下方,为零时与零线重合,标注上、下偏差。

公差带图中公称尺寸的单位为毫米 (mm),偏差及公差的单位可以用毫米 (mm),也可以用微米 (μm),单位均可以省略不标注。

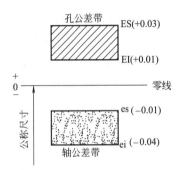

图 2-4 孔、轴公差带图

(2) 零线　在公差带图中,表示公称尺寸的一条直线称为零线,它是确定偏差的基准线。

(3) 基本偏差　一般靠近零线的偏差称为基本偏差。它可以是上偏差,也可以是下偏差。

(4) 标准公差　表 2-2 中所列公差为标准公差。

【例 2-1】 某孔、轴尺寸标注分别为 $\phi 50^{+0.025}_{0}$ 和 $\phi 50^{-0.009}_{-0.025}$,试确定零件的公称尺寸、极限偏差、极限尺寸和公差,并画出公差带图。

解:孔的公称尺寸　$D=\phi 50$mm

轴的公称尺寸　$d=\phi 50$mm

孔的极限偏差　上偏差 $ES=+0.025$mm　　下偏差 $EI=0$

轴的极限偏差　上偏差 $es=-0.009$mm　　下偏差 $ei=-0.025$mm

孔的极限尺寸　最大极限尺寸 $D_{max}=D+ES=50+(+0.025)=50.025$ (mm)

最小极限尺寸 $D_{min}=D+EI=50+0=50$ (mm)

轴的极限尺寸　最大极限尺寸 $d_{max}=d+es=50+(-0.009)=49.991$ (mm)

最小极限尺寸 $d_{min}=d+ei=50+(-0.025)=49.975$ (mm)

孔的公差　$T_h=ES-EI=+0.025-0=0.025$ (mm)

轴的公差　$T_s=es-ei=-0.009-(-0.025)=0.016$ (mm)

公差带图如图 2-5 所示。

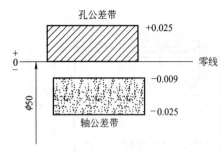

图 2-5 公差带图

四、有关配合的术语及定义

1. 配合

配合是指公称尺寸相同的相互结合的孔和轴公差带之间的关系。根据孔、轴公差带相互位置关系的不同,国家标准规定配合可以分为间隙配合、过盈配合和过渡配合三大类。

2. 间隙及间隙配合

(1) 间隙 孔的尺寸减去相配合的轴的尺寸所得的代数差为正值时称为间隙,用 X 表示。间隙可分为最大间隙 $X_{\max}$、最小间隙 $X_{\min}$ 和平均间隙 X_{av},如图 2-6、图 2-7 所示。

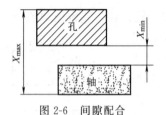

图 2-6 间隙配合

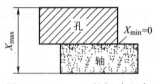

图 2-7 $X_{\min}=0$ 的间隙配合

从上可以得出以下公式:

$$最大间隙:\quad X_{\max}=D_{\max}-d_{\min}=\mathrm{ES}-\mathrm{ei} \tag{2-6}$$

$$最小间隙:\quad X_{\min}=D_{\min}-d_{\max}=\mathrm{EI}-\mathrm{es} \tag{2-7}$$

$$平均间隙:\quad X_{\mathrm{av}}=\frac{X_{\max}+X_{\min}}{2} \tag{2-8}$$

(2) 间隙配合 具有间隙的配合称为间隙配合(包括最小间隙等于零的配合)。间隙配合的特点:孔的公差带在轴的公差带之上,而且间隙量越大配合越松。最大间隙 $X_{\max}$ 和最小间隙 $X_{\min}$ 是间隙配合中允许间隙量变动的两个界限值。

【例 2-2】 尺寸标注为 $\phi 50^{+0.039}_{\ 0}$ 的孔与 $\phi 50^{-0.009}_{-0.034}$ 的轴配合,要求画出公差带图,并计算 $X_{\max}$、$X_{\min}$、X_{av}、T_{h}、T_{s}。

解: ① 画公差带图,如图 2-8 所示。

② 计算

$X_{\max}=\mathrm{ES}-\mathrm{ei}=+0.039-(-0.034)=+0.073 \text{(mm)}$

$X_{\min}=\mathrm{EI}-\mathrm{es}=0-(-0.009)=+0.009 \text{(mm)}$

$X_{\mathrm{av}}=\dfrac{X_{\max}+X_{\min}}{2}=\dfrac{+0.073+0.009}{2}=+0.041 \text{(mm)}$

$T_{\mathrm{h}}=\mathrm{ES}-\mathrm{EI}=+0.039-0=0.039 \text{(mm)}$

$T_{\mathrm{s}}=\mathrm{es}-\mathrm{ei}=-0.009-(-0.034)=0.025 \text{(mm)}$

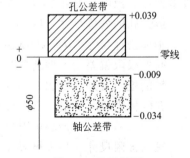

图 2-8 公差带图

3. 过盈及过盈配合

(1) 过盈 孔的尺寸减去相配合的轴的尺寸所得的代数差为负值时称为过盈,用 Y 表示。过盈可分为最大过盈 $Y_{\max}$、最小过盈 $Y_{\min}$ 和平均过盈 Y_{av},如图 2-9 和图 2-10 所示。

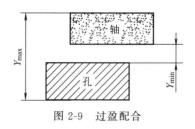
图 2-9 过盈配合

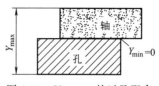
图 2-10 $Y_{\min}=0$ 的过盈配合

从上可以得出以下公式：

$$最大过盈 \quad Y_{\max}=D_{\min}-d_{\max}=\mathrm{EI}-\mathrm{es} \tag{2-9}$$

$$最小过盈 \quad Y_{\min}=D_{\max}-d_{\min}=\mathrm{ES}-\mathrm{ei} \tag{2-10}$$

$$平均过盈 \quad Y_{\mathrm{av}}=\frac{Y_{\max}+Y_{\min}}{2} \tag{2-11}$$

（2）过盈配合　具有过盈的配合称为过盈配合（包括最小过盈等于零的配合）。

过盈配合的特点：孔的公差带在轴的公差带之下，过盈量越大配合越紧。最大过盈 $Y_{\max}$、最小过盈 $Y_{\min}$ 是过盈配合中允许过盈量变动的两个极限值。

【例 2-3】　尺寸标注为 $\phi 25^{+0.021}_{0}$ 的孔与 $\phi 25^{+0.041}_{+0.028}$ 的轴配合，要求画出公差带图并计算 $Y_{\max}$、$Y_{\min}$ 和 Y_{av}。

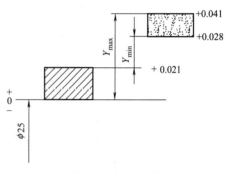
图 2-11 公差带图

解：① 画公差带图，如图 2-11 所示。

② 计算

$$Y_{\max}=\mathrm{EI}-\mathrm{es}=0-(+0.041)=-0.041（\mathrm{mm}）$$
$$Y_{\min}=\mathrm{ES}-\mathrm{ei}=+0.021-(+0.028)=-0.007（\mathrm{mm}）$$
$$Y_{\mathrm{av}}=\frac{Y_{\max}+Y_{\min}}{2}=[-0.041+(-0.007)]/2=-0.024（\mathrm{mm}）$$

4. 过渡配合

具有间隙或过盈且间隙和过盈都不大的配合称为过渡配合。过渡配合是介于间隙配合与过盈配合之间的一类配合，但其间隙或过盈都不大。

过渡配合的特点：孔的公差带与轴的公差带相互交叠。

过渡配合的性质：用最大间隙 $X_{\max}$、最大过盈 $Y_{\max}$ 和平均间隙 X_{av} 或平均过盈 Y_{av} 表示，如图 2-12 所示。

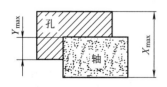
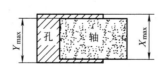
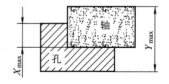

图 2-12 过渡配合

从上可以得出以下公式：

$$X_{\max}=D_{\max}-d_{\min}=\mathrm{ES}-\mathrm{ei}$$

$$Y_{\max}=D_{\min}-d_{\max}=\mathrm{EI}-\mathrm{es}$$

$$X_{\mathrm{av}}(Y_{\mathrm{av}})=\frac{X_{\max}+Y_{\max}}{2} \tag{2-12}$$

当最大间隙 $X_{\max}$ 和最大过盈 $Y_{\max}$ 的平均值为正值时具有平均间隙，此时为偏松的过渡配合。当为负值时具有平均过盈，此时为偏紧的过渡配合。

最大间隙 $X_{\max}$ 与最大过盈 $Y_{\max}$ 是过渡配合中允许间隙量或过盈量变动的两个极限值。

【例 2-4】 尺寸标注为 $\phi 30^{+0.033}_{\ 0}$ 的孔与 $\phi 30^{+0.036}_{+0.015}$ 的轴配合，要求画出公差带图，并计算 $X_{\max}$、$Y_{\max}$、X_{av} 或 Y_{av}。

解：① 画公差带图，如图 2-13 所示。

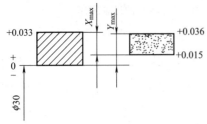

图 2-13 公差带图

② 计算

$$X_{\max}=\mathrm{ES}-\mathrm{ei}=+0.033-(+0.015)=+0.018\ (\mathrm{mm})$$

$$Y_{\min}=\mathrm{EI}-\mathrm{es}=0-(+0.036)=-0.036\ (\mathrm{mm})$$

$$X_{\mathrm{av}}(Y_{\mathrm{av}})=\frac{X_{\max}+Y_{\max}}{2}=[+0.018+(-0.036)]/2=-0.009(\mathrm{mm})(此配合具有平均过盈)$$

5. 配合公差 (T_{f})

允许间隙或过盈的变动量称为配合公差，用 T_{f} 表示。配合公差是一个没有符号的绝对值。配合公差反映配合松紧程度变化的范围，它决定配合精度的高低。

范围大——配合公差值大——配合精度低

范围小——配合公差值小——配合精度高

配合公差是设计时设计人员根据配合部位的使用要求给定的。对于不同的配合其配合公差的计算公式则不同，即：

$$间隙配合：T_{\mathrm{f}}=X_{\max}-X_{\min} \tag{2-13}$$

$$过盈配合：T_{\mathrm{f}}=Y_{\min}-Y_{\max} \tag{2-14}$$

$$过渡配合：T_{\mathrm{f}}=X_{\max}-Y_{\max} \tag{2-15}$$

无论哪一类配合，配合公差都等于孔的公差与轴的公差之和。

$$即\quad T_{\mathrm{f}}=T_{\mathrm{h}}+T_{\mathrm{s}} \tag{2-16}$$

由式 (2-16) 可以说明，零件的配合精度与零件的加工精度有关。零件加工精度高，配合精度就高，否则配合精度就低。

6. 配合公差带图

用直角坐标表示配合的孔与轴的间隙或过盈的变动范围的图形称为配合公差带图。如图 2-14 所示，0 坐标线上方表示间隙，下方表示过盈。配合公差带完全在零线以上为正值，是间隙配合，由最大间隙和最小间隙确定上下端的位置；配合公差带完全在零线下为负值，是过盈配合，由最大过盈和最小过盈确定上下端的位置；配合公差带跨在零线上为过渡配合，由最大间隙和最大过盈确定公差带上下

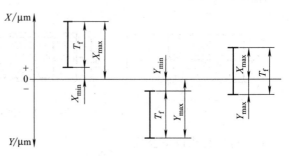

图 2-14 配合公差带图

端的位置；配合公差带上下端位置的距离即是配合公差的大小。

【例 2-5】 设有一孔尺寸标注为 $\phi 30^{+0.021}_{\ 0}$ 分别与尺寸标注为 $\phi 30^{\ 0}_{-0.013}$、$\phi 30^{+0.048}_{+0.035}$、$\phi 30^{+0.021}_{+0.008}$ 的轴配合，试说明各属于什么配合，并计算它们的极限间隙、极限过盈。

解： ① $\phi 30^{+0.021}_{\ 0}$ 孔与 $\phi 30^{\ 0}_{-0.013}$ 轴的配合为间隙配合，应具有极限间隙。

根据公式有 $X_{max}=\text{ES}-\text{ei}=+0.021-(-0.013)=+0.034$（mm）

$\qquad X_{min}=\text{EI}-\text{es}=0-0=0$

② $\phi 30^{+0.021}_{\ 0}$ 孔与 $\phi 30^{+0.048}_{+0.035}$ 轴的配合为过盈配合，应具有极限过盈。

根据公式有 $Y_{max}=\text{EI}-\text{es}=0-(+0.048)=-0.048$（mm）

$\qquad Y_{min}=\text{ES}-\text{ei}=+0.021-(+0.035)=-0.014$（mm）

③ $\phi 30^{+0.021}_{\ 0}$ 孔与 $\phi 30^{+0.021}_{+0.008}$ 轴的配合为过渡配合，应具有极限间隙、极限过盈。

根据公式有 $X_{max}=\text{ES}-\text{ei}=+0.021-(+0.008)=+0.013$（mm）

$\qquad Y_{max}=\text{EI}-\text{es}=0-(+0.021)=-0.021$（mm）

第三节　极限与配合标准的主要内容

为了实现互换性生产，极限与配合必须标准化。本节所讲的有关极限与配合的国家标准是与国际标准等效的。

一、标准公差及标准公差系列

1. 标准公差等级及其代号

标准公差用 IT 表示，规定了 20 个公差等级为标准公差等级。标准公差等级的代号分别为 IT01、IT0、IT1、IT2……IT18。其中 IT01 精度最高，其余依次降低，IT18 精度最低。标准公差的选取由两个因素确定，一是配合的公称尺寸大小，二是标准公差等级的高低。

标准公差系列是由国家标准规定的用来确定公差带大小的一系列公差数值。

标准公差的构成 $\begin{cases} \text{标准公差等级} \\ \text{数值} \begin{cases} \text{标准公差因子} \\ \text{公差等级系数} \\ \text{公称尺寸分段} \end{cases} \end{cases}$

2. 标准公差的确定方法

由于公差主要是用于控制加工误差的，所以制定公差的基础，就是从加工误差产生的规律出发，由试验统计得到的公差计算表达式为：

$$T=ai \text{ 或 } T=aI \qquad (2\text{-}17)$$

式中　a——公差等级系数，不同公差等级，不同尺寸段，a 值不同；

　　　i，I——标准公差因子（其中 i 用于 500mm 以内，I 用于大于 500mm）。

尺寸≤3150mm 标准公差系列的各级公差值的计算公式列于表 2-1。

标准公差因子 i 是计算标准公差值的基本单位，也是制定标准公差系列表的基础。经过大量的加工切削试验和统计分析，在相同的条件下，加工误差与被加工零件的直径成立方抛物线的关系，尤其在常用尺寸段内，这种关系更加明显。

表 2-1 标准公差的计算式

公差等级	标准公差	基本尺寸/mm $D\leq 500$	基本尺寸/mm $D>500\sim 3150$	公差等级	标准公差	基本尺寸/mm $D\leq 500$	基本尺寸/mm $D>500\sim 3150$
01	IT01	$0.3+0.008D$	$1I$	8	IT8	$25i$	$25I$
0	IT0	$0.5+0.012D$	$\sqrt{2}I$	9	IT8	$40i$	$40I$
1	IT1	$0.8+0.020D$	$2I$	10	IT10	$64i$	$64I$
2	IT2	$(IT1)\left(\frac{IT5}{IT1}\right)^{\frac{1}{4}}$		11	IT11	$100i$	$100I$
				12	IT12	$160i$	$160I$
3	IT3	$(IT1)\left(\frac{IT5}{IT1}\right)^{\frac{1}{2}}$		13	IT13	$250i$	$250I$
				14	IT14	$400i$	$400I$
4	IT4	$(IT1)\left(\frac{IT5}{IT1}\right)^{\frac{1}{4}}$		15	IT15	$640i$	$640I$
5	IT5	$7i$	$7I$	16	IT16	$1000i$	$1000I$
6	IT6	$10i$	$10I$	17	IT17	$1600i$	$1600I$
7	IT7	$16i$	$16I$	18	IT18	$2500i$	$2500I$

当 $D\leq 500$mm 时，标准公差因子的计算式为：

$$i=0.45\sqrt[3]{D}+0.001D \tag{2-18}$$

式中　D——$\sqrt{D_1 D_2}$，mm；

　　　D_1，D_2——同一尺寸段落的首端尺寸与尾端尺寸；

　　　i——标准公差因子，μm。

等级 IT5～IT18 的标准公差数值作为标准公差因子 i 的函数，由表 2-1 所列计算式求得。

式（2-18）等号右边第一项反映加工误差随尺寸变化的关系，即符合立方抛物线的关系；第二项反映测量误差随尺寸变化的关系，即符合线性关系，它主要考虑温度变化引起的测量误差。

当尺寸较大时，由于温度的变化而使材料产生的线性变化是引起误差的主要原因，所以当零件尺寸在 500～3150mm 时，其标准公差因子 I 的计算式为：

$$I=0.004D+2.1 \tag{2-19}$$

D 的单位为 mm；I 的单位为 μm。

等级 IT1～IT18 的标准公差数值作为标准公差因子 I 的函数，由表 2-1 所列计算式求得。

3. 公称尺寸分段

如果按标准公差的计算公式计算每一个公称尺寸的标准公差，这样编制的公差表格非常庞大且不好用。为了简化公差与配合的表格，便于应用，国家标准对公称尺寸进行了分段，并对同一尺寸段内的所有公称尺寸都规定了相同的标准公差因子。对公称尺寸从 0～500mm 的尺寸分为 13 个尺寸段（详见表 2-2），这样的尺寸段称为主段落。

4. 标准公差值

公称尺寸和公差等级确定后，按标准公差计算公式就可以算出相应的标准公差值。在实际工作中，标准公差值用查表法确定，详见表 2-2。

由表 2-2 可知，公差值与公差等级和公称尺寸有关。若公称尺寸相同，公差等级不同，则公差值不同，零件加工的难易程度就不同，所以对公称尺寸相同的零件可以按公差值的大小评定其加工精度的高低。即公差值大其精度低，公差值小其精度高。而对公称尺寸不同的零件，公差等级相同精度就相同。尽管公差等级相同，但其公差值是不相等的。例如 $\phi 50$IT6 和 $\phi 80$IT6，公差值分别是 16 和 19，后者大于前者。因为在实际生产中，在相同的加工条件下，加工公称尺寸不同的零件，加工后产生的加工误差是不同的，一般公称尺寸越大则加工误差就越大；反之，则小。

表 2-2 标准公差 (GB/T 1800.1—2009)

公称尺寸 /mm		标准公差等级																
		IT1	IT2	IT3	IT4	IT5	IT6	IT7	IT8	IT9	IT10	IT11	IT12	IT13	IT14	IT15	IT16	IT17	IT18
大于	至	μm											mm					
—	3	0.8	1.2	2	3	4	6	10	14	25	40	60	0.1	0.14	0.25	0.4	0.6	1	1.4
3	6	1	1.5	2.5	4	5	8	12	18	30	48	75	0.12	0.18	0.3	0.48	0.75	1.2	1.8
6	10	1	1.5	2.5	4	6	9	15	22	36	58	90	0.15	0.22	0.36	0.58	0.9	1.5	2.2
10	18	1.2	2	3	5	8	11	18	27	43	70	110	0.18	0.27	0.43	0.7	1.1	1.8	2.7
18	30	1.5	2.5	4	6	9	13	21	33	52	84	130	0.21	0.33	0.52	0.84	1.3	2.1	3.3
30	50	1.5	2.5	4	7	11	16	25	39	62	100	160	0.25	0.39	0.62	1	1.6	2.5	3.9
50	80	2	3	5	8	13	19	30	46	74	120	190	0.3	0.46	0.74	1.2	1.9	3	4.6
80	120	2.5	4	6	10	15	22	35	54	87	140	220	0.35	0.54	0.87	1.4	2.2	3.5	5.4
120	180	3.5	5	8	12	18	25	40	63	100	160	250	0.4	0.63	1	1.6	2.5	4	6.3
180	250	4.5	7	10	14	20	29	46	72	115	185	290	0.46	0.72	1.15	1.85	2.9	4.6	7.2
250	315	6	8	12	16	23	32	52	81	130	210	320	0.52	0.81	1.3	2.1	3.2	5.2	8.1
315	400	7	9	13	18	25	36	57	89	140	230	360	0.57	0.89	1.4	2.3	3.6	5.7	8.9
400	500	8	10	15	20	27	40	63	97	155	250	400	0.63	0.97	1.55	2.5	4	6.3	9.7

注：公称尺寸小于或等于1mm时，无IT14~IT18。

【例 2-6】 计算公称尺寸 $\phi 30mm$ 的 7 级标准公差值，并通过查表比较。

解：因 $\phi 30mm$ 属于 18~30mm 的尺寸段

公称尺寸的几何平均值：

$$D = \sqrt{18 \times 30} \approx 23.24 (mm)$$

标准公差因子：

$$i = 0.45\sqrt[3]{D} + 0.001D = 0.45 \times \sqrt[3]{23.24} + 0.001 \times 23.24 \approx 1.31(\mu m)$$

由表 2-1 得 IT7 $= 16i = 16 \times 1.31 = 20.96$（$\mu m$），约为 $21\mu m$，查表 2-2 可得：$\phi 30$IT7 公差为 $21\mu m$。表 2-2 中标准公差值就是这样计算并按规则圆整后得出的。

二、基本偏差及基本偏差系列

根据前面的术语定义可知，一个公称尺寸的公差带由公差带的大小和公差带的位置两部分构成，公差带的大小由标准公差决定，而公差带的位置由基本偏差确定。基本偏差是用来确定公差带相对于零线位置的参数（一般是靠近零线的极限偏差）。不同的基本偏差就有不同位置的公差带，以组成各种不同性质、不同松紧程度的配合，满足机器的各种功能的需要。

1. 基本偏差代号

为了便于应用和满足不同配合性质的需要，必须将孔、轴公差带的位置标准化。因此国家标准 GB/T 1800.1—2009 对孔和轴各规定了 28 种基本偏差，并用代号表示。这 28 种基本偏差就构成了基本偏差系列。

基本偏差代号用拉丁字母表示。大写的代表孔，小写的代表轴。在 26 个拉丁字母中去掉了易与其他参数混淆的五个字母 I、L、O、Q、W（i、l、o、q、w），同时增加了 CD、EF、FG、JS、ZA、ZB、ZC（cd、ef、fg、js、za、zb、zc）七个双写字母，如图 2-15 所示。

2. 基本偏差系列图及其特征

基本偏差系列图是反映 28 个基本偏差排列次序及相对零线位置的图。如图 2-15 所示，图中公差带为开口公差带，另一极限偏差取决于公差值的大小。

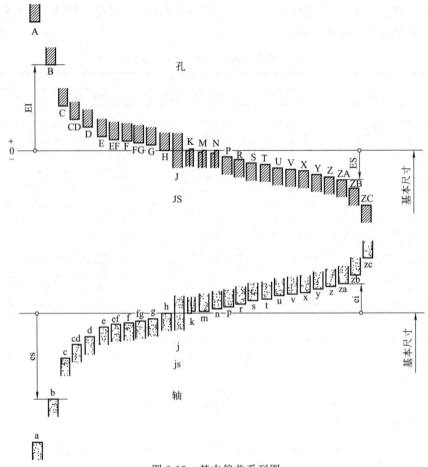

图 2-15 基本偏差系列图

基本偏差系列图的特征如下。

(1) 对于孔

A～G 的基本偏差为下偏差，而且均为正值。公差带都在零线的上方，并逐渐靠近零线。

H（基准孔）基本偏差为下偏差，即 EI=0，公差带在零线的上方。

JS（特殊）基本偏差是上偏差或下偏差，$ES=EI=\pm\dfrac{IT}{2}$。公差带相对于零线上下对称。

J～ZC 的基本偏差为上偏差，除 J、K、M、N 外，其余均为负值（即 ES 为"－"），并且公差带在零线的下方，逐渐远离零线，确定 K～ZC 孔的基本偏差时加 Δ。

(2) 对于轴

a～g 的基本偏差为上偏差，而且均为负值，公差带都在零线的下方，且逐渐靠近零线。

h（基准轴）基本偏差为上偏差，即 es=0，公差带在零线的下方。

js 的基本偏差是上偏差或下偏差，即 $es=ei=\pm\dfrac{IT}{2}$，公差带相对于零线上下完全对称。

j～zc 的基本偏差为下偏差。除 j 和 k 外，其余均为正值，即 ei 为"＋"，并且公差带在零线的上方，逐渐远离零线。

无论孔还是轴在基本偏差系列图中，前面为间隙配合，后面为过盈配合，一般中间的 JS、J、K、M、N（js、j、k、m、n）为过渡配合。

3. 基本偏差数值的计算

轴的基本偏差数值是以基孔制配合为基础，并根据各种配合性质，经过理论计算以及实验和统计分析而得到的。表 2-3 为轴的基本偏差计算公式。

表 2-3 基本尺寸≤500mm 轴的基本偏差计算公式

基本偏差代号	适用范围	上偏差 es/μm	基本偏差代号	适用范围	下偏差 ei/μm
a	$D>1\sim120$mm	$-(265+1.3D)$	k	≤IT3	0
	$D>120\sim500$mm	$-3.5D$		IT4~IT7	$+0.6\sqrt{D}$
b	$D>1\sim160$mm	$\approx-(140+0.85D)$		≥IT8	0
	$D>160\sim500$mm	$\approx-1.8D$	m		$+(IT7-IT6)$
c	$D>0\sim40$mm	$-52D^{0.2}$	n		$+5D^{0.34}$
	$D>40\sim500$mm	$-(95+0.8D)$	p		$+IT7+(0\sim5)$
			r		$+\sqrt{ps}$
cd		$-\sqrt{cd}$	s	$D>0\sim50$mm	$+IT8+(1\sim4)$
d		$-16D^{0.44}$		$D>50\sim500$mm	$+IT7+0.4D$
e		$-11D^{0.41}$	t	$D>24\sim500$mm	$+IT7+0.63D$
ef		$-\sqrt{ef}$	u		$+IT7+D$
f		$-5.5D^{0.41}$	v	$D>14\sim500$mm	$+IT7+1.25D$
fg		$-\sqrt{fg}$	x		$+IT7+1.6D$
g		$-2.5D^{0.34}$	y	$D>18\sim500$mm	$+IT7+2D$
h		0	z		$+IT7+2.5D$
j	IT5~IT8	没有公式	za		$+IT8+3.15D$
			zb		$+IT9+4D$
			zc		$+IT10+5D$
js: $\pm\dfrac{IT}{2}$					

注：1. 式中 D 为基本尺寸的分段计算值，单位 mm。
2. 除 j 和 js 外，表中的公式与公差等级无关。

当轴的基本偏差确定后，另一个极限偏差可根据以下公式计算

$$es = ei + T_s \tag{2-20}$$

$$ei = es - T_s \tag{2-21}$$

根据轴的基本偏差与孔的基本偏差基本成倒影的关系（如图 2-15 所示），按照一定规则换算，可以得到孔的基本偏差数值。成倒影是指相同尺寸、相同字母的轴与孔的基本偏差的绝对值相等，其符号相反。即

$$EI = -es \quad （适用于 A\sim H 所有公差等级）$$

$$ES = -ei \quad [适用于 J\sim N(>IT8),P\sim ZC(>IT7)]$$

当公称尺寸大于 3mm，基本偏差为 K、M、N(≤IT8)，P~ZC(≤IT7) 时，不是完全成倒影关系，而是

$$ES = -ei + \Delta \quad \Delta = IT_n - IT_{n-1}$$

式中，Δ 是公称尺寸段内给定的某一标准公差等级 IT_n 与更精一级的标准公差等级 IT_{n-1} 的差值，n 为公差等级。

当孔的基本偏差确定后，另一个极限偏差可根据以下公式计算

$$ES = EI + T_h \tag{2-22}$$

$$EI = ES - T_h \tag{2-23}$$

在实际工作中，无论是轴的基本偏差数值还是孔的基本偏差数值都可以用查表法确定。

表 2-4 轴的基本

公称尺寸 /mm		上偏差 es											基本			
		所有标准公差等级											IT5 和 IT6	IT7	IT8	IT4~IT7
大于	至	a	b	c	cd	d	e	ef	f	fg	g	h	js	j			
—	3	−270	−140	−60	−34	−20	−14	−10	−6	−4	−2	0		−2	−4	−6	0
3	6	−270	−140	−70	−46	−30	−20	−14	−10	−6	−4	0		−2	−4		+1
6	10	−280	−150	−80	−56	−40	−25	−18	−13	−8	−5	0		−2	−5		+1
10	14	−290	−150	−95		−50	−32		−16		−6	0		−3	−6		+1
14	18	−290	−150	−95		−50	−32		−16		−6	0		−3	−6		+1
18	24	−300	−160	−110		−65	−40		−20		−7	0		−4	−8		+2
24	30	−300	−160	−110		−65	−40		−20		−7	0		−4	−8		+2
30	40	−310	−170	−120		−80	−50		−25		−9	0		−5	−10		+2
40	50	−320	−180	−130		−80	−50		−25		−9	0		−5	−10		+2
50	65	−340	−190	−140		−100	−60		−30		−10	0		−7	−12		+2
65	80	−360	−200	−150		−100	−60		−30		−10	0		−7	−12		+2
80	100	−380	−220	−170		−120	−72		−36		−12	0		−9	−15		+3
100	120	−410	−240	−180		−120	−72		−36		−12	0		−9	−15		+3
120	140	−460	−260	−200		−145	−85		−43		−14	0		−11	−18		+3
140	160	−520	−280	−210		−145	−85		−43		−14	0		−11	−18		+3
160	180	−580	−310	−230		−145	−85		−43		−14	0		−11	−18		+3
180	200	−660	−340	−240		−170	−100		−50		−15	0		−13	−21		+4
200	225	−740	−380	−260		−170	−100		−50		−15	0		−13	−21		+4
225	250	−820	−420	−280		−170	−100		−50		−15	0		−13	−21		+4
250	280	−920	−480	−300		−190	−110		−56		−17	0		−16	−26		+4
280	315	−1050	−540	−330		−190	−110		−56		−17	0		−16	−26		+4
315	355	−1200	−600	−360		−210	−125		−62		−18	0		−18	−28		+4
355	400	−1350	−680	−400		−210	−125		−62		−18	0		−18	−28		+4
400	450	−1500	−760	−440		−230	−135		−68		−20	0		−20	−32		+5
450	500	−1650	−840	−480		−230	−135		−68		−20	0		−20	−32		+5
500	560					−260	−145		−76		−22	0					0
560	630					−260	−145		−76		−22	0					0
630	710					−290	−160		−80		−24	0					0
710	800					−290	−160		−80		−24	0					0
800	900					−320	−170		−86		−26	0					0
900	1000					−320	−170		−86		−26	0					0
1000	1120					−350	−195		−98		−28	0					0
1120	1250					−350	−195		−98		−28	0					0
1250	1400					−390	−220		−110		−30	0					0
1400	1600					−390	−220		−110		−30	0					0
1600	1800					−430	−240		−120		−32	0					0
1800	2000					−430	−240		−120		−32	0					0
2000	2240					−480	−260		−130		−34	0					0
2240	2500					−480	−260		−130		−34	0					0
2500	2800					−520	−290		−145		−38	0					0
2800	3150					−520	−290		−145		−38	0					0

偏差 $=\pm\dfrac{IT_n}{2}$，式中，IT_n 是 IT 数值

注：1. 公称尺寸小于或等于 1mm 时，基本偏差 a 和 b 均不采用。
2. 公差带 js7~js11，若 IT_n 数值是奇数，则取偏差 $=\pm\dfrac{IT_n-1}{2}$。

偏差数值

偏差数值													
					下偏差 ei								
≤IT3 >IT7					所有标准公差等级								
k	m	n	p	r	s	t	u	v	x	y	z	za	zb	zc
0	+2	+4	+6	+10	+14		+18		+20		+26	+32	+40	+60
0	+4	+8	+12	+15	+19		+23		+28		+35	+42	+50	+80
0	+6	+10	+15	+19	+23		+28		+34		+42	+52	+67	+97
0	+7	+12	+18	+23	+28		+33		+40		+50	+64	+90	+130
								+39	+45		+60	+77	+108	+150
0	+8	+15	+22	+28	+35		+41	+47	+54	+63	+73	+98	+136	+188
						+41	+48	+55	+64	+75	+88	+118	+160	+218
0	+9	+17	+26	+34	+43	+48	+60	+68	+80	+94	+112	+148	+200	+274
						+54	+70	+81	+97	+114	+136	+180	+242	+325
0	+11	+20	+32	+41	+53	+66	+87	+102	+122	+144	+172	+226	+300	+405
				+43	+59	+75	+102	+120	+146	+174	+210	+274	+360	+480
0	+13	+23	+37	+51	+71	+91	+124	+146	+178	+214	+258	+335	+445	+585
				+54	+79	+104	+144	+172	+210	+254	+310	+400	+525	+690
0	+15	+27	+43	+63	+92	+122	+170	+202	+248	+300	+365	+470	+620	+800
				+65	+100	+134	+190	+228	+280	+340	+415	+535	+700	+900
				+68	+108	+146	+210	+252	+310	+380	+465	+600	+780	+1000
0	+17	+31	+50	+77	+122	+166	+236	+284	+350	+425	+520	+670	+880	+1150
				+80	+130	+180	+258	+310	+385	+470	+575	+740	+960	+1250
				+84	+140	+196	+284	+340	+425	+520	+640	+820	+1050	+1350
0	+20	+34	+56	+94	+158	+218	+315	+385	+475	+580	+710	+920	+1200	+1550
				+98	+170	+240	+350	+425	+525	+650	+790	+1000	+1300	+1700
0	+21	+37	+62	+108	+190	+268	+390	+475	+590	+730	+900	+1150	+1500	+1900
				+114	+208	+294	+435	+530	+660	+820	+1000	+1300	+1650	+2100
0	+23	+40	+68	+126	+232	+330	+490	+595	+740	+920	+1100	+1450	+1850	+2400
				+132	+252	+360	+540	+660	+820	+1000	+1250	+1600	+2100	+2600
0	+26	+44	+78	+150	+280	+400	+600							
				+155	+310	+450	+660							
0	+30	+50	+88	+175	+340	+500	+740							
				+185	+380	+560	+840							
0	+34	+56	+100	+210	+430	+620	+940							
				+220	+470	+680	+1050							
0	+40	+66	+120	+250	+520	+780	+1150							
				+260	+580	+840	+1300							
0	+48	+78	+140	+300	+640	+960	+1450							
				+330	+720	+1050	+1600							
0	+58	+92	+170	+370	+820	+1200	+1850							
				+400	+920	+1350	+2000							
0	+68	+110	+195	+440	+1000	+1500	+2300							
				+460	+1100	+1650	+2500							
0	+76	+135	+240	+550	+1250	+1900	+2900							
				+580	+1400	+2100	+3200							

表 2-5 孔的基本

公称尺寸/mm		下偏差 EI											基本偏差							
		所有标准公差等级											IT6	IT7	IT8	≤IT8	>IT8	≤IT8	>IT8	
大于	至	A	B	C	CD	D	E	EF	F	FG	G	H	JS	J			K		M	
—	3	+270	+140	+60	+34	+20	+14	+10	+6	+4	+2	0		+2	+4	+6	0	0	−2	−2
3	6	+270	+140	+70	+46	+30	+20	+14	+10	+6	+4	0		+5	+6	+10	−1+Δ		−4+Δ	−4
6	10	+280	+150	+80	+56	+40	+25	+18	+13	+8	+5	0		+5	+8	+12	−1+Δ		−6+Δ	−6
10	14	+290	+150	+95		+50	+32		+16		+6	0		+6	+10	+15	−1+Δ		−7+Δ	−7
14	18																			
18	24	+300	+160	+110		+65	+40		+20		+7	0	偏差=±$\frac{IT_n}{2}$,式中,IT_n是IT数值	+8	+12	+20	−2+Δ		−8+Δ	−8
24	30																			
30	40	+310	+170	+120		+80	+50		+25		+9	0		+10	+14	+24	−2+Δ		−9+Δ	−9
40	50	+320	+180	+130																
50	65	+340	+190	+140		+100	+60		+30		+10	0		+13	+18	+28	−2+Δ		−11+Δ	−11
65	80	+360	+200	+150																
80	100	+380	+220	+170		+120	+72		+36		+12	0		+16	+22	+34	−3+Δ		−13+Δ	−13
100	120	+410	+240	+180																
120	140	+460	+260	+200		+145	+85		+43		+14	0		+18	+26	+41	−3+Δ		−15+Δ	−15
140	160	+520	+280	+210																
160	180	+580	+310	+230																
180	200	+660	+340	+240		+170	+100		+50		+15	0		+22	+30	+47	−4+Δ		−17+Δ	−17
200	225	+740	+380	+260																
225	250	+820	+420	+280																
250	280	+920	+480	+300		+190	+110		+56		+17	0		+25	+36	+55	−4+Δ		−20+Δ	−20
280	315	+1050	+540	+330																
315	355	+1200	+600	+360		+210	+125		+62		+18	0		+29	+39	+60	−4+Δ		−21+Δ	−21
355	400	+1350	+680	+400																
400	450	+1500	+760	+440		+230	+135		+68		+20	0		+33	+43	+66	−5+Δ		−23+Δ	−23
450	500	+1650	+840	+480																
500	560					+260	+145		+76		+22	0					0		−26	
560	630																			
630	710					+290	+160		+80		+24	0					0		−30	
710	800																			
800	900					+320	+170		+86		+26	0					0		−34	
900	1000																			
1000	1120					+350	+195		+98		+28	0					0		−40	
1120	1250																			
1250	1400					+390	+220		+110		+30	0					0		−48	
1400	1600																			
1600	1800					+430	+240		+120		+32	0					0		−58	
1800	2000																			
2000	2240					+480	+260		+130		+34	0					0		−68	
2240	2500																			
2500	2800					+520	+290		+145		+38	0					0		−76	
2800	3150																			

N 列值: −4, −8+Δ/0, −10+Δ/0, −12+Δ/0, −15+Δ/0, −17+Δ/0, −20+Δ/0, −23+Δ/0, −27+Δ/0, −31+Δ/0, −34+Δ/0, −37+Δ/0, −40+Δ/0, −44, −50, −56, −66, −78, −92, −110, −135

注:1. 公称尺寸小于或等于 1mm 时,基本偏差 A 和 B 及大于 IT8 的 N 均不采用。

2. 公差带 JS7~JS11,若 IT_n 数值是奇数,则取偏差 $=±\frac{IT_n-1}{2}$。

3. 对小于或等于 IT8 的 K、M、N 和小于或等于 IT7 的 P~ZC,所需 Δ 值从表内右侧选取。

例如:18~30mm 段的 K7:Δ=8μm,所以 ES=−2+8=+6μm;18~30mm 段的 S6:Δ=4μm,所以 ES=−35+4=−31μm。

4. 特殊情况:250~315mm 段的 M6:ES=−9μm(代替−11μm)。

偏差数值

数 值												Δ 值					
	上偏差 ES																
≤IT7	标准公差等级大于 IT7											标准公差等级					
P 至 ZC	P	R	S	T	U	V	X	Y	Z	ZA	ZB	ZC	IT3	IT4	IT5	IT6	IT7	IT8
在大于IT7的相应数值上增加一个Δ值	−6	−10	−14		−18		−20		−26	−32	−40	−60	0	0	0	0	0	0
	−12	−15	−19		−23		−28		−35	−42	−50	−80	1	1.5	1	3	4	6
	−15	−19	−23		−28		−34		−42	−52	−67	−97	1	1.5	2	3	6	7
	−18	−23	−28		−33		−40		−50	−64	−90	−130	1	2	3	3	7	9
						−39	−45		−60	−77	−108	−150						
	−22	−28	−35		−41	−47	−54	−63	−73	−98	−136	−188	1.5	2	3	4	8	12
				−41	−48	−55	−64	−75	−88	−118	−160	−218						
	−26	−34	−43	−48	−60	−68	−80	−94	−112	−148	−200	−274	1.5	3	4	5	9	14
				−54	−70	−81	−97	−114	−136	−180	−242	−325						
	−32	−41	−53	−66	−87	−102	−122	−144	−172	−226	−300	−405	2	3	5	6	11	16
		−43	−59	−75	−102	−120	−146	−174	−210	−274	−360	−480						
	−37	−51	−71	−91	−124	−146	−178	−214	−258	−335	−445	−585	2	4	5	7	13	19
		−54	−79	−104	−144	−172	−210	−254	−310	−400	−525	−690						
	−43	−63	−92	−122	−170	−202	−248	−300	−365	−470	−620	−800	3	4	6	7	15	23
		−65	−100	−134	−190	−228	−280	−340	−415	−535	−700	−900						
		−68	−108	−146	−210	−252	−310	−380	−465	−600	−780	−1000						
	−50	−77	−122	−166	−236	−284	−350	−425	−520	−670	−880	−1150	3	4	6	9	17	26
		−80	−130	−180	−258	−310	−385	−470	−575	−740	−960	−1250						
		−84	−140	−196	−284	−340	−425	−520	−640	−820	−1050	−1350						
	−56	−94	−158	−218	−315	−385	−475	−580	−710	−920	−1200	−1550	4	4	7	9	20	29
		−98	−170	−240	−350	−425	−525	−650	−790	−1000	−1300	−1700						
	−62	−108	−190	−268	−390	−475	−590	−730	−900	−1150	−1500	−1900	4	5	7	11	21	32
		−114	−208	−294	−435	−530	−660	−820	−1000	−1300	−1650	−2100						
	−68	−126	−232	−330	−490	−595	−740	−920	−1100	−1450	−1850	−2400	5	5	7	13	23	34
		−132	−252	−360	−540	−660	−820	−1000	−1250	−1600	−2100	−2600						
	−78	−150	−280	−400	−600													
		−155	−310	−450	−660													
	−88	−175	−340	−500	−740													
		−185	−380	−560	−840													
	−100	−210	−430	−620	−940													
		−220	−470	−680	−1050													
	−120	−250	−520	−780	−1150													
		−260	−580	−840	−1300													
	−140	−300	−610	−960	−1450													
		−330	−720	−1050	−1600													
	−170	−370	−820	−1200	−1850													
		−400	−920	−1350	−2000													
	−195	−440	−1000	−1500	−2300													
		−460	−1100	−1650	−2500													
	−240	−550	−1250	−1900	−2900													
		−580	−1400	−2100	−3200													

轴的基本偏差见表 2-4，孔的基本偏差见表 2-5。任何孔、轴的公差带代号都是由基本偏差代号和公差等级数字组成，例如 H6、g9 等。

三、基准制

从配合的定义可知，只要是公称尺寸相同的任何一对孔和轴都可以形成一种配合。为了简化、方便加工等，国家标准规定了组成配合的一种制度——基准制，有基孔制配合和基轴制配合。

① 基孔制配合是指基本偏差为一定的孔的公差带与不同基本偏差的轴的公差带所形成的各种配合的一种制度，如图 2-16（a）所示。

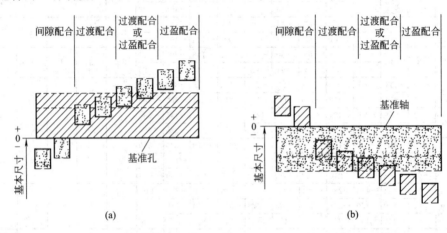

图 2-16　基准制

在基孔制配合中，孔为基准孔，用 H 表示。孔的基本偏差为下偏差而且等于零（EI=0），上偏差为正值，公差带在零线上方。轴为非基准件。

② 基轴制配合是指基本偏差为一定的轴的公差带与不同基本偏差的孔的公差带所形成的各种配合的一种制度，如图 2-16（b）所示。

在基轴制配合中，轴为基准轴，用 h 表示。轴的基本偏差为上偏差而且等于零（es=0），下偏差为负值，公差带在零线下方。孔为非基准件。

从图 2-16（a）可知，在基孔制配合中，孔的公差带不变，改变轴的公差带可形成三种配合，即基孔制间隙配合、基孔制过盈配合、基孔制过渡配合。从图 2-16（b）可知在基轴制配合中，轴的公差带不变，改变孔的公差带也可形成三种配合，即基轴制间隙配合、基轴制过盈配合、基轴制过渡配合。

非基准孔和非基准轴组成的配合为非基准制配合，习惯称此配合为混合配合。例如 G8/m7、F7/n6 等。此类配合制在实际生产中，常用在配合精度要求不高的配合部位。

【例 2-7】　查表确定 $\phi50G6$ 和 $\phi50g6$ 的极限偏差。

解：查表 2-2 中 30～50 段落，得：$IT6=16\mu m=0.016mm$

查表 2-5 中 40～50 段落，G 的基本偏差 $EI=+9\mu m=+0.009mm$

根据式（2-22）：孔的另一个极限偏差 $ES=EI+T_h=(+9)+16=+25\mu m=+0.025mm$

$\phi50G6$ 可以标注为 $\phi50^{+0.025}_{+0.009}$。由于 $\phi50G6$ 和 $\phi50g6$ 的基本偏差成倒影的关系，$EI=$

－es，所以 g 的基本偏差 es＝－EI＝－0.009mm

孔、轴的公差等级相同，轴的另一极限偏差 ei＝－ES＝－0.025mm

则 ϕ50g6 可以标注为 $\phi 50^{-0.009}_{-0.025}$

【例 2-8】 查表确定 ϕ40JS8 与 ϕ40js8 的极限偏差。

解： 查表 2-2 中 30～50 段落，得：IT8＝39μm＝0.039mm

查表 2-5 中 40，JS8 的上、下偏差均为基本偏差，即

$$ES = +\frac{IT8-1}{2} = +\frac{39-1}{2} = +19\mu m = +0.019 mm$$

$$EI = -\frac{IT8-1}{2} = -\frac{39-1}{2} = -19\mu m = -0.019 mm$$

ϕ40JS8 可以标注为 ϕ40±0.019。

ϕ40JS8 与 ϕ40js8 的公差带都是横跨在零线上，故基本偏差相同。

ϕ40js8 可以标注为 ϕ40±0.019。

【例 2-9】 查表确定 ϕ72K8 的极限偏差。

解： 查表 2-2 中 50～80 段落，得：IT8＝46μm＝0.046mm

查表 2-5 中 65～80 段落，K8 的基本偏差 ES＝－2＋Δ＝－2＋16＝＋14μm＝＋0.014mm

根据式（2-23），另一个极限偏差 EI＝ES－T_h＝＋14－46＝－32μm＝－0.032mm

即 ϕ72K8 可以标注为 $\phi 72^{+0.014}_{-0.032}$。

【例 2-10】 查表确定 ϕ40R7 的上、下偏差。

解： 查表 2-2 中 30～50 段落，得：IT7＝25μm＝0.025mm

查表 2-5 中 30～40 段落，R7 的基本偏差 ES＝－34＋Δ＝－34＋9＝－25μm＝－0.025mm

根据式（2-23），另一个极限偏差 EI＝ES－T_h＝－25－25＝－50μm＝－0.050mm

【例 2-11】 查表确定 ϕ40r7 的上、下偏差。

解： 查表 2-2 中 30～50 段落，得：IT7＝25μm＝0.025mm

查表 2-4 中 30～40，r7 的基本偏差 ei＝＋34μm＝＋0.034mm

根据式（2-20），另一极限偏差 es＝ei＋T_s＝（＋34）＋25＝＋59μm＝＋0.059mm

【例 2-12】 查表确定 ϕ40R8 的上、下偏差。

解： 查表 2-2 中 30～50 段落，得：IT8＝39μm＝0.039mm

查表 2-5 中 30～40 段落，R8 的基本偏差 ES＝－34μm＝－0.034mm

根据式（2-23），另一极限偏差 EI＝ES－T_h＝－34－39＝－73μm＝－0.073mm

即 ϕ40R8 可以标注为 $\phi 40^{-0.034}_{-0.073}$。

【例 2-13】 查表确定 ϕ40H8/f7 和 ϕ40F8/h7 孔和轴的上、下偏差，并计算极限间隙。

解： 查表 2-2 中 30～50 段落，IT8＝39μm，IT7＝25μm

查表 2-4 中 30～40 段落，f 的基本偏差为上偏差 es＝－25μm，h 的基本偏差为上偏差 es＝0

根据式（2-21），f7 的 ei＝es－T_s＝－25－25＝－50μm

h7 的 ei＝es－T_s＝0－25＝－25（μm）

查表 2-5 中 30～40 段落，H8 的基本偏差为下偏差 EI＝0，F8 的基本偏差为下偏差 EI＝＋25μm

根据式（2-22），H8 的 ES＝EI＋T_h＝0＋39＝＋39μm

F8 的 ES＝EI＋T_h＝＋25＋39＝＋64μm

ϕ40H8/f8 配合的极限间隙为：

根据式（2-6） $X_{\max}$＝ES－ei＝＋39－（－50）＝＋89μm＝＋0.089mm

根据式（2-7） $X_{\min}$＝EI－es＝0－（－25）＝＋25μm＝＋0.025mm

ϕ40F8/h8 配合的极限间隙为：

根据式（2-6） $X_{\max}$＝ES－ei＝＋64－（－25）＝＋89μm＝＋0.089mm

根据式（2-7） $X_{\min}$＝EI－es＝＋25－0＝＋25μm＝＋0.025mm

由例 2-13 可以看出：两种配合的极限间隙（过盈）相同，称为同名配合。同名配合的配合性质是完全相同的，与配合基准制无关。

四、公差配合在图样上的标注

零件图上有 3 种标注形式，如图 2-17 所示，其中图 2-17（b）应用最广。

1. 公差在零件图上的标注

零件图上有三种标注形式：尺寸＋基本偏差代号＋公差等级［图 2-17（a）］；

尺寸＋极限偏差［图 2-17（b）］；尺寸＋基本偏差代号＋公差等级＋极限偏差［图 2-17（c）］。

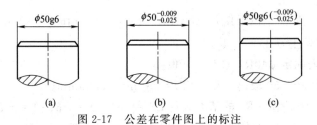

图 2-17 公差在零件图上的标注

2. 公差配合在装配图上的标注

配合代号用分数的形式表示。即孔的公差代号用分子表示，轴的公差代号用分母表示。例如：$\phi 60 \frac{H8}{f7}$、$\phi 60 \frac{G7}{h6}$ 等，也可以写成 ϕ60H8/f7、ϕ60G7/h6 的形式。ϕ50F9/g9 为非基准制配合（没有基准孔 H 或基准轴 h）。

在装配图上有 3 种标注形式，如图 2-18 所示，其中图 2-18（a）应用最广。

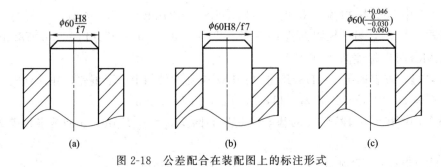

图 2-18 公差配合在装配图上的标注形式

五、一般、常用、优先公差带与配合

国家标准规定了 20 个公差等级和 28 种基本偏差。除去一些特殊的情况，轴公差带有

544 种、孔公差带有 543 种，这么多的公差带都用显然太庞大了，而且既不经济也没有必要。因此国家标准 GB/T 1800.2—2009 规定了一般、常用和优先公差带。

孔的一般、常用、优先公差带共有 105 种，如图 2-19 所示。方框内为常用的 44 种，圆圈内为优先的 13 种。选用时按优先、常用、一般顺序来选择。

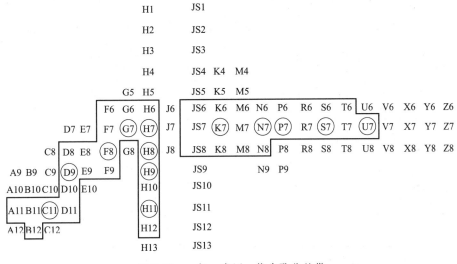

图 2-19 一般、常用、优先孔公差带

轴的一般、常用、优先公差带共有 116 种，如图 2-20 所示。方框内为常用的 59 种，圆圈内为优先的 13 种。选用时按照优先、常用、一般顺序来选择。

国家标准还规定了常用和优先配合。基孔制常用配合 59 种，优先配合 13 种，详见表 2-6；基轴制常用配合 47 种，优先配合 13 种，详见表 2-7。

选用时同样按照优先、常用顺序选择。对于某些特殊情况，若采用一般公差带不能满足要求时，国家标准允许采用两种基准制以外的即非基准制配合，例如 $\phi50F9/g9$ 就是一种非基准制配合。

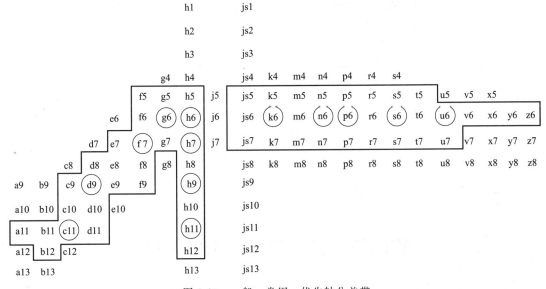

图 2-20 一般、常用、优先轴公差带

表 2-6 基孔制优先、常用配合

基准孔	轴																			
	a	b	c	d	e	f	g	h	js	k	m	n	p	r	s	t	u	v	x	y	z
	间隙配合								过渡配合				过盈配合							
H6						H6/f5	H6/g5	H6/h5	H6/js5	H6/k5	H6/m5	H6/n5	H6/p5	H6/r5	H6/s5	H6/t5				
H7						▼H7/f6	H7/g6	▼H7/h6	H7/js6	▼H7/k6	H7/m6	H7/n6	▼H7/p6	H7/r6	▼H7/s6	H7/t6	▼H7/u6	H7/v6	H7/x6	H7/y6	H7/z6
H8					H8/e7	▼H8/f7	H8/g7	▼H8/h7	H8/js7	H8/k7	H8/m7	H8/n7	H8/p7	H8/r7	H8/s7	H8/t7	H8/u7				
				H8/d8	H8/e8	H8/f8		H8/h8													
H9				▼H9/c9	▼H9/d9	H9/e9	H9/f9		▼H9/h9												
H10				H10/c10	H10/d10			H10/h10													
H11	H11/a11	H11/b11	▼H11/c11	H11/d11				▼H11/h11													
H12		H12/b12						H12/h12													

注：1. $\frac{H6}{n5}$、$\frac{H7}{p6}$ 在基本尺寸小于或等于 3mm 和 $\frac{H8}{r7}$ 在小于或等于 100mm 时，为过渡配合。

2. 用黑三角标示的配合为优先配合。

表 2-7 基轴制优先、常用配合

基准孔	孔																			
	A	B	C	D	E	F	G	H	JS	K	M	N	P	R	S	T	U	V	X	Y	Z
	间隙配合								过渡配合				过盈配合							
h5						F6/h5	G6/h5	H6/h5	JS6/h5	K6/h5	M6/h5	N6/h5	P6/h5	R6/h5	S6/h5	T6/h5					
h6						▼F7/h6	G7/h6	▼H7/h6	JS7/h6	▼K7/h6	M7/h6	▼N7/h6	P7/h6	R7/h6	S7/h6	T7/h6	▼U7/h6				
h7					E8/h7	▼F8/h7		▼H8/h7	JS8/h7	K8/h7	M8/h7	N8/h7									
h8				D8/h8	E8/h8	F8/h8		H8/h8													
h9				▼D9/h9	E9/h9	F9/h9		▼H9/h9													
h10				D10/h10				H10/h10													
h11	A11/h11	B11/h11	▼C11/h11	D11/h11				▼H11/h11													
h12		B12/h12						H12/h12													

注：框中有黑三角的为优先配合。

第四节 线性尺寸的未注公差

在车间普通工艺条件下，机床设备一般加工能力就可以保证的公差为线性尺寸的未注公差,又称为一般公差。

线性尺寸的未注公差即一般公差常用于零件精度要求不高的非配合尺寸,该公称尺寸后一般不标注上下偏差。

国家标准 GB/T 1804—2000 将线性尺寸的未注公差规定了四个公差等级,即精密级(f)、中等级(m)、粗糙级(c)和最粗级(v),各级数值见表2-8。四个等级分别相当于IT12、IT14、IT16、IT17。对倒圆半径和倒角高度尺寸的极限偏差数值也做了规定,详见表2-9。

表2-8 线性尺寸的未注极限偏差数值(GB/T 1804—2000)   mm

公差等级	尺 寸 分 段							
	0.5~3	>3~6	>6~30	>30~120	>120~140	>400~1000	>1000~2000	>2000~4000
f(精密级)	±0.05	±0.05	±0.1	±0.15	±0.2	±0.3	±0.5	—
m(中等级)	±0.1	±0.1	±0.2	±0.3	±0.5	±0.8	±1.2	±2
c(粗糙级)	±0.2	±0.3	±0.5	±0.8	±1.2	±2	±3	±4
v(最粗级)	—	±0.5	±1	±1.5	±2.5	±4	±6	±8

表2-9 倒圆半径与倒角高度尺寸的极限偏差数值(GB/T 1804—2000)   mm

公差等级	尺 寸 分 段			
	0.5~3	>3~6	>6~30	>30
f(精密级)	±0.2	±0.5	±1	±2
m(中等级)				
c(粗糙级)	±0.4	±1	±2	±4
v(最粗级)				

采用线性尺寸未注公差时,在图样上或技术要求中应标注该标准代号和公差等级符号。例如,当选用中等级 m 时,即标注为 GB/T 1804—2000-m。

采用线性尺寸未注公差通常可以不用检验。若发生争议,以表2-8、表2-9所列的极限偏差作为判断其合格性的依据。

第五节 尺寸精度设计

尺寸精度的设计就是根据产品要求和生产的经济性选择合适的公差配合。公差与配合的选用主要包括三方面内容,即基准制的选择、公差等级的选择和配合种类的选择。正确、合理地选用极限与配合是机械设计与机械制造中的一项重要工作,它对保证产品的使用性能、提高产品质量以及降低成本、增加经济效益将产生直接影响。

一、基准制的选择

同名配合,例如 ϕ50H7/g6 和 ϕ50G7/h6、ϕ40H8/r7 和 ϕ40R8/h7 等,虽然两种配合的基准制不同,但配合性质基本相同。因此从满足配合性质来讲,选择基孔制和基轴制完全等效,但是从工艺、经济、结构而言,应根据具体情况选择合理的基准制。基准制选择的基本原则如下。

1. 优先选用基孔制

国家标准规定,一般情况下优先选用基孔制。因为加工中等精度的相同尺寸、相同公差等级的孔要比加工轴复杂或难加工,并且成本高,采用基孔制可以减少孔加工刀具与量具的数量,所以从工艺和经济上考虑优先选用基孔制比较合理。

2. 特殊情况下可选用基轴制

在有些情况下,由于结构和原材料等原因,选用基轴制更适宜。例如:

① 当用冷拉钢棒材加工零件时可以选用基轴制。由于冷拉钢型材的尺寸、形状相当准确,一般可达到IT7~IT9。当不经切削加工即能满足使用要求时,选用基轴制就会降低加工成本,增加经济效益。

② 在同一公称尺寸轴上装有几个不同配合性质的孔时,考虑其结构、工艺等宜选用基轴制。如图 2-21(a)所示是柴油机的活塞连杆部分装配图。工作时要求连杆绕活塞销转动,因此连杆衬套与活塞销配合应为间隙配合。活塞销与活塞销座孔的配合,要求准确定位并便于装配,故应采用过渡配合。如选用基孔制,活塞销应设计成如图 2-21(b)所示中间细两端粗的台阶轴,此结构不仅给加工造成困难,而且装配时容易刮伤连杆衬套内表面。若采用基轴制,活塞销可设计成如图 2-21(c)所示的光轴,这样既能使加工变得容易,又便于保证装配精度,故选用基轴制(从加工工艺及装配工艺而言)比选用基孔制要好。

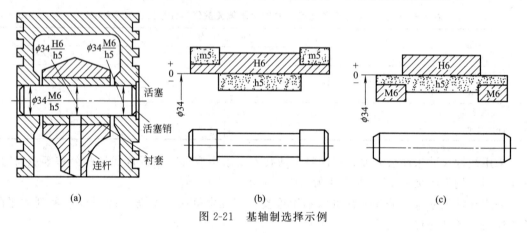

图 2-21 基轴制选择示例

3. 根据标准件选用基准制

与标准件相配合的轴或孔一定要按照标准件来选择基准制。因为标准件通常是由专业工厂大批量生产,在制造时其配合部位的尺寸已确定。例如,滚动轴承作为标准件,与其内圈相配合的轴颈应以轴承内圈为基准,故选用基孔制。而与滚动轴承外圈相配合的壳体孔应以轴承外圈为基准,故选用基轴制。由于轴承内外径公差都符合国家标准,轴承配合处不用标注配合代号,如图 2-22 中 $\phi 52j6$ 和 $\phi 52J7$ 所示。

4. 配合精度要求不高时可选用非基准制

图 2-22 右端轴承盖外径与壳体孔的配合应保证滚动轴承的轴向定位要求和便于装卸,而对径向精度要求不高。由于壳体孔已确定为 J7,在满足上述要求的情况下,此处配合应选用精度较低的非基准制间隙配合,即选 $\phi 52J7/f9$ 配合有利于降低成本,此时其公差带图如图 2-23 所示。

二、公差等级的选择

合理地选择公差等级,不是一件容易的事情。如精度选高了,会导致加工困难、成本加大。精度太低,产品或零件的使用性能会降低,保证不了产品的质量。因此,选择公差等级

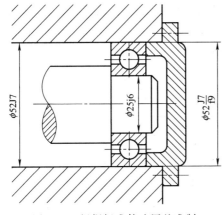

图 2-22 根据标准件选用基准制

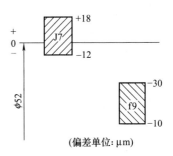

图 2-23 非基准制选择示例

的一般原则是在满足使用要求的前提下尽量选择低精度的公差等级，这样既可以降低成本又能保证产品的加工质量。

目前选择公差等级常用的方法是类比法，即参考实践中总结出来的经验资料与所设计零件的使用要求及特点等进行比较，然后确定公差等级。

选择公差等级时应注意以下几点。

① 工艺等价性。工艺等价性是指加工孔和轴的难易程度应基本相同。

对于不大于 500mm 的尺寸，当公差等级小于或等于 IT8 时，由于加工同一精度、同一基本尺寸的孔比轴难，所以配合时根据工艺等价性原则，可选用孔的精度等级比轴低一级，例如 H7/g6 等；当公差等级等于 IT8 级时，也可选为同级，如 H8/g8 等；当公差等级大于 IT9 级时，一般选用同级，如 H9/c9 等。

② 根据配合性质选择公差等级。对于过渡配合、过盈配合，公差等级不宜太大（一般孔应小于或等于 IT8，轴应小于或等于 IT7）。对于间隙配合，间隙小的配合公差等级应较小，间隙大的配合公差等级可较大。

③ 根据相配合的零件或标准件选择公差等级。相配合的零部件的精度要匹配。例如，轴径、壳体孔与滚动轴承配合时，公差等级应取决于滚动轴承的公差等级。轴与齿轮孔配合时，公差等级取决于齿轮的公差等级。

④ 选择公差等级时，应了解各种加工方法可达到的公差等级（表 2-10）和公差等级的应用范围（表 2-11）。

表 2-10 各种加工方法可达到的公差等级

加工方法	公 差 等 级																		
	01	0	1	2	3	4	5	6	7	8	9	10	11	12	13	14	15	16	17	18
研磨																				
珩磨																				
圆磨																				
平磨																				
金刚石车																				
金刚石镗																				
拉削																				
铰孔																				

续表

加工方法	公差等级																		
	01	0	1	2	3	4	5	6	7	8	9	10	11	12	13	14	15	16	17	18
精车精镗									─	─	─									
粗车											─	─	─						
粗镗											─	─	─						
铣										─	─	─							
刨插											─	─							
钻削												─	─	─					
冲压												─	─	─					
滚压、挤压											─	─							
锻造														─	─	─			
砂型铸造																─	─		
金属型铸造															─	─			
气割																─	─		

表 2-11 公差等级的应用

应用	公差等级																		
	01	0	1	2	3	4	5	6	7	8	9	10	11	12	13	14	15	16	17	18
量块	─	─	─																
量规			─	─	─	─	─	─											
配合尺寸						─	─	─	─	─	─	─							
特别精密零件				─	─	─	─												
非配合尺寸													─	─	─	─	─	─	
原材料											─	─	─	─	─				

⑤ 非基准制配合，孔与轴公差等级可相差 2～3 级。

⑥ 常用配合尺寸公差等级的应用详见表 2-12。

表 2-12 常用配合尺寸 5～12 级的应用

公差等级	应 用
5级	主要用在配合公差、形状公差要求甚小的地方，它的配合性质稳定，一般在机床、发动机、机表等重要部位应用。如：与5级滚动轴承配合的箱体孔；与6级滚动轴承配合的机床主轴，机床尾座与套筒，精密机械及高速机械中轴颈，精密丝杠轴颈等
6级	配合性能能达到较高的均匀性，如：与6级滚动轴承相配合的孔、轴颈；与齿轮、蜗轮、联轴器、带轮、凸轮等连接的轴颈，机床丝杠轴颈；摇臂钻立柱；机床夹具中导向件外径尺寸；6级精度齿轮的基准孔，7、8级精度齿轮基准轴颈
7级	7级精度比6级稍低，应用条件与6级基本相似，在一般机械制造中应用较为普遍。如：联轴器、带轮、凸轮等孔径；机床夹盘座孔；夹具中固定钻套，可换钻套；7、8级齿轮基准孔，9级齿轮基准轴
8级	在机器制造中属于中等精度。如：轴承座衬套沿宽度方向尺寸，9～12级齿轮基准，10～12级齿轮基准轴
9级，10级	主要用于机械制造中轴套外径与孔、操纵件与轴、空轴带轮与轴、单键与花键
11级，12级	配合精度很低，装配后可能产生很大间隙，适用于基本上没有什么配合要求的场合。如：机床上法兰盘与正口，滑块与滑移齿轮，加工中工序间尺寸，冲压加工的配合件，机床制造中的扳手孔与扳手座的连接

⑦ 对尺寸大于 500mm 的公称尺寸，一般采用同级的孔、轴配合。

⑧ 对尺寸小于等于 3mm 的公称尺寸，此时孔、轴的加工工艺性多样化，孔、轴的公差

等级的选择也多样化。在遵循工艺等价原则时，有时出现孔的允许公差小于轴的允许公差。即孔的加工精度高于轴的加工精度1级或2级，如钟表业中的某些孔轴配合。

总之，选择公差等级时在遵守一般原则的前提下，应结合具体情况，灵活地选择，也可以用计算的方法来确定。例如，根据配合公差来确定孔和轴的公差，即

$$T_f = T_h + T_s$$

查表2-2确定 T_h、T_s。

【例2-14】 设孔与相配合的轴的公称尺寸 $D(d) = \phi 48 \text{mm}$，$S_{max} = +50 \mu m$，$S_{min} = +9 \mu m$。试用查表法及计算法确定孔、轴的公差等级。

解：根据公式 $T_f = X_{max} - X_{min} = +50 - (+9) = 41 (\mu m)$

$T_f = T_h + T_s$

$T_h + T_s = 41 \mu m$

根据工艺等价性原则：当IT≤8时相配合的孔的公差等级与轴的公差等级相差一级且孔比轴的精度低一级。

查表2-2中30～50段落，IT6+IT7=41μm

故选孔的公差等级为IT7=25μm，轴的公差等级为IT6=16μm。

三、配合的选择

当基准制、公差等级确定后，配合的选择就是确定非基准件的公差带代号。选择配合的步骤如下。

1. 选择配合类别

根据孔、轴装配后的使用要求选择配合类别。当装配后要求孔与轴有相对运动时，应选择间隙配合；无相对运动并靠过盈传递载荷时，应选择过盈配合；装配后要求定位精度高并需要拆卸时，应选用过渡配合或过盈量较小的过盈配合或间隙量较小的间隙配合。配合的选择方法有三种，即试验法、计算法和类比法。

（1）试验法　通过模拟试验和分析选择最佳配合。此方法最为可靠，但成本较高，一般用得比较少。

（2）计算法　根据零件的材料、结构、功能的要求以及所需要的极限间隙或极限过盈，按照一定的理论公式通过计算结果选择或确定配合种类。此方法相对比较科学，较为常用。

（3）类比法　参照同类型机器或机构经实践验证合理的配合，结合实际确定配合的方法。该方法应用最广泛。用类比法选择配合时可参考表2-13。

表2-13　尺寸至500mm基孔制常用和优先配合的特征及应用

配合类别	配合特征	配合代号	应用
间隙配合	特大间隙	$\frac{H11}{a11} \frac{H11}{b11} \frac{H12}{b12}$	用于高温或工作时要求大间隙的配合
	很大间隙	$\left(\frac{H11}{c11}\right) \frac{H11}{d11}$	用于工作条件较差、受力变形或为了便于装配而需要大间隙的配合和高温工作的配合
	较大间隙	$\frac{H9}{c9} \frac{H10}{c10} \frac{H8}{d8} \left(\frac{H9}{d9}\right) \frac{H10}{d10} \frac{H8}{e7} \frac{H8}{e8} \frac{H9}{e9}$	用于高速重载的滑动轴承或大直径的滑动轴承，也可用于大跨距或多支点支承的配合
	一般间隙	$\frac{H6}{f5} \frac{H7}{f6} \left(\frac{H8}{f7}\right) \frac{H8}{f8} \frac{H9}{f9}$	用于一般转速的动配合。当温度影响不大时、广泛应用于普通润滑油润滑的支承处
	较小间隙	$\left(\frac{H7}{g6}\right) \frac{H8}{g7}$	用于精密滑动零件或缓慢间歇回转的零件的配合部位

续表

配合类别	配合特征	配合代号	应用
间隙配合	很小间隙和零间隙	$\dfrac{H6}{g5}$ $\dfrac{H6}{h5}$ $\left(\dfrac{H7}{h6}\right)$ $\left(\dfrac{H8}{h7}\right)$ $\dfrac{H8}{h8}$ $\left(\dfrac{H9}{h9}\right)$ $\dfrac{H10}{h10}$ $\left(\dfrac{H11}{h11}\right)$ $\dfrac{H12}{h12}$	用于不同精度要求的一般定位件的配合和缓慢移动和摆动零件的配合
过渡配合	绝大部分有微小间隙	$\dfrac{H6}{js5}$ $\dfrac{H7}{js6}$ $\dfrac{H8}{js7}$	用于易于装拆的定位配合或加紧固件后可传递一定静载荷的配合
	大部分有微小间隙	$\dfrac{H6}{k5}$ $\left(\dfrac{H7}{k6}\right)$ $\dfrac{H8}{k7}$	用于稍有振动的定位配合。加紧固件可传递一定载荷,拆装方便,可用木锤敲入
	大部分有微小过盈	$\dfrac{H6}{m5}$ $\dfrac{H7}{m6}$ $\dfrac{H8}{m7}$	用于定位精度较高且能抗振的定位配合,加键可传递较大载荷。可用铜锤敲入或小压力压入
	绝大部分有微小过盈	$\left(\dfrac{H7}{n6}\right)$ $\dfrac{H8}{n7}$	用于精确定位或紧密组合件的配合。加键能传递大力矩或冲击性载荷。只在大修时拆卸
	绝大部分有较小过盈	$\dfrac{H8}{p7}$	加键后能传递很大力矩,且承受振动和冲击的配合,装配后不再拆卸
过盈配合	轻型	$\dfrac{H6}{n5}$ $\dfrac{H6}{p5}$ $\left(\dfrac{H7}{p6}\right)$ $\dfrac{H6}{r5}$ $\dfrac{H7}{r6}$ $\dfrac{H8}{r7}$	用于精确的定位配合。一般不能靠过盈传递力矩。要传递力矩尚需加紧固件
	中型	$\dfrac{H6}{s5}$ $\left(\dfrac{H7}{s6}\right)$ $\dfrac{H8}{s7}$ $\dfrac{H6}{t5}$ $\dfrac{H7}{t6}$ $\dfrac{H8}{t7}$	不需加紧固件就可传递较小力矩和轴向力。加紧固件后可承受较大载荷或动载荷的配合
	重型	$\left(\dfrac{H7}{u6}\right)$ $\dfrac{H8}{u7}$ $\dfrac{H7}{v6}$	不需加紧固件就可传递和承受大的力矩和动载荷的配合。要求零件材料有高强度
	特重型	$\dfrac{H7}{x6}$ $\dfrac{H7}{y6}$ $\dfrac{H7}{z6}$	能传递和承受很大力矩和动载荷的配合,需经试验后方可应用

注:1. 括号内的配合为优先配合。
2. 国家标准规定的44种基轴制配合的应用与本表中的同名配合相同。

选择配合时应尽量按照优先、常用、一般顺序去选择,如按此顺序不能满足要求时,才可以选用孔、轴公差带组成的相应配合。

2. 各类配合的特性及应用

各类配合的特性及应用可根据基本偏差来反映。选择时可参考表2-14和表2-15。

表2-14 基孔制轴的基本偏差的特性及其应用

基本偏差	间隙配合			
	a,b,c	d,e,f	g	h
特性及应用说明	可以得到很大的间隙。适用于高温下工作的间隙配合及工作条件较差、受力变形大,或为了便于装配的缓慢、松弛的大间隙配合	可以得到较大的间隙。适用于松的间隙配合和一般的转动配合	可以得到的间隙很小,制造成本高,除很轻负荷的精密装置外,不推荐于转动的配合	广泛用于无相对转动与作为一般定位配合的零件。若没有温度变形的影响也用于精密的滑动配合
应用举例	柴油机气门与导管的配合 $\dfrac{H7}{h6}$ $\dfrac{H7}{c6}$ $\dfrac{H6}{t5}$	高精度齿轮衬套与轴承套配合 间隙 $\dfrac{H6}{h5}$ $\dfrac{H7}{f7}$	钻夹具中钻套和衬套的配合;钻头与钻套之间的配合 钻套 衬套 钻模板 $\dfrac{G7}{h6}$ $\dfrac{H7}{g6}$ $\dfrac{H7}{n6}$	尾座套筒与尾座体之间的配合 $\phi 60 \dfrac{H6}{h5}$

续表

基本偏差	过 渡 配 合			
	js	k	m	n
特性及应用说明	偏差完全对称,平均间隙较小,而且略有过盈的配合,一般用于易于装卸的精密零件的定位配合	平均间隙接近零的配合,用于稍有过盈的定位配合	平均过盈较小的配合。组成的配合定位好,用于不允许游动的精密定位	平均过盈比 m 稍大,很少得到间隙。用于定位要求较高且不宜拆的配合
应用举例	与滚动轴承内、外圈的配合 D10 K7 js6 J11	与滚动轴承内、外圈的配合 k6 J7	齿轮与轴的配合 $\dfrac{H7}{h6}\left(\dfrac{H7}{m6}\right)$	爪形离合器的配合 $\dfrac{H7}{h8}\ \dfrac{H8}{h8}\left(\dfrac{H9}{h9}\right)$

基本偏差	过 盈 配 合			
	p	r	s	t、u、v、x、y、z
特性及应用说明	对钢、铁或钢、钢组件装配时是标准压入配合。对非铁类零件,为轻的压入配合	对铁类零件是中等打入配合,对非铁类零件为轻打入配合。必要时可以拆卸	用于钢和铁制零件的永久性和半永久性装配,可产生相当大的结合力。尺寸较大时,为了避免损坏配合表面,需用热胀法或冷缩法装配	过盈配合依次增大,一般不采用
应用举例	对开轴瓦与轴承座孔的配合 $\dfrac{H7}{p6}$ H11/h11	蜗轮与轴的配合 $\dfrac{H7}{r6}$	曲柄销与曲拐的配合 $\dfrac{H6}{s5}$	联轴器与轴的配合 $\dfrac{H7}{t6}$

【例 2-15】 某配合的公称尺寸为 $\phi 18\text{mm}$,要求间隙在 $+0.006 \sim +0.035\text{mm}$,试确定孔和轴的公差等级和配合种类。

解:① 确定基准制。因为没有特殊要求,所以选基孔制配合(孔的基本偏差代号为 H,EI=0)。

② 确定公差等级。

根据公式

$$T_f = X_{\max} - X_{\min} = +35 - (+6) = 29 \ (\mu m)$$

$$T_f = T_h + T_s = 29\mu m$$

表 2-15 优先配合、常用配合

基本偏差		a,A	b,B	c,C	d,D	e,E	f,F	g,G	h,H	js,JS	k,K
配合特征		间 隙 配 合								过渡配合	
基准孔或基准轴	配合种类	可得到特别大的间隙，用于高温工作。很少用	可得到特大的间隙，用于高温工作。一般少用	可得到很大的间隙，高温工作用	具有显著的间隙，适用于松动的配合	有相当的间隙，适用于高速运动、大跨距、多支承配合	配合间隙适中，用于一般转速的动配合	配合间隙很小，用于不回转的精密滑动配合	装配后多少有点间隙，但在最大实体状态下间隙为零，一般用于间隙定位配合	为完全对称偏差，平均起来稍有间隙的过渡配合（约有2%的过盈）	平均起来没有间隙的过渡配合（约有30%的过盈）
H6	h5						$\frac{H6\ F6}{f5\ h5}$	$\frac{H6\ G6}{g5\ h5}$	$\frac{H6\ H6}{h5\ h5}$	$\frac{H6\ JS6}{js5\ h5}$	$\frac{H6\ K6}{k5\ h5}$
H7	h6						$\frac{H7\ F7}{f6\ h6}$	$\frac{H7}{g6}\ \frac{G7}{h6}$	$\frac{H7}{h6}\ \frac{H7}{h6}$	$\frac{H7\ JS7}{js6\ h6}$	$\frac{H7}{k6}\ \frac{K7}{h6}$
H8	h7					$\frac{H8\ E8}{e7\ h7}$	$\frac{H8}{f7}\ \frac{F8}{h7}$	$\frac{H8}{g7}$	$\frac{H8}{h7}\ \frac{H8}{h7}$	$\frac{H8\ JS8}{js7\ h7}$	$\frac{H8\ K8}{k7\ h7}$
H8	h8				$\frac{H8\ D8}{d8\ h8}$	$\frac{H8\ E8}{e8\ h8}$	$\frac{H8\ F8}{f8\ h8}$		$\frac{H8\ H8}{h8\ h8}$		
H9	h9			$\frac{H9}{c9}$	$\frac{H9}{d9}\ \frac{D9}{h9}$	$\frac{H9\ E9}{e9\ h9}$	$\frac{H9\ F9}{f9\ h9}$		$\frac{H9}{h9}\ \frac{H9}{h9}$		
H10	h10			$\frac{H10}{c10}$	$\frac{H10\ D10}{d10\ h10}$				$\frac{H10\ H10}{h10\ h10}$		
H11	h11	$\frac{H11\ A11}{a11\ h11}$	$\frac{H11\ B11}{b11\ h11}$	$\frac{H11}{c11}\ \frac{C11}{h11}$	$\frac{H11\ D11}{d11\ h11}$				$\frac{H11\ H11}{h11\ h11}$		
H12	h12		$\frac{H12\ B12}{b12\ h12}$						$\frac{H12\ H12}{h12\ h12}$		
按配合特征、装配方法及其应用分类		液体摩擦情况较差，有紊流。间隙非常大，用于高温工作和很松的转动配合；要求大公差、大间隙的外露组件，要求装配很松的配合			液体摩擦情况尚好，用于精度非主要要求，有大的温度变动，高转速或大的轴颈压力时的自由转动配合		带层流，液体摩擦情况良好，配合间隙适中，能保证轴与孔相对旋转时最好的润滑条件		能较好地保持孔、轴的同轴度，但无法容纳足够的润滑油，不适于自由转动的配合	用手或木锤装配，是略有过盈的定位配合	用木锤装配，是稍有过盈的定位配合，消除振动时用

的特征及选用

孔

m,M	n,N	p,P	r,R	s,S	t,T	u,U	v,V	x,X	y,Y	z,Z
过盈配合											
平均起来具有不大过盈的过渡配合(约有40%~60%的过盈)	平均过盈稍大,很少得到间隙(约有60%~84%的过盈)	与H6、H7配合时是真正的过盈配合,但与H8配合时是过渡配合	与H6、H7配合是过盈配合,但当基本尺寸至100mm与H8配合时,为过渡配合(约80%的过盈)	相对平均过盈大于0.0005~0.0018	相应平均过盈为大于0.00072~0.0018;相对最小过盈大于0.00026~0.00105	相对平均过盈为大于0.00095~0.0022;相对最小过盈为大于0.00038~0.00112	相对平均过盈为大于0.00137~0.00125;相对最小过盈为大于0.00125~0.00132	相对平均过盈为大于0.0017~0.0031;相对最小过盈为大于0.0016~0.0019	相对平均过盈为大于0.0021~0.0029;相对最小过盈为大于0.002左右	相对平均过盈为大于0.0026~0.004;相对最小过盈为大于0.00244~0.0027
$\dfrac{H6M6}{m5\,h5}$	$\dfrac{H6N6}{n5\,h5}$	$\dfrac{H6P6}{p5\,h5}$	$\dfrac{H6R6}{r5\,h5}$	$\dfrac{H6S6}{s5\,h5}$	$\dfrac{H6T6}{t5\,h5}$					
$\dfrac{H7M7}{m6\,h6}$	$\dfrac{H7}{n6}$	$\dfrac{N7}{h6}$	$\dfrac{H7}{p6}$	$\dfrac{P7}{h6}$	$\dfrac{H7R7}{r6\,h6}$	$\dfrac{H7}{s6}$	$\dfrac{S7}{n6}$	$\dfrac{H7T7}{t6\,h6}$	$\dfrac{H7U7}{u6\,h6}$	$\dfrac{H7}{v6}$	$\dfrac{H7}{x6}$	$\dfrac{H7}{y6}$	$\dfrac{H7}{z6}$
$\dfrac{H8M8}{m7\,h7}$	$\dfrac{H8N8}{n7\,h7}$	$\dfrac{H8}{p7}$		$\dfrac{H8}{r7}$	$\dfrac{H8}{s7}$	$\dfrac{H8}{t7}$	$\dfrac{H8}{u7}$				
用铜锤装配,在最大实体状态时要有相当的压入压力	用铜锤或压力机装配,用于紧密的组合件配合	约有67%~94%的过盈,用压力机装配	属于轻型压入配合,用在传递较小转矩或轴向力时(较中型压入配合小一半左右),若承受冲击载荷,则应加辅助紧固件	属于中型压入配合,用在传递较小转矩或轴向力时,不需加辅助件(较重型压入配合小1/3~1/2),若承受变动载荷、振动冲击时需加辅助件		属于重型压入配合,用压力机或热胀(孔套)冷缩(轴)的方法装配,能传递大转矩、变动载荷。材料许用应力要大		属特重型压入配合,用热胀(孔套)或冷缩(轴)的方法装配,能传递很大转矩,承受变动载荷、振动和冲击(较重型压入配合大一倍),材料许用应力要相当大		

根据"工艺等价性"原则：当 IT≤8 时相互配合的孔的公差等级可以比轴的公差等级低一级。

查表 2-2 的 10～18 段落得

$$IT6+IT7=29\mu m$$

故选孔的公差等级为 IT7=18μm，轴的公差等级为 IT6=11μm。

③ 确定配合种类。因为是基孔制配合，所以孔的公差代号为 H7（$^{+0.018}_{0}$）

又因为是间隙配合。

根据公式 $X_{min}=EI-es$

$es=EI-X_{min}=0-(+6)=-6(\mu m)$（轴的基本偏差应等于或接近 -6）

查表 2-4 的 14～18 段落，es=-6 的基本偏差代号为 g，轴的公差代号为 g6（$^{-0.006}_{-0.017}$）。

故配合代号为 $\phi 18\dfrac{H7}{g6}$。

【例 2-16】 设有一公称尺寸为 φ110mm 的孔与轴组成配合，为保证连接可靠其过盈不得小于 40μm，为保证装配不发生塑性变形其过盈又不得大于 110μm，若采用基轴制配合，试确定孔、轴公差等级和配合代号。

解：① 确定基准制。根据已知条件，选基轴制配合，即 es=0。

② 确定公差等级。

根据公式

$$T_f=Y_{min}-Y_{max}=-40-(-110)=70\ (\mu m)$$
$$T_f=T_h+T_s=70\mu m$$

根据"工艺等价"性原则，孔的精度应比轴低一级。

查表 2-2 的 80～120 段落得，IT6+IT7=57μm＜70μm（并最接近 70μm）

选择孔为 IT7=35μm，轴为 IT6=22μm。

③ 确定配合种类。因为是基轴制配合，所以轴的公差代号应为 h6（$^{0}_{-0.022}$），又因为是过盈配合，根据公式 $Y_{min}=ES-ei$ 有

$$ES=Y_{min}+ei=-40+(-22)=-62\ (\mu m)$$

查表 2-5 得，ES=-66μm（最接近 -62μm）的基本偏差代号为 S，孔的公差代号为 S7。孔的另一极限偏差 $EI=ES-T_s=-66-35=-101\ (\mu m)$

故选配合代号为 $\phi 110\dfrac{S7}{h6}$。

④ 验算。

$$Y'_{max}=EI-es=-101-0=-101\ (\mu m)<\delta_{max}$$
$$Y'_{min}=ES-ei=-66-(-22)=-44\ (\mu m)>\delta_{min}$$

因为过盈量在 40～110μm 之间，故符合题意。

思 考 题

1. 判断下列说法是否正确：
① 下极限偏差为零时，其公称尺寸与下极限尺寸相等。（   ）
② 上极限偏差减下极限偏差等于公差。（   ）

③ 基准孔（H）的下极限偏差为零，基准轴（h）的上极限偏差为零。 （　）
④ 公差值通常为正，特殊情况下也可以为负或零。 （　）
⑤ 最大实体尺寸是孔、轴上极限尺寸的统称。 （　）
⑥ 相互配合的孔的公差带低于轴的公差带时为过盈配合。 （　）
⑦ 孔的基本偏差为下极限偏差；轴的基本偏差为上极限偏差。 （　）
⑧ 零件的实际尺寸越接近公称尺寸，加工精度就越高。 （　）
⑨ 过渡配合可能有间隙或过盈，因此过渡配合可能是间隙配合或过盈配合。 （　）
⑩ 用尺寸公差可以直接判断零件尺寸是否合格。 （　）

2. 按表格中给出的数值，计算空格的数值并将其填入空格内。

mm

公称尺寸	上极限尺寸	下极限尺寸	上极限偏差	下极限偏差	公差
轴 $\phi50$		14.957	−0.032		
孔 $\phi20$			−0.020		0.021
孔 $\phi30$		30.020			0.100
轴 $\phi50$			−0.050	−0.112	

3. 按表格中给出的数值，计算空格的数值并将其填入空格内。

公称尺寸	孔			轴			X_{max} 或 Y_{min}	X_{min} 或 Y_{max}	X_{av} 或 Y_{av}	T_f
	ES	EI	T_h	es	ei	T_s				
$\phi50$		−0.050			0.016		−0.083	−0.0625		
$\phi60$			0.030	0		+0.028	−0.021			
$\phi10$		0		0.022	+0.057			+0.035		

4. 已知某一零件尺寸标注为 $\phi30^{+0.025}_{\ 0}$，$T_h = 0.025$ mm，加工后经测量该零件尺寸误差值为 0.020 mm，试判断该零件的尺寸是否合格，为什么？

5. 设尺寸标注为 $\phi50^{+0.025}_{\ 0}$ 的孔，分别与尺寸标注为 $\phi50^{-0.025}_{-0.041}$、$\phi50^{+0.033}_{+0.017}$、$\phi50^{+0.059}_{+0.043}$ 的轴组成配合。试计算各种配合的极限间隙、极限过盈及配合公差，说明配合性质，并画出公差带图。

6. 根据下列孔、轴的公差代号，通过查表和计算，确定它们的基本偏差及另一偏差。

$\phi30$d8　$\phi40$js6　$\phi45$p6　$\phi36$F7　$\phi30$JS7

$\phi70$R8　$\phi60$T6　$\phi55$M7　$\phi45$K7　$\phi50$J8

7. 根据下列配合代号，计算各种配合的极限间隙或极限过盈、平均间隙或平均过盈。画出公差带图，并说明属于什么基准制与配合。

$\phi30\dfrac{H8}{f7}$　$\phi45\dfrac{P7}{h6}$　$\phi50\dfrac{H7}{js6}$

8. 已知某配合，孔的尺寸标注为 $\phi30^{+0.021}_{\ 0}$，$X_{max} = +0.054$ mm，$T_f = 0.034$ mm。试确定相配合轴的上极限偏差、下极限偏差及其公差代号和配合代号。

9. 已知公称尺寸为 $\phi60$ mm 的孔与轴组成配合，要求配合具有的过盈在 −0.062～−0.013 mm 范围内。试确定此配合孔、轴的公差代号及配合代号，画出公差带图。

10. 已知某配合，其公称尺寸为 $\phi100$ mm，要求具有间隙或过盈，应在 −0.048～+0.041 mm 之间，试确定此配合的配合代号。

第三章

几何公差

第一节 概 述

零件在加工过程中,不仅有尺寸误差,而且会产生形状和位置误差(简称形位误差)。因此,仅控制尺寸误差有时仍难以保证零件的工作精度、连接强度、密封性、运动平衡性、耐磨性和可装配性等方面的要求,特别对于在高温、高压、高速重载等条件下工作的精密机械影响更大。例如,车床主轴两支承轴颈的形位误差影响主轴的回转精度;导轨的形状误差影响结构件的运动精度;齿轮箱上各轴承孔的位置误差影响齿面承载能力和齿轮副的侧隙;有结合要求的平面的形状误差将影响结合的密封性,并因接触面积的减小而降低承载能力等;花键轴各键的位置误差将影响与花键孔的连接;箱盖、法兰盘等零件上各螺栓孔出现位置误差将难以自由装配。

因此,为满足使用要求,保证零件的互换性和经济性,必须对零件的形位误差加以控制,即在图样上规定相应的形状或位置公差要求。

近年来根据科学技术和经济发展的需要,按照与国际标准接轨的原则,我国对几何公差国家标准进行了几次修订,目前推荐使用的标准为 GB/T 1182—2008《产品几何技术规范(GPS) 几何公差 形状、方向、位置和跳动公差标注》。

一、几何公差的研究对象

几何公差是研究构成零件几何特征的点、线、面等几何要素。如图 3-1 中所示的零件,它是由平面、圆柱面、圆锥面、素线、轴线、球心和球面构成的。当研究这个零件的几何公差时,涉及对象就是这些点、线、面。

零件几何要素的分类如下。

1. 按结构特征分类

(1) 组成要素(轮廓要素) 零件轮廓上的点、线、面,即可触及的要素。如图 3-1 中的圆柱面和圆锥面及其他表面素线、球面、平面等,都是组成要素。零件内部形体表面,如内孔圆柱面等也属组成要素。

(2) 导出要素(中心要素) 由一个或几个组成要素得到的中心点、中心线或中心面,即构成零件轮廓的对称中心的点、线、面。其特点是实际零件不存在具体的形体,而是人为给定的，导出要素是随着组成要素的存在而存在的。例如圆心、球心、曲面体的轴线、两平行平面的对称中心平面等，又如图 3-1 中的圆柱体轴线，它是由圆柱体上各横截面轮廓的中心点（即圆心）所连成的线。

2. 按存在状态分类

（1）理想要素（公称要素） 是仅具有几何意义的要素，它是按设计要求，由图样给定的点、线、面的理想形态，它是绝对正确即不存在任何误差的几何要素。理想要素是作为评定实际要素的依据。在生产中是不可能得到的。

（2）提取要素（实际要素） 零件加工后实际存在的要素，零件加工完后，测量时所得的要素。由于有测量误差存在，提取要素并非是该要素的真实情况。

3. 按检测时的地位分类

（1）被测要素 在图样上给出几何公差的要素，被测要素是检测的对象。如图 3-2 中的 ϕd_2 的圆柱面和 ϕd_2 的台肩面等给出了几何公差，因此都属于被测要素。

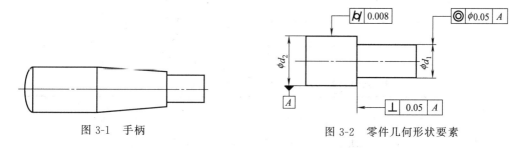

图 3-1 手柄　　　　图 3-2 零件几何形状要素

（2）基准要素 零件上用来确定被测要素方向或位置的要素称为基准要素。基准要素在图样上都标有基准符号或基准代号，在图 3-2 中，ϕd_2 的中心线即为基准要素。

4. 按功能关系分类

（1）单一要素 即仅对被测要素本身给出形状公差的要素。如图 3-2 中 ϕd_2 圆柱面是被测要素，且给出了圆柱度公差要求，故为单一要素。

（2）关联要素 对其他要素有功能关系要求的要素。如图 3-2 中的 ϕd_2 的圆柱的台肩面相对于 ϕd_2 圆柱基准轴线有垂直的功能要求，且都给出了位置公差，ϕd_2 的圆柱台肩面就是被测关联要素。

二、几何公差类型

（1）形状公差 单一实际被测要素对其理想要素的允许变动全量，所谓全量是指被测要素的整个长度。

（2）方向公差 关联实际被测要素对具有确定方向的理想要素所允许的变动全量。

（3）位置公差 关联实际被测要素对具有确定位置的理想要素所允许的变动全量。

（4）跳动公差 关联实际被测要素绕基准轴线回转一周或连续回转时所允许的最大变动量。

三、几何公差的特征项目及其符号

根据国家标准 GB/T 1182—2008 的规定，几何公差项目共有 14 项，如表 3-1 所示。其中，形状公差是对单一要素提出的要求，因此形状公差是没有基准要求的；而方向和位置公差是对关联要素提出的要求,因此方向和位置公差均有基准要求。对于线轮廓度和面轮廓度,若无基准要求则为形状公差,若有基准要求则为方向或位置公差。另外,国家标准几何公差的附加符号见表3-2。

表 3-1 几何公差项目及其符号

公差类型	几何特征	符号	有或无基准	公差类型	几何特征	符号	有或无基准
形状公差	直线度	—	无	方向公差	平行度	∥	有
	平面度	▱	无		垂直度	⊥	有
	圆度	○	无		倾斜度	∠	有
	圆柱度	⌭	无	位置公差	位置度	⌖	有或无
形状公差或方向公差或位置公差	线轮廓度	⌒	有或无		同心度(用于中心点)	◎	有
					同轴度(用于轴线)	◎	有
					对称度	═	有
	面轮廓度	⌓	有或无	跳动公差	圆跳动	↗	有
					全跳动	⌰	有

表 3-2 几何公差的几何特征附加符号 (GB/T 1182—2008)

名 称	符 号	名 称	符 号
被测要素		包容要求	Ⓔ
基准要素	A 或 A	可逆要求	Ⓡ
基准目标	φ2/A1	大径	MD
理论正确尺寸	50	小径	LD
自由状态条件(非刚性零件)	Ⓕ	中径、节径	PD
延伸公差带	Ⓟ	不凸起	NC
最大实体要求	Ⓜ	公共公差带	CZ
最小实体要求	Ⓛ	线素	LE
全周(轮廓)		任意横截面	ACS

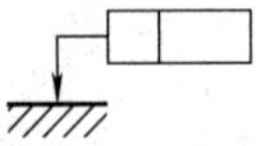

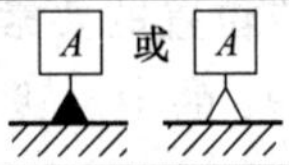

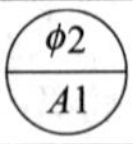

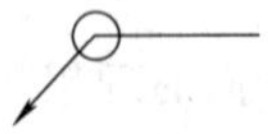

注:GB/T 1182—1996 中规定的基准符号为 A。

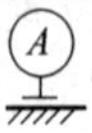

四、几何公差的标注方法

国家标准规定,在技术图样中,几何公差代号是由几何公差的公差框格(包括几何特征符号、公差值和基准符号的字母)和指引线以及基准符号(有方框、等边三角形和字母)所组成,如图 3-3 所示。

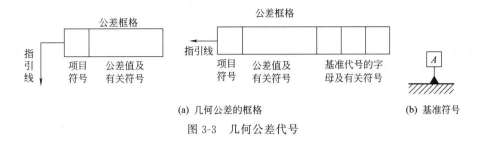

图 3-3 几何公差代号

1. 公差框格及填写规则

公差框格有两格、三格、四格、五格等形式，如图 3-4 所示。公差框格在技术图样上一般水平放置，当受到位置或被测要素的限制时，允许将框格垂直放置。对水平放置的框格，框格中的内容按规定从左向右填写，如图 3-4（b）、（c）所示。垂直放置时，按看图方向参照水平放置的填写方式顺序填写，如图 3-4（d）所示。按国标的推荐，框格线宽为字体的线宽，框格的高度基本为字体高度的两倍，框格中第一格宽度应等于框格的高度，第二格应与标注内容的长度相适应，第三格及以后各格也应与有关字母的宽度相适应。

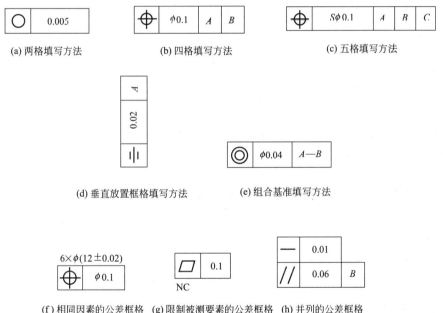

图 3-4 公差框格填写方法示例

各格填写的内容如下。

① 第一格，公差项目的符号，见表 3-1。

② 第二格，公差值的大小，单位为 mm，如公差带是圆形或圆柱形的，则在公差值前加注 "ϕ"，如果是球形的，则加注 "$S\phi$"，见图 3-4（e）、（c）。

③ 第三格及以后各格为基准代号，代表基准的字母用大写拉丁字母，为避免混淆，国标规定不准采用 "E、F、I、J、L、M、O、P、R" 9 个字母。在公差框格中基准填写顺序是固定的。第三格填写第一基准代号字母，其后依次填写第二、第三基准代号字母，填写顺序与拉丁字母在字母表中的顺序无关。组合基准采用两个字母中间加一短横线的填写方式，如图 3-4（e）所示。形状公差无基准要求，只需两格，如图 3-4（a）所示。

④ 当某项公差应用于几个相同要素时，应在公差框格的上方被测要素的尺寸之前注明要素的个数，并在两者之间加上符号"×"，如图 3-4（f）所示。当需要限制被测要素在公差带内的形状，应在公差框格的下方注明，如图 3-4（g）所示。当需要对某个要素给出几个特征的公差时，可将公差框格并列，如图 3-4（h）所示。

2．被测要素的标注

如图 3-3 所示，用带箭头的指引线将公差框格与被测要素相连，箭头应指向零件被测要素的公差带的宽度或直径方向。指引线可以从公差框格的任意一端引出，指引线必须垂直于框格，在指向被测要素时允许弯折，但不得多于两次。具体标注方法如下：

① 当被测要素为零件的轮廓线或表面时，将指引线箭头置于要素的可见轮廓线或轮廓线的延长线上，并应与尺寸线明显地错开，如图 3-5（a）所示。当被测要素为零件的表面时，箭头也可指向引出线的水平线，引出线引自被测面，端部画一圆黑点，如图 3-5（b）所示。

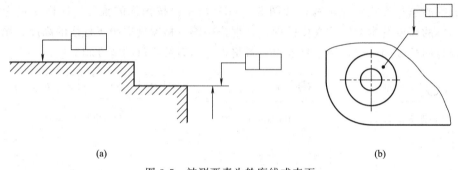

图 3-5 被测要素为轮廓线或表面

② 当被测要素为零件上某一段形体的轴线、中心平面或中心点时，则指引线的箭头应与该要素的尺寸线对齐，如图 3-6 所示。

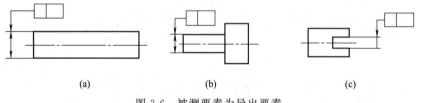

图 3-6 被测要素为导出要素

③ 当几个被测要素有同一数值的公差带要求时，可共用一个公差框格，从框格一端引出多个指引线的箭头指向被测要素，如图 3-7（a）所示。当这几个被测要素位于同一高度，且具有单一公差带时，可以在公差框格内公差值的后面加注公共公差带的符号 CZ，如图 3-7（b）所示。

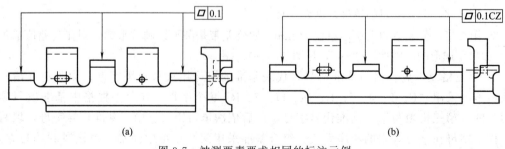

图 3-7 被测要素要求相同的标注示例

④ 需要对整个被测要素上任意限定范围标注同样几何特征的公差时，可在公差值的后面加注限定范围的线性尺寸值，并在两者间用斜线隔开，如图 3-8（a）所示，表示箭头所指平面在任意边长为 100mm 的正方形范围内的平面度公差是 0.1mm。当标注两项或两项以上同样几何特征的公差，可直接在整个要素公差框格的下方放置一个公差框格，如图 3-8（b）所示。

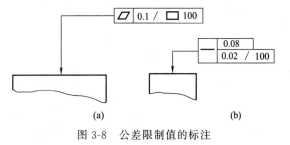

图 3-8　公差限制值的标注

⑤ 如果给出的公差仅适用于要素的某一指定局部，应采用粗点画线示出该局部的范围，并加注尺寸，如图 3-9 所示。

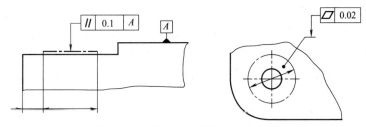

图 3-9　被测要素为视图上局部表面

3. 基准要素的标注

GB/T 1182—2008 中规定，与被测要素相关的基准用一个大写字母表示，字母标注在基准方格内，与一个涂黑或空白的三角形相连以表示基准，涂黑的和空白的基准三角形含义相同，如图 3-10（a）、（b）所示，表示基准的字母还应标注在公差框格内。

这里要指出，GB/T 1182—1996 中规定的基准符号由带小圆的大写字母表示，用细实线与粗的短横线相连，如图 3-10（c）所示，这种方法仍在一些图样上可见。

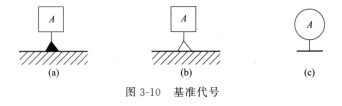

图 3-10　基准代号

① 当基准要素是轮廓线或轮廓面时，基准三角形放置在要素的轮廓线或其延长线上，且与尺寸线明显错开，如图 3-11（a）所示；基准三角形也可放置在该轮廓面引出线的水平线上，如图 3-11（b）所示。

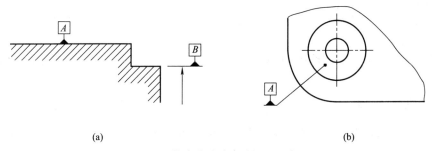

图 3-11　轮廓线或表面为基准的标注

② 当基准是尺寸要素确定的轴线、中心平面或中心点时，基准三角形应与该尺寸线对齐。如果没有足够的位置标注基准要素尺寸的两个箭头，则其中一个箭头可用基准三角形代替，如图 3-12 所示。

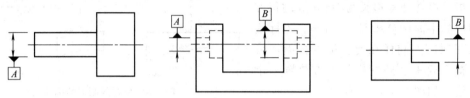

图 3-12　轴线、中心面或中心点为基准的标注

4. 理论正确尺寸的标注

当给出一个或一组要素的位置、方向或轮廓度公差时，分别用来确定其理论正确位置、方向或轮廓的尺寸称为理论正确尺寸（TED）。理论正确尺寸也用于确定基准体系中各基准之间的方向、位置关系。理论正确尺寸没有公差，并标注在一个方框中，如图 3-13 所示。几何要素的位置度、轮廓度或倾斜度仅由公差框格中的对应公差值来限定。

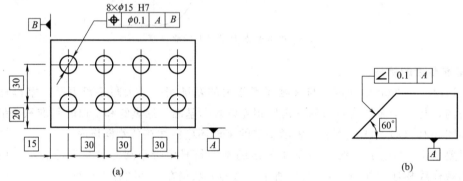

图 3-13　理论正确尺寸标准示例

5. 以螺纹轴线为被测要素或基准要素

默认为螺纹中径圆柱的轴线，否则应另有说明，例如用"MD"表示大径，用"LD"表示小径，如图 3-14 和图 3-15 所示。以齿轮、花键轴线为被测要素或基准要素时，需说明所指的要素，如用"PD"表示节径，用"MD"表示大径，用"LD"表示小径。

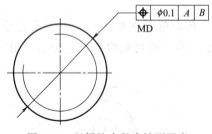
图 3-14　以螺纹大径为被测要素

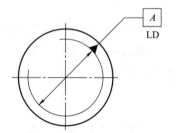
图 3-15　以螺纹小径为基准要素

五、几何公差带

几何公差带是限制实际被测要素变动的区域，由一个或几个理想的几何线或面所限定，由公差值表示其大小。只要被测实际要素完全被包含在公差带内，就表示被测要素合格。几

何公差带体现了被测要素的设计及使用要求，也是加工和检验的依据。几何公差带控制点、线、面等区域，因此具有形状、大小、方向和位置共四个要素。

1. **形状**

几何公差带的形状由被测要素的理想形状和给定的公差特征所决定，其形状有如图3-16所示的几种。

2. **大小**

几何公差带的大小由给定的几何公差值确定，反映了几何精度要求的高低，以公差带区域的宽度（距离）t 或直径 ϕt（$S\phi t$）表示。

3. **方向**

几何公差带的方向理论上应与图样上几何公差框格指引线箭头所指的方向垂直。

4. **位置**

几何公差带位置与公差带相对于基准的定位方式有关。公差带的位置分固定的和浮动的。所谓固定是指公差带的位置不随实际尺寸的变动而变化；所谓浮动是指公差带的位置随实际尺寸的变化而上升或下降，如一般轮廓要素的公差带是浮动的。

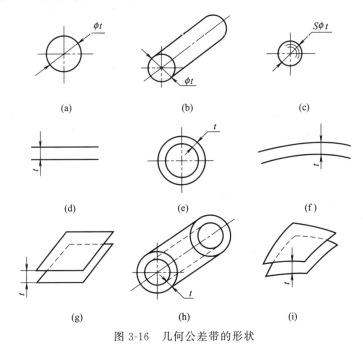

图 3-16　几何公差带的形状

第二节　形状公差及检测

一、形状公差项目及公差带

形状公差是指单一实际要素的形状所允许的变动全量。它是为了限制形状误差而设置的，是形状误差的最大值。形状公差包括直线度、平面度、圆度、圆柱度、线轮廓度和面轮廓度。由于形状公差带不涉及基准，因此形状公差带只有形状和大小的要求，无方位的要求。当线轮廓度和面轮廓度无基准要求时，为形状公差项目。

形状公差特征项目的标注示例及公差带定义如表3-3所示。

表3-3 形状公差特征项目、公差带及图例

几何特征及符号	公差带的定义	标注示例及解释
直线度 ⎯	公差带为给定平面内和给定方向上，间距等于公差值 t 的两平行直线所限定的区域（a—任一距离） 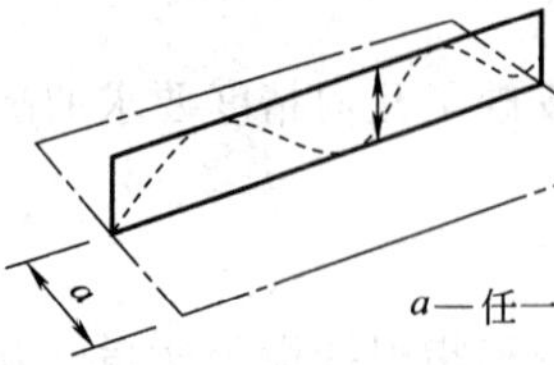	在任一平行于图示投影面的平面内，被测提取（实际）线应限定在间距等于 0.1 的两平行直线之间（⎯ 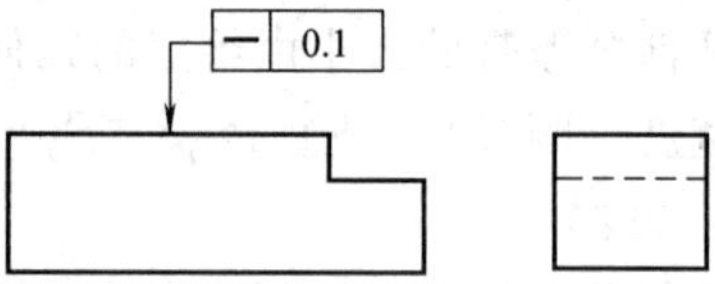 0.1）
	公差带为间距等于公差值 t 的两平行平面所限定的区域 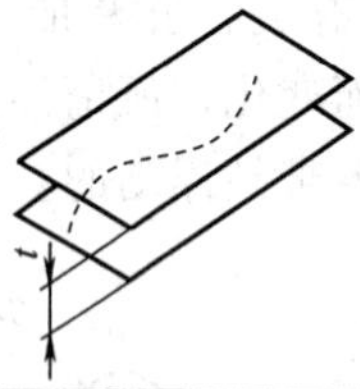	被测提取（实际）的棱边应限定在间距等于 0.1 的两平行平面之间（⎯ 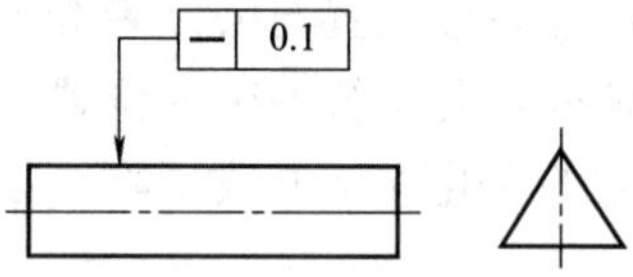 0.1）
	公差带为直径等于公差值 ϕt 的圆柱面所限定的区域。注意：公差值前加注符号 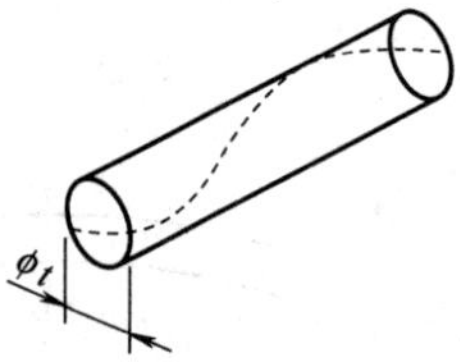 ϕ	外圆柱面的提取（实际）中心线应限定在直径等于 $\phi 0.08$ 的圆柱面内（⎯ 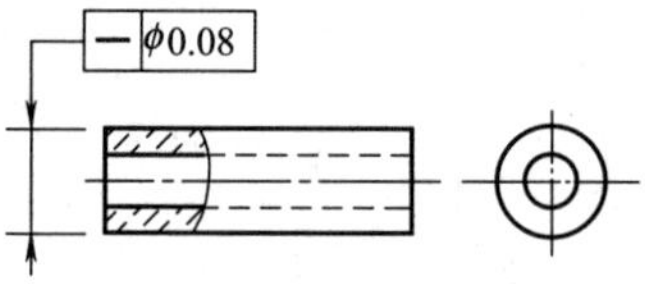 $\phi 0.08$）
平面度 ⌓	公差带为间距等于公差值 t 的两平行平面所限定的区域 	提取（实际）表面应限定在间距等于 0.08 的两平行平面之间（⌓ 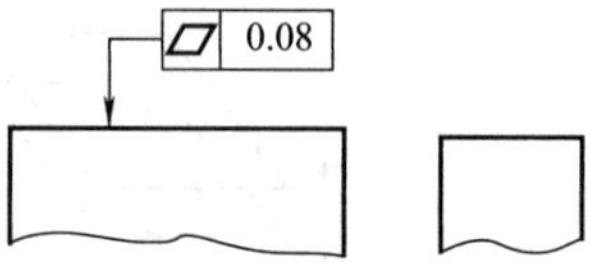 0.08）
圆度 ○	公差带为在给定横截面内、半径差等于公差值 t 的两同心圆所限定的区域（a—任一横截面） 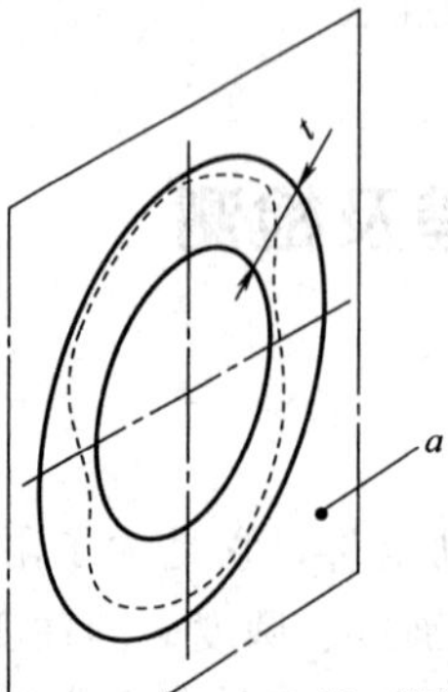	在圆柱（或圆锥）面的任意横截面内，提取（实际）圆周应限定在半径差等于 0.03 的两同心圆之间（○ 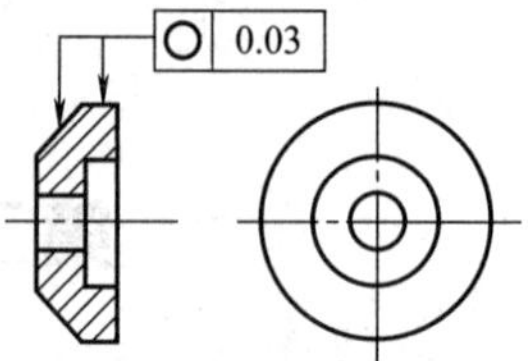 0.03）；在圆锥面的任意横截面内，提取（实际）圆周应限定在半径差等于 0.1 的两同心圆之间（○ 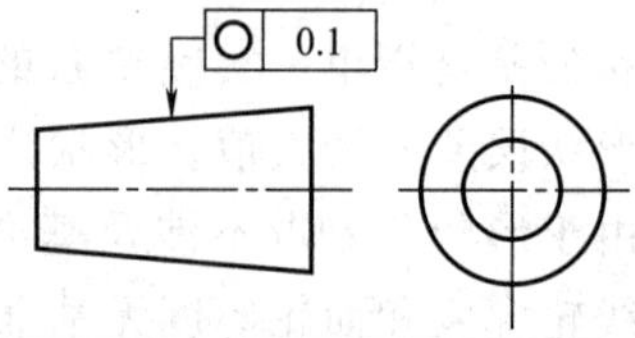 0.1）

续表

几何特征及符号	公差带的定义	标注示例及解释
圆柱度 ⌭	公差带为半径差等于公差值 t 的两同轴圆柱面所限定的区域 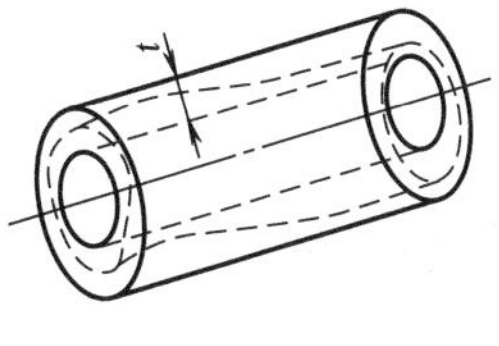	提取(实际)圆柱面应限定在半径差等于 0.1 的两同轴圆柱面之间 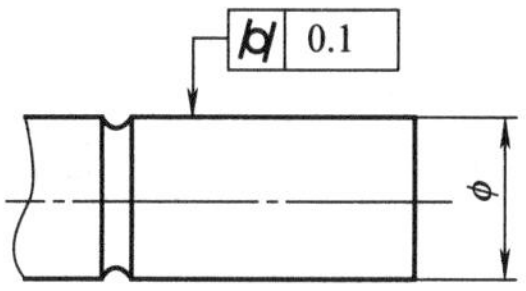
线轮廓度 ⌒	公差带为直径等于公差值 t、圆心位于具有理论正确几何形状上的一系列圆的两包络线所限定的区域 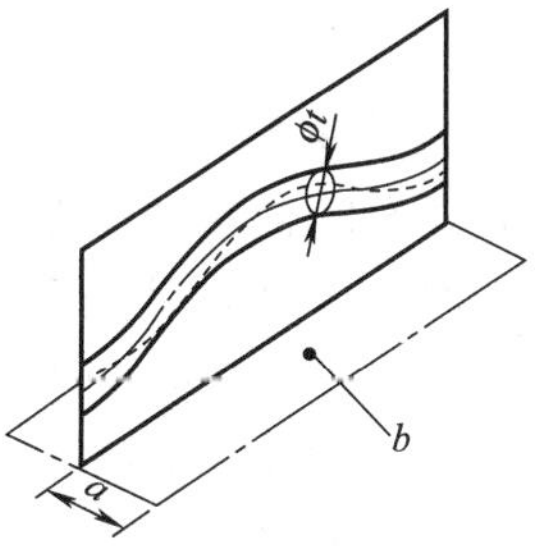 a—任一距离 b—垂直于视图所在平面	在任一平行于图示投影面的截面内,提取(实际)轮廓线应限定在直径等于 0.04、圆心位于被测要素理论正确几何形状上的一系列圆的两等距包络线之间 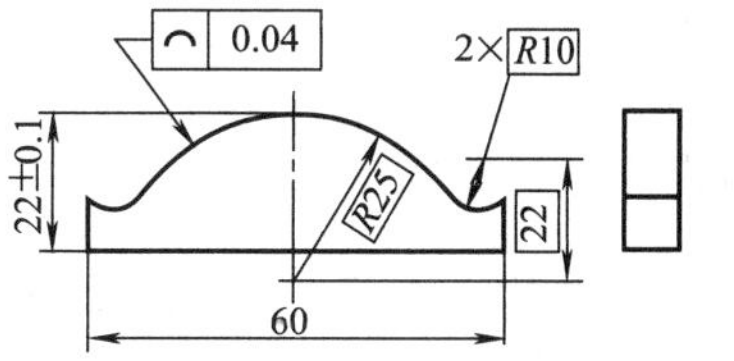
面轮廓度 ⌓	公差带为直径等于公差值 t、球心位于被测要素理论正确几何形状上的一系列圆球的两包络面所限定的区域 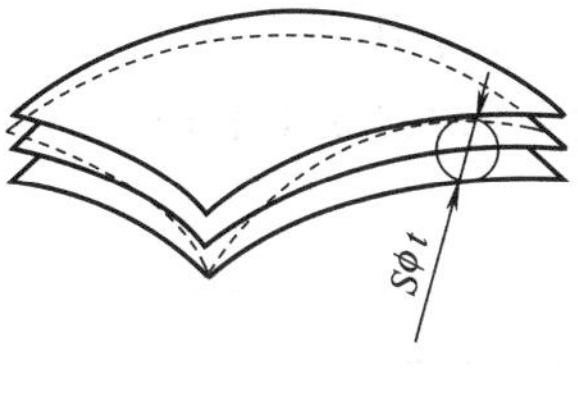	提取(实际)轮廓面应限定在直径等于 0.02、球心位于被测要素理论正确几何形状上的一系列圆球的两等距包络面之间 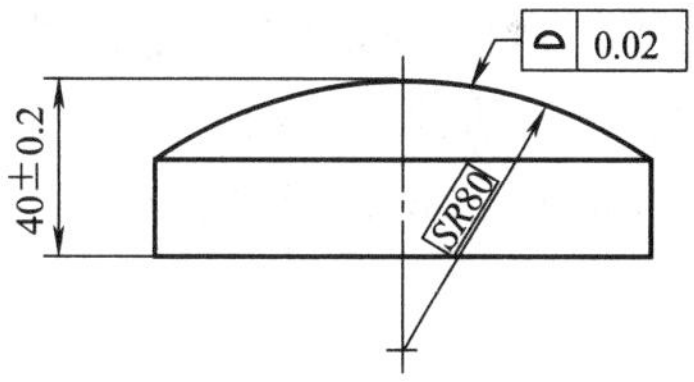

二、形状误差的检测

形状误差是指被测提取（实际）要素对其理想要素的变动量。当被测要素与理想要素进行比较时，由于理想要素所处的位置不同，得到的最大变动量也不同。

1. 直线度误差的评定与检测

直线度误差是指实际直线相对于理想直线的变动量。实际直线用实际测得的直线体现，理想要素要符合最小条件。

（1）直线度误差的判断准则

① 用最小条件法（相间准则）评定直线度误差。在给定平面内，用两平行直线包容实际直线时，成高低相同的三点接触，具有Ⅰ、Ⅱ两种接触形式之一，即为最小包容区域，如图 3-17 所示，这种接触形式称为相间准则。

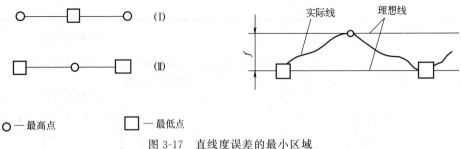

○—最高点　　□—最低点

图 3-17　直线度误差的最小区域

② 用近似方法（两端点连线法）评定直线度误差。将实际直线首尾相连成一条直线，该直线为这种评定方法的理想直线，过被测直线上距离理想直线最远的两点，分别作与理论直线平行的两平行线为近似评定法的包容区域，如图 3-18 所示。

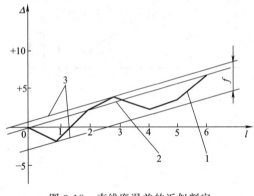

图 3-18　直线度误差的近似判定
1—实际直线；2—理想直线；3—直线度误差包容区域

（2）直线度误差的检测方法

① 光隙法。光隙法适用于磨削或研磨的较短表面的直线度误差的测量。如图 3-19 所示，用刀口尺测量平面上给定平面内直线度误差，刀口尺的刃口体现理想直线。检测时，转动刀口尺刃与被测实际要素的接触位置，用肉眼观察透光量的变化情况，被测实际直线到刀口尺刃间最大光隙为最小时（符合最小条件），这样估读出的最大光隙值就是被测平面内的直线度误差。

估读时，一般光隙在 $0.5 \sim 0.8\mu m$ 时呈蓝色；$1.25 \sim 1.7\mu m$ 时呈红色；大于 $2 \sim 2.5\mu m$ 时呈白色。如果对光隙的估计缺乏经验，可用量块研合在平晶上与刀口尺组成标准光隙进行比较估读。如图 3-20 所示，刀口尺与中间 4 块量块上表面之间的光隙分别为 $1\mu m$、$2\mu m$、$3\mu m$ 和 $4\mu m$ 的标准光隙。

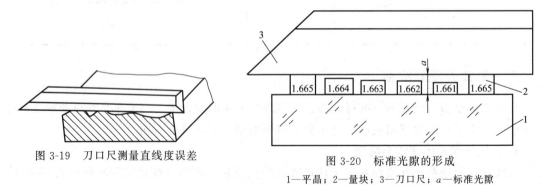

图 3-19　刀口尺测量直线度误差

图 3-20　标准光隙的形成
1—平晶；2—量块；3—刀口尺；a—标准光隙

② 指示器法。如图 3-21 所示，将被测零件安装在平行于平板的两顶尖之间。用带有两个指示器的表架，沿工件铅垂轴截面的两条素线测量，同时分别记录两指示器在各自测点的读数值 M_1 和 M_2，取各测点读数差值的一半，即 $(M_1-M_2)/2$ 中的最大值作为该截面轴线的直线度误差。转动工件，按上述方法测量若干个截面，取其中最大的误差值作为被测零

件轴线的直线度误差。

③ 节距法。节距法适用于车间或计量室对较长工件表面直线度误差的测量。测量原理是将被测直线按一定的跨距首尾相接分段进行测量，记录每段的后点对前点的高度差，用作图法求出直线度误差。节距法常用的测量仪器是水平仪或自准直仪。

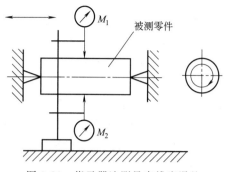

图 3-21　指示器法测量直线度误差

a. 水平仪测量法。如图 3-22 所示，用分度值为 0.02mm/m 的框式水平仪放在跨距为 200mm 的板桥上，从工件被测要素的一端开始，将板桥首尾相接依次移动，分别读取水平仪上的数值，见表 3-4。

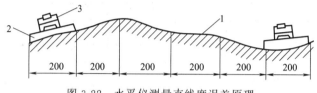

图 3-22　水平仪测量直线度误差原理
1—被测直线；2—板桥；3—框式水平仪

表 3-4　直线度测量数据　　　　　　　　　　　　　　　格

测点序号	0	1	2	3	4	5	6	7	8
水平仪读数值	0	+6	+6	0	−1.5	−1.5	+3	+3	+9
累加值	0	+6	+12	+12	+10.5	+9	+12	+15	+24

首先将表 3-4 中被测要素的水平仪读数值进行累加，再用累加值作图，如图 3-23 所示。X 轴为点序，横坐标按适当比例放大，Y 轴为读数累加值，然后将各点进行连线，各点的连线为被测要素的实际直线。

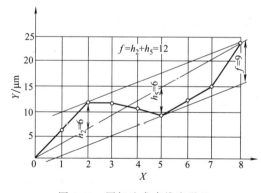

图 3-23　图解法求直线度误差
X—点序；Y—水平仪读数累加值

作被测要素的最小包容区域（相间准则）来评定实际要素的直线度误差值，只需在实际轮廓线上找出最高（2 点、8 点）和最低（5 点）相间的三个点，通过两个高点（或两个低点）作一直线（理想直线），通过图中的最低点（或最高点）作另一平行线，将实际轮廓包容在内，两平行线间的区域为被测要素直线度的最小包容区域。按 Y 坐标方向量得被测要素的直线度误差 $f=9$ 格，为实际直线的直线度误差。水平仪的分度值是 0.02mm/m，工作长度为 200mm，所以分度值为 0.02/1000×200mm＝0.004mm/格，则直线度误差 $f=9$ 格×0.004mm/格＝0.036mm，此误差只要小于给定的直线度公差就合格。

注意，直线度误差是最小包容区间的宽度，一定要在平行于 Y 轴方向度量，这样读出的误差值才准确。

按近似方法（两端点连线法）评定直线度误差时，将图 3-22 中的实际要素首尾相连成一条直线，该直线为这种评定方法的理想直线。点序 2 的测量点至该理想直线的距离为最大正值，而点序 5、6、7 三点至该理想直线的距离为最大负值。这里所指的距离也是按 Y 轴方向度量，可在图上量得 $h_2=6$ 格，$h_5=6$ 格。因此，按两端点连线法评定的直线度误差为 $f=12$ 格$\times 0.004$mm/格$=0.048$mm。由此可见，近似法评定直线度误差方法简单，但误差值比最小包容区域法评定的直线度误差值大。

b. 自准直仪法。如图 3-24 所示，将自准直仪固定不动，带板桥的反射镜逐段依次测量，并在自准直仪的读数显微镜中读得对应的数值，同样可以用上述作图法进行来评定直线度误差值。

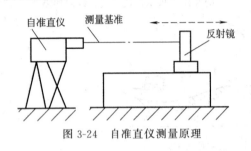

图 3-24 自准直仪测量原理

2. 平面度误差的评定与检测

平面度误差是被测实际平面相对于理想平面的变动量。实际平面用测得平面来体现，理想平面要符合最小条件。

（1）平面度误差的判断准则　用最小条件评定平面度误差有 3 种准则。

① 三角形准则：如果被测实际表面上有 3 个最高（低）点及 1 个最低（高）点分别与两个包容片面相接触，并且最高（低）点能投影到 3 个最低（高）点之间，如图 3-25（a）所示，称为三角形准则。

② 交叉准则：如果表面上有两个最高（低）点和两个最低（高）点分别和两个平行的包容面相接触，并且两高（低）点投影于两低（高）点连线的两侧，如图 3-25（b）所示，称为交叉准则。

③ 直线准则：如果被测表面上的同一截面内有两个最高（低）点和一个最低（高）点分别和两个平行的包容面相接触，并且一个最低（高）点的投影要落在两个高（低）点的连线上，如图 3-25（c）所示，称为直线准则。

符合上述条件之一的两个包容面之间的距离为被测实际直线的直线度误差。

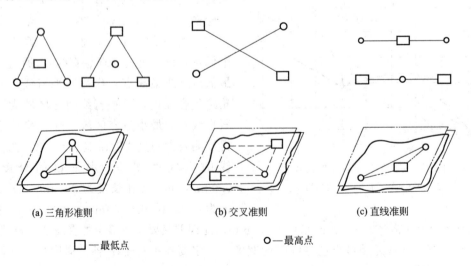

(a) 三角形准则　　(b) 交叉准则　　(c) 直线准则

□—最低点　　○—最高点

图 3-25 平面度误差的最小区域

(2) 平面度误差的近似判别法 除最小区域法评定平面度误差外，工厂中经常使用以下两种平面度的近似的评定方法。

① 三远点法。测量时，调整被测表面最远的三点，使其与平板平行，然后按一定的形式布点，对被测表面上各点进行测量，测量结果中最大值与最小读数值之差，就是平面度误差。

② 对角线法。测量时，将被测表面上对角线方向最远的两个点调整成等高，然后，将另一对角线方向上的最远的两个点也调整成等高，按一定的形式布点，对被测表面上各点进行测量，测量结果中最大值与最小读数值之差，就是平面度误差。

(3) 平面度误差的检测方法 常用的有干涉法和指示器法。

① 干涉法：适用于平面度要求较高的小平面。如图 3-26 所示，测量时，将平晶贴在工件的被测表面上，观察干涉条纹。封闭的干涉条纹数乘以光波波长之半为平面度误差。干涉条纹越少，平面度越好。

② 指示器法：将被测零件支撑在平板上，平板工作面为测量基准，按一定的方式布点，如图 3-27 所示，用指示器对被测表面上各测点进行测量，并记录所测数据，然后，按一定的方法评定其误差值。

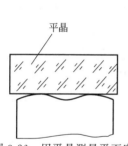

图 3-26 用平晶测量平面度

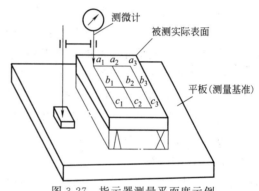

图 3-27 指示器测量平面度示例

3. 圆度误差的评定与检测

圆度误差是在正截面内实际圆相对于理想圆的变动量。

(1) 圆度误差的判断准则 评定圆度误差的最小条件为交叉准则。如图 3-28 所示，由两同心圆包容实际被测轮廓时，至少有四个实测点内外相间地在两个圆周上，称为交叉准则，则半径差 f 为圆度误差。

(2) 圆度误差的检测方法 常用的测量方法有两大类，一类是在专用仪器上进行测量，如圆度仪、坐标测量机等。另一类是用普通的常用仪器进行测量。

① 圆度仪测量法。如图 3-29 所示，圆度仪上回转轴带着传感器转动，使传感器上的测头沿被测表面回转一圈。测头的径向位移由传感器转变为电信号，经放大器放大，推动记录器描绘出实际

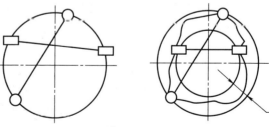

○ —— 与外圆接触的点
□ —— 与内圆接触的点

图 3-28 圆度误差的最小条件

轮廓线，通过计算机按选定的评定方法可得到所测截面的圆度误差值。按上述方法测量若干个截面，取其中最大的误差值作为该零件的圆度误差。

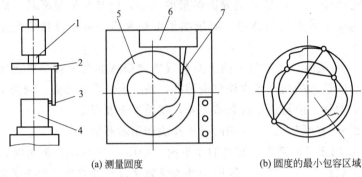

图 3-29 圆度仪测量圆度误差
1—圆度仪回转轴；2—传感器；3—测头；4—被测零件；
5—转盘；6—放大器；7—记录器

② 通用仪器测量法（近似评定方法）。有两点法和三点法两种，测量原理是通过测量被测零件正截面直径的变化量来近似地评定圆度误差。

两点法用游标卡尺、千分尺或比较仪测量被测零件同一截面内不同方向上的实际直径，直径最大变动量的一半就是此截面的圆度误差。按上述方法重复测量若干个截面，取其中最大的误差值作为被测零件的圆度误差。此方法适用于偶数棱圆的圆度误差的测量。

三点法如图 3-30 所示，将零件放置在 V 形块上，并固定其轴向位置。被测零件回转一周，指示器最大差值的一半，为该截面的圆度误差。按上述方法重复测量若干个截面，取其中最大的误差值作为被测零件的圆度误差。此方法适用于奇数棱圆的圆度误差的测量。

4. 圆柱度误差的检测

圆柱度误差的检测同圆柱测量方法一样，常用的方法有两种。

(1) 圆度仪测量法　可在图 3-29 测量圆度的基础上，测头沿被测圆柱面的轴向作精确移动，即测头沿被测圆柱面做螺旋运动，通过计算机进行数据处理可得到其圆柱度误差值。

(2) 通用仪测量法（近似评定方法）
① 两点法：如图 3-31 所示，此方法适用于偶数棱圆的圆柱度误差的测量。
② 三点法：如图 3-32 所示，此方法适用于奇数棱圆的圆柱度误差的测量。

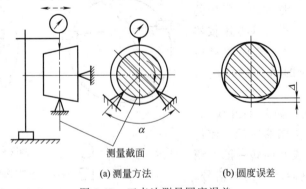

(a) 测量方法　　(b) 圆度误差

图 3-30 三点法测量圆度误差

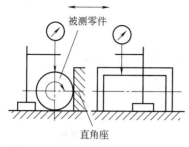
图 3-31　两点法测量圆柱度误差

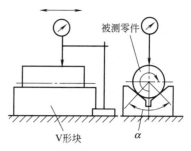
图 3-32　三点法测量圆柱度误差

两点法与三点法测量时均是将被测量件旋转一周，测量一个横截面上最大与最小读数，然后重复测量若干个横截面，取所有截面上的读数中最大值与最小值差值的一半作为被测实际要素的圆柱度误差。

第三节　方向公差及检测

一、基准和基准体系

1. 基准的建立

基准是具有正确形状的理想要素，是确定被测要素方向或位置的依据，在规定方向或位置公差时，一般都要注出基准。实际应用时，基准由实际基准要素来确定。

由于实际基准要素存在几何误差，因此由实际基准要素建立理想基准要素（基准）时，应先对实际基准要素作最小包容区域，然后确定基准。

（1）单一基准　由实际轴线建立基准轴线时，基准轴线为穿过基准实际轴线，且符合最小条件的理想轴线，见图 3-33（a）；由实际表面建立基准轴线时，基准平面为处于材料之外并与基准实际表面接触、符合最小条件的理想平面，见图 3-33（c）。

（2）组合基准（公共基准）　由两条或两条以上实际轴线建立而作为一个独立基准使用的公共基准轴线时，公共基准轴线为这些实际轴线所共有的理想轴线，见图 3-33（b）。

（3）基准体系（三基准面体系）　当单一基准或组合基准不能对关联要素提供完整的定向或定位时，就有必要采用基准体系。基准体系即三基面体系，它由三个互相垂直的基准平面构成，由实际表面所建立的三基面体系见图 3-33（d）。

应用三基面体系时，设计者在图样上标注应特别注意基准的顺序，在加工或检验时，不得随意更换这些基准顺序。确定关联被测要素位置时，可以同时使用三个基准平面，也可以使用其中的二个或一个。由此可知，单一基准平面是三基准体系中的一个基准平面。

2. 基准的体现

建立基准的基本原则是基准应符合最小条件，但在实际应用中，允许在测量时用近似方法体现。基准的常用体现方法有模拟法和直接法。

（1）模拟法　通常采用具有足够形位精度的表面来体现基准平面和基准轴线。用平板表面体现基准平面，见图 3-34；用芯轴表面体现内圆柱面的轴线，见图 3-35；用 V 形块表面体现外圆柱面的轴线，见图 3-36。

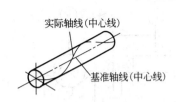
(a) 基准轴线

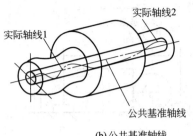
(b) 公共基准轴线

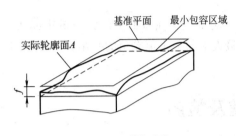
(c) 基准平面

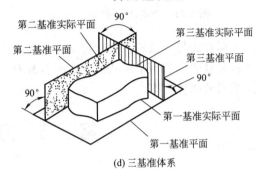
(d) 三基准体系

图 3-33 基准和基准体系

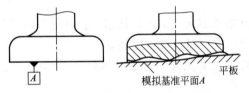

图 3-34 用平板表面体现基准平面

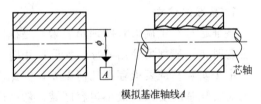

图 3-35 用芯轴表面体现基准轴线

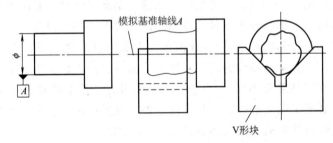

图 3-36 用 V 形块表面体现基准轴线

（2）直接法 当基准实际要素具有足够的形状精度时，可直接作为基准。若在平板上测量零件，可将平板作为直接基准。

二、方向公差项目及公差带

1. 方向公差项目

方向公差是指关联实际要素对基准方向上允许的变动全量 t，用来控制线或面的方向误差。理想要素的方向由基准及理论正确角度确定，公差带相对于基准有确定的方向。

方向公差包括：平行度（被测要素与基准要素夹角的理论正确角度为 0°）、垂直度（被测要素与基准要素夹角的理论正确角度为 90°）、倾斜度（被测要素与基准要素夹角的理论正确角度为任意角）、线轮廓度和面轮廓度。显然，平行度与垂直度是倾斜度的特例。

被测要素有直线和平面，基准要素也有直线和平面，因此被测要素相对于基准要素的方向公差可分为线对基准线、线对基准面、面对线、面对面和线对基准体系五种情况。

方向公差项目的标注示例及公差带定义如表 3-5 所示。

表 3-5 方向公差带的定义、标注示例和说明

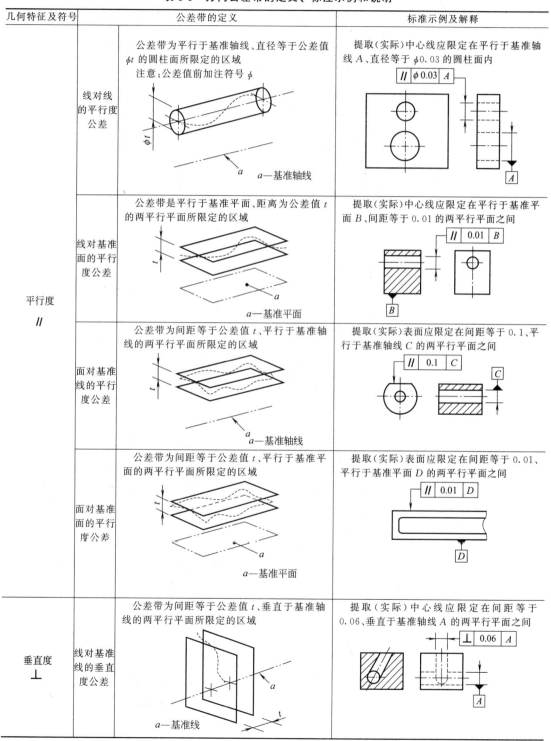

续表

几何特征及符号		公差带的定义	标准示例及解释
垂直度 ⊥	线对基准面的垂直度公差	公差带为直径等于公差值 ϕt、轴线垂直于基准平面的圆柱面所限定的区域 注意:公差值前加注符号 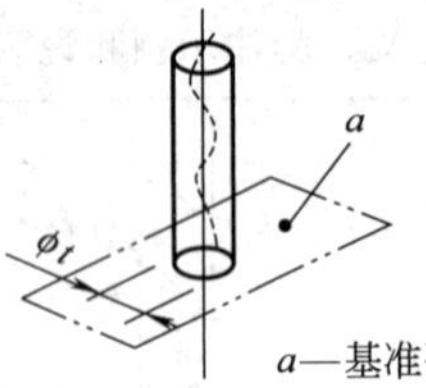 ϕ	圆柱面的提取(实际)中心线应限定在直径等于 $\phi 0.01$、垂直于基准平面 A 的圆柱面内 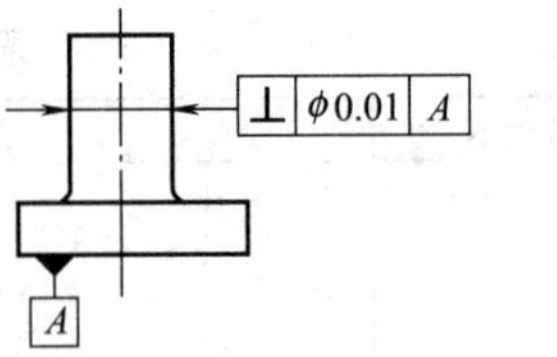
	面对基准线的垂直度公差	公差带为间距等于公差值 t、且垂直于基准轴线的两平行平面所限定的区域 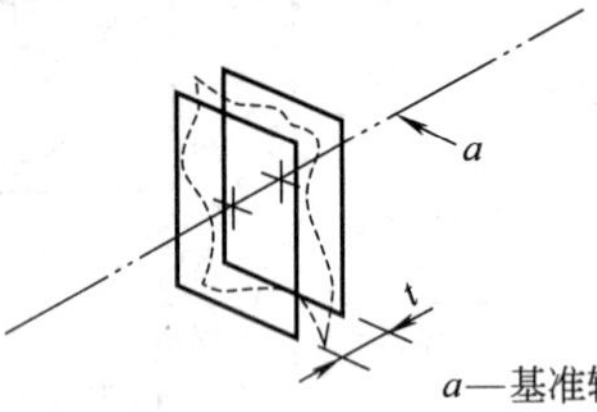	提取(实际)表面应限定在间距等于 0.08 的两平行平面之间,该两平行平面垂直于基准轴线 A 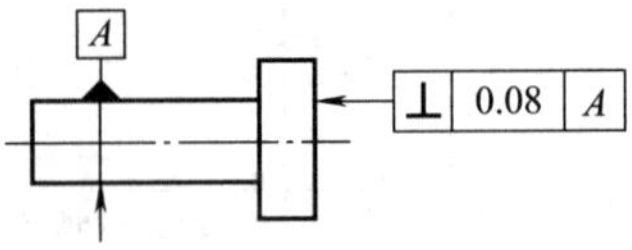
	面对基准面的垂直度公差	公差带为间距等于公差值 t、垂直于基准平面的两平行平面所限定的区域 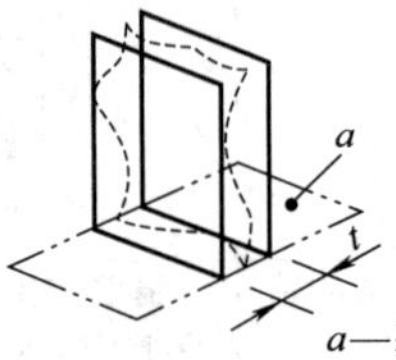	提取(实际)表面应限定在间距等于 0.08、垂直于基准轴线 A 的两平行平面之间 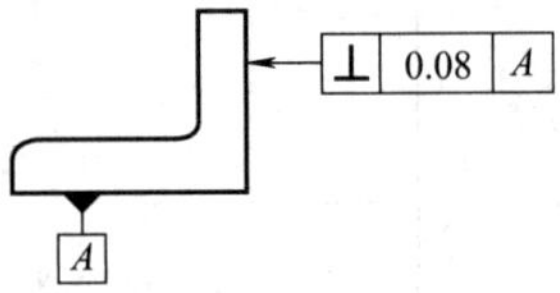
倾斜度 ∠	线对基准线的倾斜度公差	被测线与基准线在同一平面上 公差带为间距等于公差值 t 的两平行平面所限定的区域,该两平行平面按给定角度倾斜于基准轴线 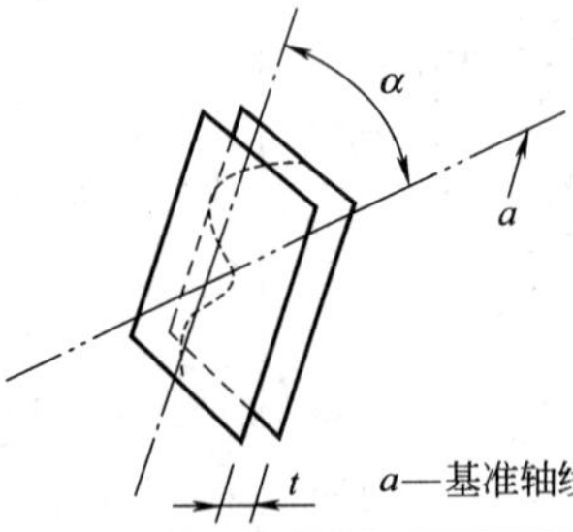	提取(实际)中心线应限定在间距等于 0.08 的两平行平面之间,该两平行平面按理论正确角度 60° 倾斜于公共基准轴线 $A-B$ 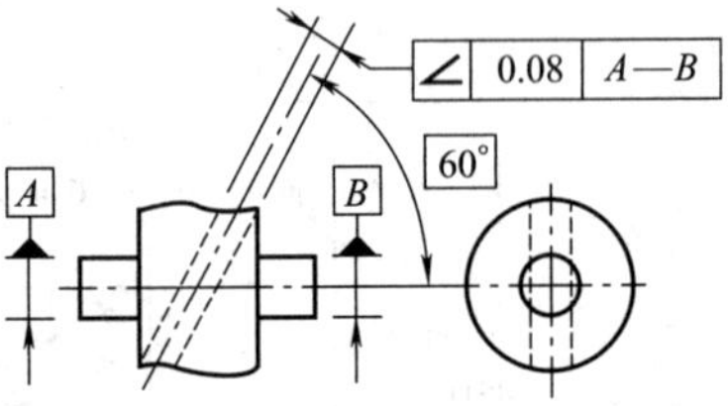
		被测线与基准线不在同一平面内 公差带为间距等于公差值 t 的两平行平面所限定的区域,该两平行平面按给定角度倾斜于基准轴线 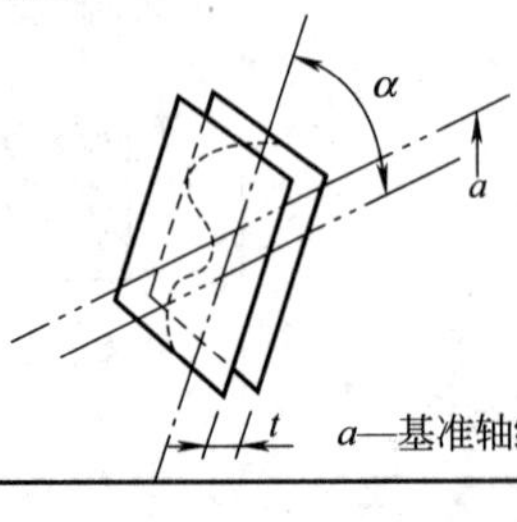	提取(实际)中心线应限定在间距等于 0.08 的两平行平面之间,该两平行平面按理论正确角度 60° 倾斜于公共基准轴线 $A-B$ 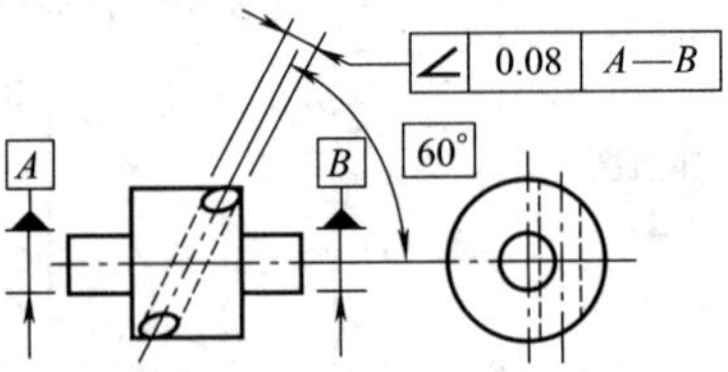

续表

几何特征及符号		公差带的定义	标准示例及解释
倾斜度 ∠	线对基准面的倾斜度公差	公差带为间距等于公差值 t 的两平行平面所限定的区域,该两平行平面按给定角度倾斜于基准平面 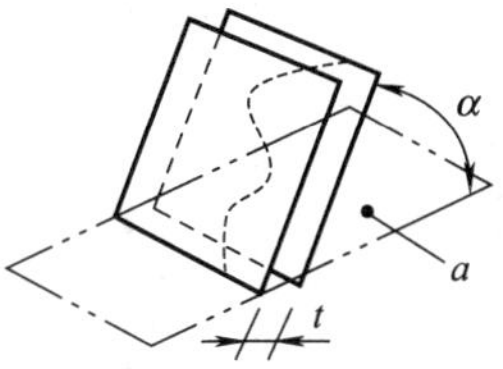 a—基准平面	提取(实际)中心线应限定在间距等于 0.08 的两平行平面之间,该两平行平面按理论正确角度 60°倾斜于公共基准平面 A 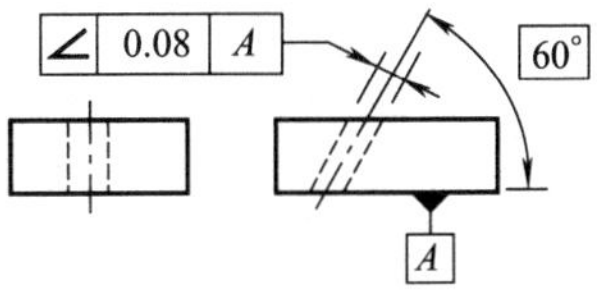
	面对基准线的倾斜度公差	公差带为间距等于公差值 t 的两平行平面所限定的区域,该两平行平面按给定角度倾斜于基准轴线 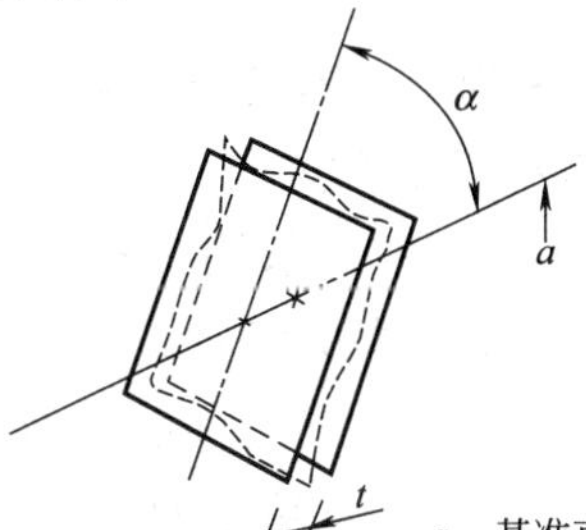 a—基准直线	提取(实际)表面应限定在间距等于 0.1 的两平行平面之间,该两平行平面按理论正确角度 75°倾斜于基准轴线 A 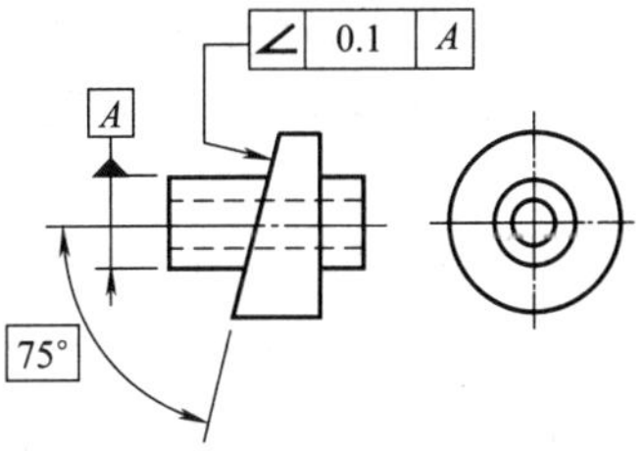
	面对基准面的倾斜度公差	公差带为间距等于公差值 t 的两平行平面所限定的区域,该两平行平面按给定角度倾斜于基准平面 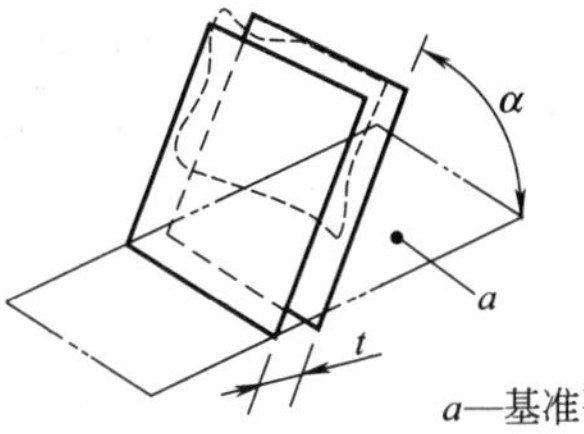 a—基准平面	提取(实际)表面应限定在间距等于 0.08 的两平行平面之间,该两平行平面按理论正确角度 40°倾斜于公共基准平面 A 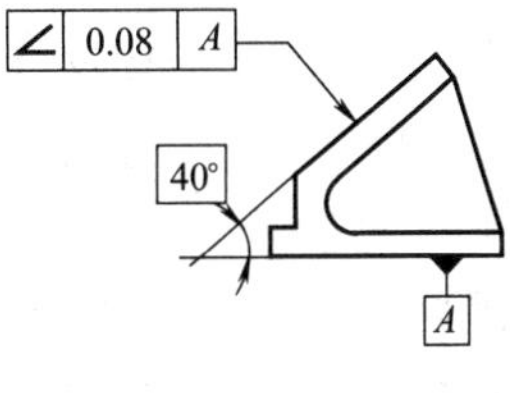
线轮廓度 ⌒	相对于基准体系的线轮廓度公差	公差带为直径等于公差值 t、圆心位于由基准平面 A 和基准平面 B 确定的被测要素理论正确几何形状上一系列圆球的两包络线所限定的区域 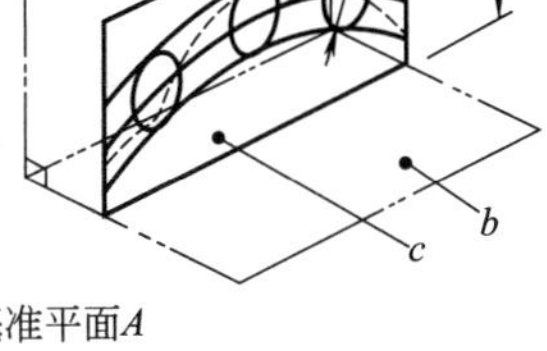 a—基准平面 A b—基准平面 B c—平行于基准 A 的平面	在任一平行于图示投影面的截面内,提取(实际)轮廓线应限定在直径等于 0.04、圆心位于由基准平面 A 和基准平面 B 确定的被测要素理论正确几何形状上的一系列圆的两等距离包络线之间 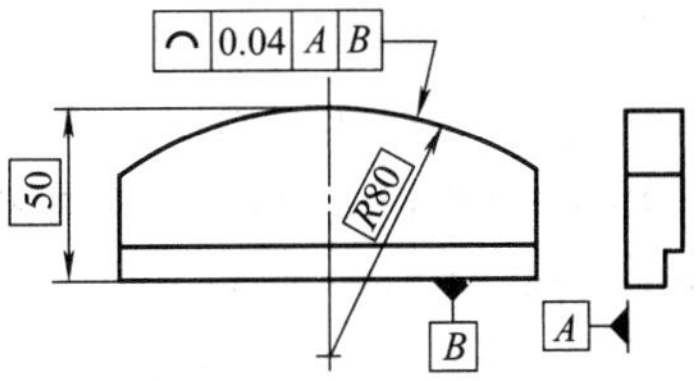

续表

几何特征及符号	公差带的定义	标准示例及解释
面轮廓度 ⌒	相对于基准的面轮廓度公差 公差带为直径等于公差值 t、球心位于由基准平面 A 确定的被测要素理论正确几何形状上的一系列圆球的两包络面所限定的区域	提取(实际)轮廓面应限定在直径等于0.1、球心位于由基准平面 A 确定的被测要素理论正确几何形状上的一系列圆球的两等距离包络面之间

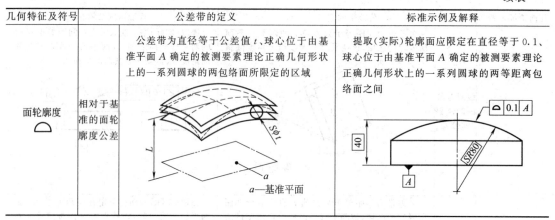

2. 方向公差带特点

① 方向公差带的方向是固定的,由基准来确定,而其位置则可在尺寸公差带内浮动。

② 方向公差的公差带在控制被测要素相对于基准方向误差的同时,能自然地控制被测要素的形状误差,故同一被测要素给出了方向公差后,一般不需要再给出形状公差。若确实需要对其形状精度提出更高要求时,可以同时给出,但要确保形状公差值小于方向公差值,如图3-37所示。

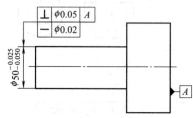

图 3-37 方向公差标注示例

三、方向误差的检测

方向误差是指被测实际要素对具有确定方向的理想要素的变动量 f。方向误差的评定涉及被测要素和基准。方向误差值用定向最小包容区域的宽度或直径表示,最小区域是指按理想要素的方向来包容被测实际要素时,具有最小宽度 f 或直径 ϕf 的包容区域,如图3-38所示。

由于方向误差是相对于基准要素来确定的,因此,测量方法依被测工件的结构特点与对被测要素的方向公差要求而变化。

1. 平行度误差的检测

平行度误差测量常采用平板、芯轴或V形块来模拟平面、孔或轴做基准,测量被测线、面上各点到基准的距离,以最大相对差作为平行度误差值。测量仪器有平板和带指示表的表架、水平仪、自准直仪、三坐标测量机等。

如图3-39所示,将被测零件放在平板上,用平板的工作面模拟被测零件的基准平面作为测量基准。在被测实际表面上的

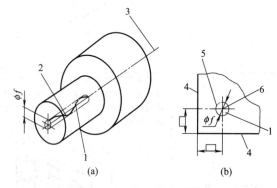

图 3-38 定向最小区域

1—定向最小区域;2—被测实际要素;3—基准轴线;
4—基准;5—实际位置上的点;6—理想位置上的点

各测点进行测量,指示表的最大最小读数值之差,即为被测实际表面对其基准平面的平行度误差。

2. 垂直度误差的检测

垂直度误差常转换成平行度误差的方法进行测量。

如图 3-40（a）所示，面对面垂直度误差测量时，用直角尺垂直边来模拟基准平面。先用直角尺调整指示表，当角尺与固定支点接触时，将指示表的指针调零。然后对工件进行测量，使固定支点与被测实际表面接触，指示表读数即为该测点的偏差。调整指示表在表架上的高度位置，对被测实际表面的不同点进行测量，取指示表的最大读数差作为被测实际表面对其基准平面的垂直度误差。

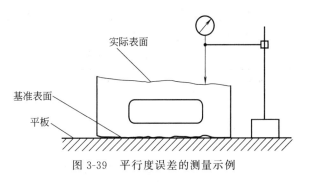

图 3-39 平行度误差的测量示例

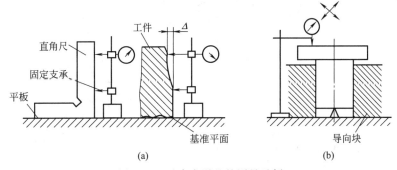

图 3-40 垂直度误差的测量示例

如图 3-40（b）所示，面对线垂直度误差测量时，用导向块模拟基准轴线，将被测零件放置在导向块中，测量被测表面，取指示表的最大读数差作为被测实际表面对基准线的垂直度误差。

3. 倾斜度误差的检测

倾斜度误差也常转换成平行度误差的方法进行测量，只需加一个定角座即可。

如图 3-41 所示面对面的倾斜度误差测量示例，将被测零件置于定角座上，调整被测零件，然后测量整个被测表面，指示器的最大读数差值即为该零件被测实际表面对其基准面的倾斜度误差。

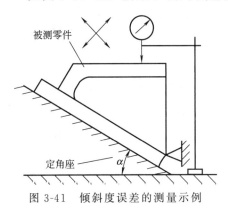

图 3-41 倾斜度误差的测量示例

第四节 位置公差及检测

一、位置公差项目及公差带

1. 位置公差项目

位置公差是指关联实际要素对基准在位置上允许的变动全量 t，用来控制点、线或面的位置误差，公差带相对于基准有确定的位置。

位置公差包括同轴度（对中心点称为同心度）、对称度、位置度。位置公差项目的标注示例及公差带定义如表 3-6 所示。

表 3-6　位置公差带的定义、标注示例和说明

几何特征及符号	公差带的定义	标注示例及解释
对称度 ⌯	**中心面的对称度公差** 公差带为间距等于公差值 t，对称于基准中心平面的两平行平面所限定的区域 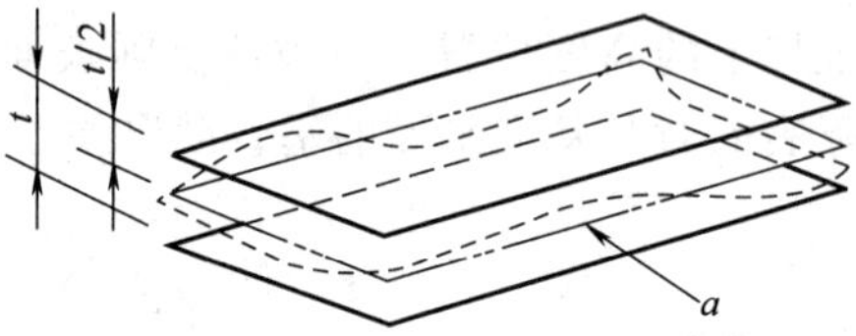 a——基准中心平面	提取（实际）中心面应限定在间距等于 0.08、对称于基准中心平面 A 的两平行平面之间 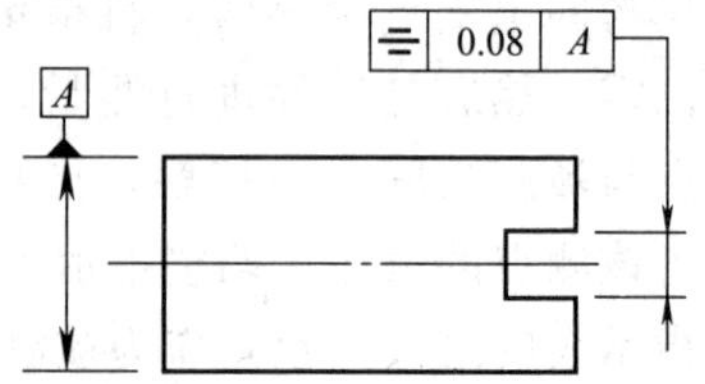 ⌯ | 0.08 | A 提取（实际）中心面应限定在间距等于 0.08、对称于公共基准中心平面 $A-B$ 的两平行平面之间 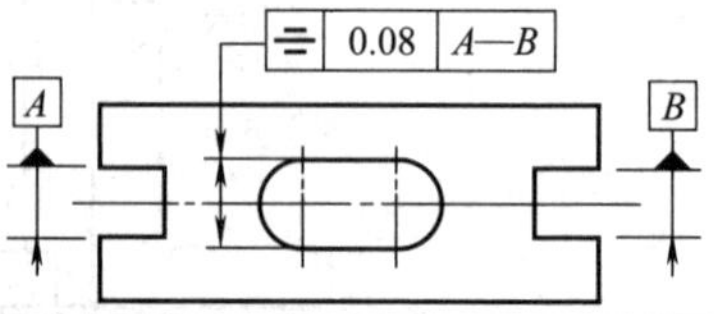 ⌯ | 0.08 | $A-B$
同轴度和同心度 ◎	**点的同心度公差** 公差带为直径等于公差值 ϕt 的圆周所限定的区域，该圆周的圆心与基准点重合 注意：公差值前加注符号 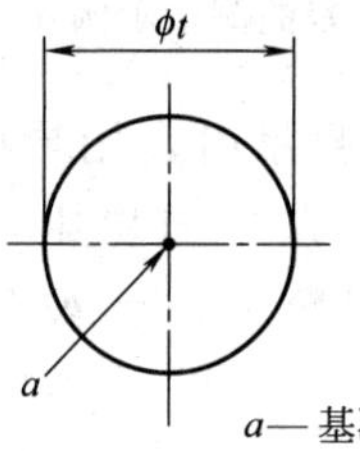 ϕ a——基准点	在任意横截面内，内圆的提取（实际）中心应限定在直径等于 $\phi 0.1$、以基准点 A 为圆心的圆周内 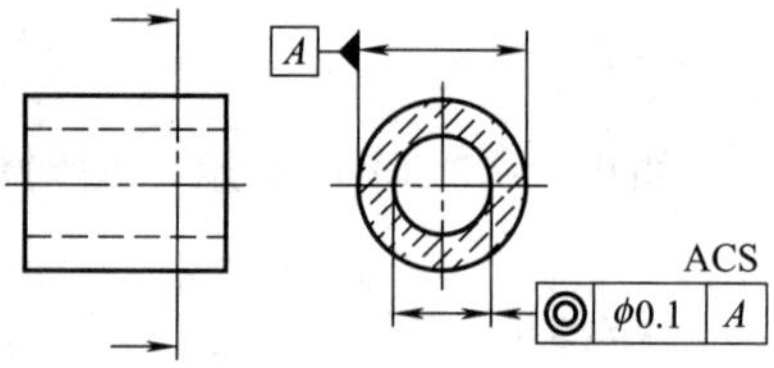 ACS　◎ | $\phi 0.1$ | A
	轴线的同轴度公差 公差带为直径等于公差值 ϕt 的圆柱面所限定的区域，该圆柱面的轴线与基准轴线重合 注意：公差值前加注符号 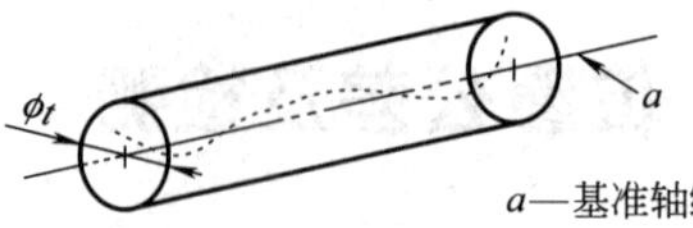 ϕ a——基准轴线	大圆柱面的提取（实际）中心线应限定在直径等于 $\phi 0.08$、以公共基准轴线 $A-B$ 为轴线的圆柱面内 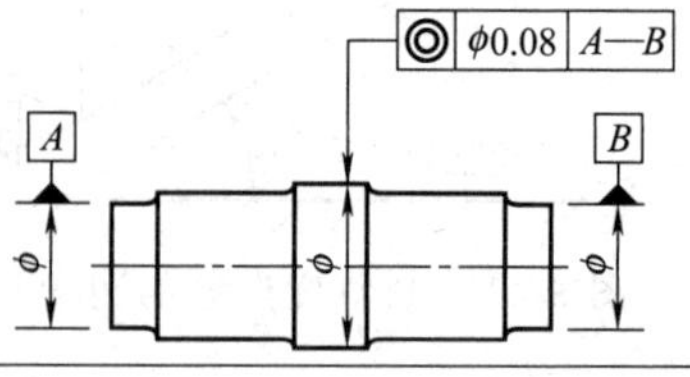 ◎ | $\phi 0.08$ | $A-B$ 大圆柱面的提取（实际）中心线应限定在直径等于 $\phi 0.1$、以基准轴线 A 为轴线的圆柱面内 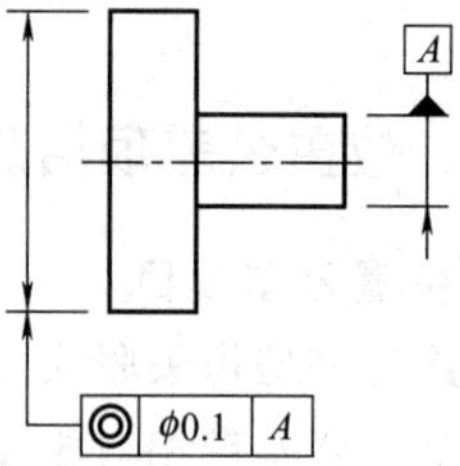 ◎ | $\phi 0.1$ | A

续表

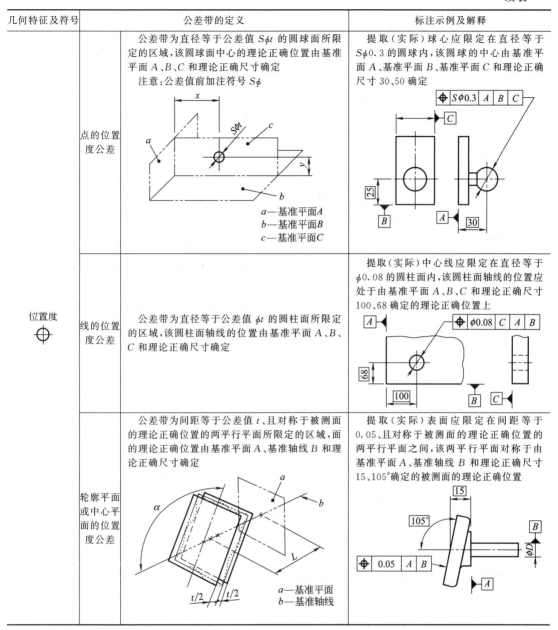

2. 位置公差带特点

① 位置公差用于控制被测要素相对基准的位置误差。公差带相对于基准位置是固定的，不能浮动。

② 位置公差带既能控制被测要素的位置误差，又能控制其方向和形状误差。因此，当给出位置公差要求的被测要素，一般不再提出方向和形状公差要求。只有对被测要素的方向和形状精度有更高要求时，才同时给出，且应满足形状公差小于方向公差，方向公差小于位置公差。例如图 3-42 所示，对同一被测平

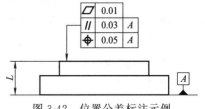

图 3-42 位置公差标注示例

面，平面度公差值小于平行度公差值，平行度公差值小于位置度公差值。

二、位置误差的检测

位置误差是指被测实际要素对具有确定位置的理想要素的变动量 f。位置误差的评定与方向误差评定原理相似，位置误差值用定位最小包容区域的宽度或直径表示，定位最小区域是指按理想要素定位来包容被测实际要素时，具有最小宽度 f 或直径 ϕf 的包容区域，如图 3-43 所示。

1. 同轴度误差的检测

同轴度误差可用圆度仪、三坐标测量装置、V 形架和带指示表的表架等测量。图 3-44 所示是在平板上用刃口状 V 形架和带指示表的表架测量同轴度误差。公共基准轴线由 V 形架体现。被测零件基准轮廓要素的中截面安置在两个刃口状 V 形架上，使被测零件处于水平位置。先在一个正截面内测量，取指示表在各对应点读数差值 $|M_a-M_b|$ 中的

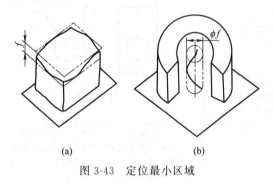

图 3-43 定位最小区域

最大值作为该截面同轴度误差。再在若干个正截面内测量，取其中最大的读数差值 $|M_a-M_b|$ 作为该零件的同轴度误差。

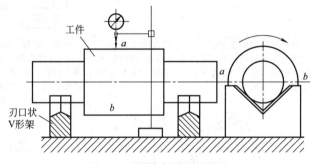

图 3-44 同轴度误差的测量

2. 对称度误差的检测

对称度误差测量仪器有三坐标测量机、平板和带指示表的表架等。如图 3-45 所示，将被测零件放置在平板上，测量被测表面①与平板之间的距离。再将被测零件翻转 180°，测量被测表面②与平板之间的距离。取测量截面内对应两侧点的最大差值作为该零件的对称度误差。

3. 位置度误差的检测

位置度误差可用坐标测量装置或专用测量装置等测量。如图 3-46 所示，用坐标测量装置测量孔的位置度误差，将芯轴无间隙地安装在被测孔中，用芯轴轴线模拟被测孔的实际轴线，在靠近被测孔的端面测得 x_1、x_2、x_3、x_4，分别计算出 $x'=(x_1+x_2)/2$，$y'=(y_1+y_2)/2$，再分别求出 $f_x=x'-x$，$f_y=y'-y$（x 和 y 是理论

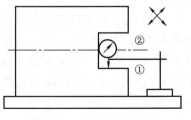

图 3-45 对称度测量示例

正确尺寸），则被测孔在该端的位置度误差为 $f=2\sqrt{f_x^2+f_y^2}$。然后，对被测孔的另一端依上述方法进行测量，取两端测量中所得较大的误差值作为该被测孔的位置度误差。

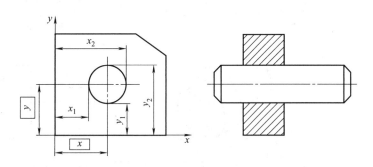

图 3-46 位置度误差的测量

第五节 跳动公差及检测

一、跳动公差项目及公差带

1. 跳动公差项目

跳动公差是关联实际被测要素绕基准轴线回转一周或连续回转时所允许的最大跳动量。跳动度分为圆跳动和全跳动。圆跳动是当关联实际被测要素绕基准轴线回转一周时，某一个测量截面对基准轴线的跳动量。圆跳动分为径向圆跳动、轴向圆跳动和斜向圆跳动。全跳动是当被测要素绕基准轴线连续回转时整个被测要素对基准轴线的跳动量，全跳动分为径向全跳动和轴向全跳动两种。

跳动度公差是以检测方式提出的公差项目，可用于综合控制被测要素的几何误差。仅限于回转体，被测要素为回转体的轮廓面，基准要素为回转轴。

跳动公差项目的标注示例及公差带定义如表 3-7 所示。

表 3-7 跳动公差带的定义、标注示例和说明

几何特征及符号		公差带的定义	标注示例及解释
圆跳动 ↗	径向圆跳动公差	公差带为在任一垂直于基准轴线的横截面内，半径差等于公差值 t，圆心在基准轴线上的两同心圆所限定的区域 a—基准轴线 b—横截面	在任一垂直于基准轴线 A 的横截面内，提取（实际）圆面应限定在半径差等于 0.8，圆心在基准轴线 A 上的两同心圆之间

续表

几何特征及符号		公差带的定义	标注示例及解释
圆跳动 ↗	轴向圆跳动公差	公差带为与基准轴线同轴的任一半径的圆柱截面上,轴向距离等于公差值 t 的两圆所限定的圆柱面区域 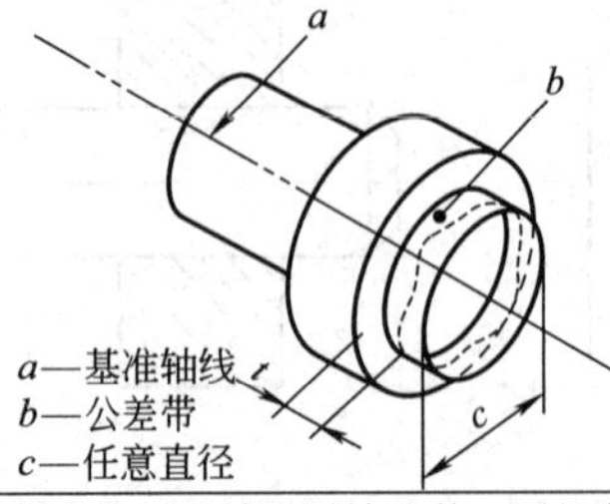 a—基准轴线 b—公差带 c—任意直径	在与基准轴线 D 同轴的任一圆柱形截面上,提取(实际)圆应限定在轴向距离等于0.1的两个等圆之间 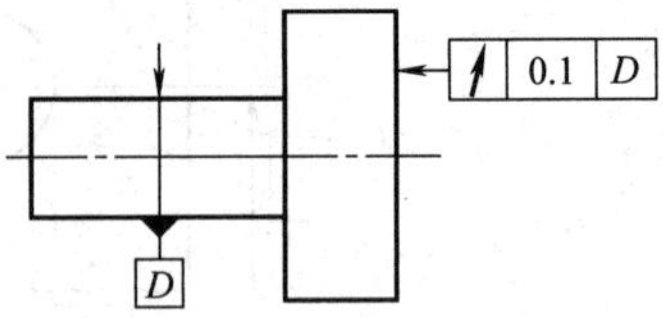
	斜向圆跳动公差	公差带为与基准轴线同轴的某一圆锥截面上,间距等于公差值 t 的两圆所限定的圆柱面区域 除非另有规定,测量方向应沿被测表面的法向 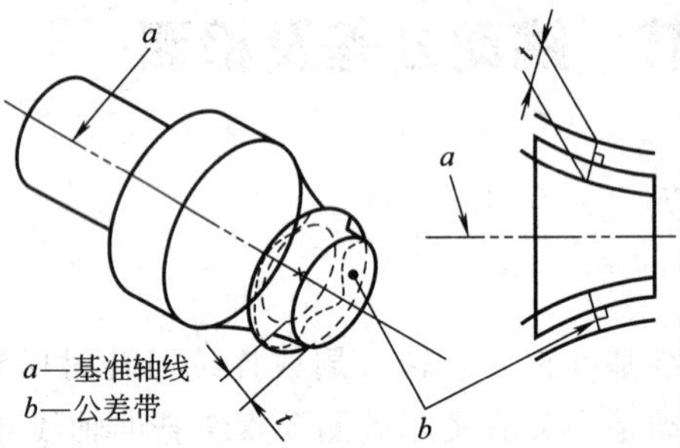 a—基准轴线 b—公差带	在与基准轴线 C 同轴的任一圆锥截面上,提取(实际)线应限定在素线方向间距等于0.1的两个不等圆之间 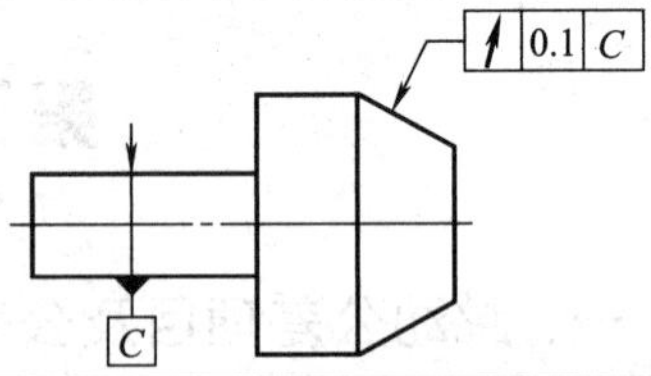 当标注公差的素线不是直线时,圆锥截面的锥角要随所测圆的实际位置而改变 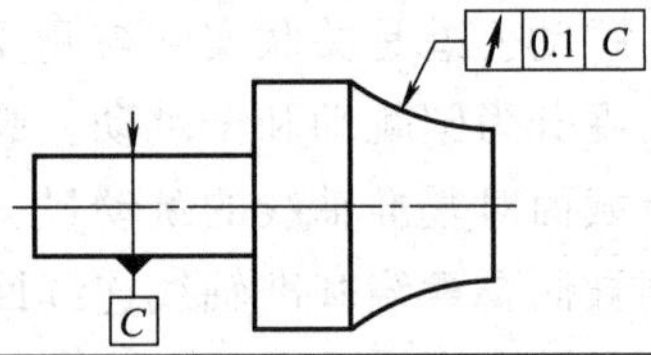
全跳动 ↗↗	径向的全跳动公差	公差带为半径等于公差值 t,与基准轴线同轴的两圆柱面所限定的区域 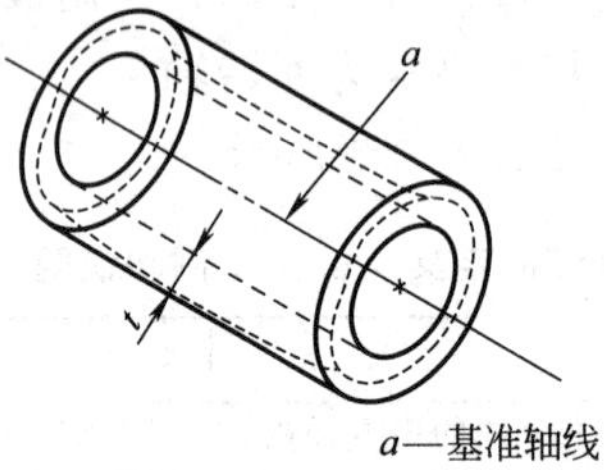 a—基准轴线	提取(实际)表面应限定在直径等于0.1,与公共基准轴线 A—B 同轴的两圆柱面之间 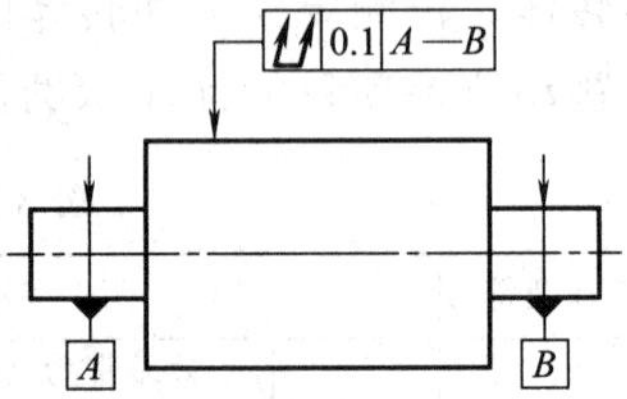
	轴向的全跳动公差	公差带为间距等于公差值 t,且垂直于基准轴线的两平行平面所限定的区域 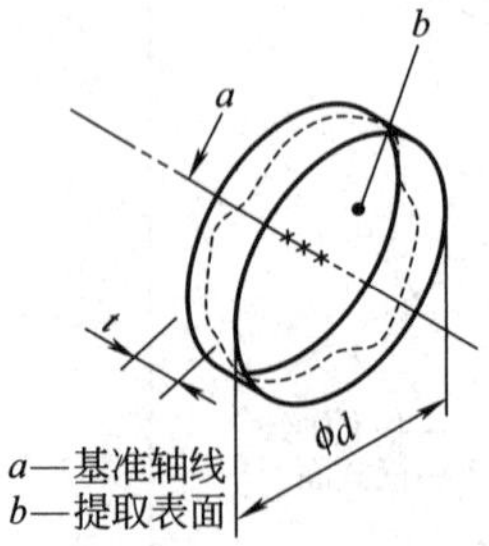 a—基准轴线 b—提取表面	提取(实际)表面应限定在间距等于0.1,且垂直于基准轴线 D 的两平行平面之间 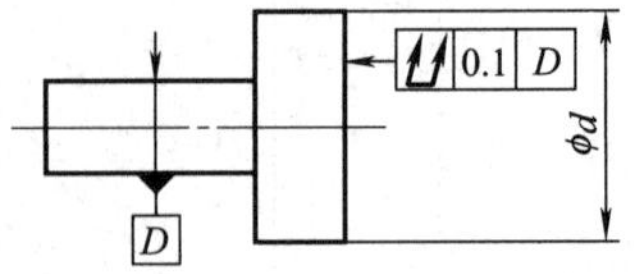

2. 跳动公差带特点

① 跳动公差带具有固定和浮动的双重特点：它既是同心圆环的圆心，或圆柱面的轴线，或圆锥面的轴线，始终与基准轴线同轴；同时，跳动公差带的半径又随实际要素的变动而变动。因此，跳动公差具有综合控制被测要素的形状、方向和位置的作用。

② 跳动公差带能综合控制同一被测要素的方位和形状误差。例如，径向圆跳动综合地反映了被测圆柱面的圆度、圆柱度和同轴度误差，即使被测圆柱面的形状误差为零，但只要存在同轴度误差就会产生跳动误差，因此，当圆柱面的形状误差很小时，常用它来控制同轴度误差；又如，径向全跳动公差带与圆柱度公差带在形状方面相同，但前者公差带轴线的位置是固定的，而后者公差带轴线的位置是浮动的，当径向全跳动不大于给定的圆柱度公差值时，可以肯定圆柱度误差不会超差。根据这一特性，可近似地用径向全跳动测量代替圆柱度误差测量。设计时，对于轴类零件，在满足功能要求的前提下，图样上应优先标注径向全跳动公差，而尽量不标注圆柱度公差项目。

③ 全跳动是对整个被测表面几何误差控制的一项综合指标。对于同一被测要素，全跳动包括了圆跳动，因此在给定相同的公差值情况下，标注全跳动的要求比标注圆跳动的要求更严格。

二、跳动误差的检测

(1) 圆跳动误差的检测　圆跳动误差是指被测实际要素绕基准轴线回转一周中，在无轴向移动的条件下，由位置固定的指示表在给定方向上测得的最大与最小读数之差值。

图 3-47 中，被测零件通过芯轴安装在两同轴顶尖之间，此两同轴顶尖的轴线体现基准轴线。在垂直于基准轴线的一个测量平面内，被测零件回转一周过程中，指示表的测头接触外圆表面固定不动，其读数的最大差值即为单个截面的径向圆跳动误差。如此测量若干个截面，取在各截面内测得的最大差值作为该零件的径向圆跳动误差。

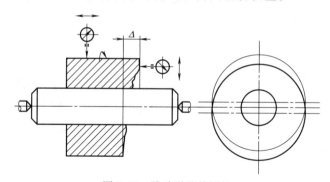

图 3-47　跳动误差的测量

在与基准轴线同轴的任一直径的圆柱截面上，被测零件回转一周过程中，图 3-47 中右端面指示表的最大读数和最小读数之差即为所测直径上的轴向圆跳动误差。在右端面测量若干直径上的轴向圆跳动误差，取其最大值作为该被测要素的轴向圆跳动误差。

(2) 全跳动误差的检测　全跳动误差检测方法与圆跳动误差检测方法类似。前者与后者的区别在于，当被测要素绕基准轴线作无轴向移动的连续回转运动时，指示表沿平行或垂直于基准轴线的方向作直线移动，取整个过程中指示表的最大读数差值，分别作为径向全跳动和轴向全跳动的误差值。

由于跳动的检测简单易行,在生产中常用来代替圆柱度、同轴度、垂直度等的检测。但由于将表面的形状误差值反映到测量结果中,会得到偏大的误差值。若检测时全跳动误差值不大于圆柱度、同轴度、垂直度等项目的公差值,那么后者误差值不会超差;若测得全跳动误差值超差,后者并不一定超差,需要进一步检测。

第六节 公差原则

实际零件同时存在尺寸误差和几何误差,尺寸公差和几何公差就是用来保证零件的尺寸精度要求和形位精度要求的。根据零件功能要求的不同,尺寸公差和几何公差之间的关系也不同:既可以相对独立无关,也可以互相影响、互相补偿。就检测而言,尺寸误差和几何误差既可以分别单独测量,也可以综合在一起测量。公差原则就是在图样上标注的处理尺寸公差与几何公差之间关系的原则。分为独立原则和相关要求。公差原则国家标准包括 GB/T 4249—2009 和 GB/T 16671—2009。

一、术语及定义

1. 最大实体尺寸(MMS)

孔或轴允许材料最多的状态称为最大实体状态。在此状态下的极限尺寸称为最大实体尺寸。它是轴的最大极限尺寸,它是孔的最小极限尺寸。轴的最大实体尺寸用 d_M 表示,孔的最大实体尺寸用 D_M 表示。

$$d_M = d_{\max} \qquad D_M = D_{\min}$$

2. 最小实体尺寸(LMS)

孔或轴允许材料最少的状态称为最小实体状态。在此状态下的极限尺寸称为最小实体尺寸。它是轴的最小极限尺寸,它是孔的最大极限尺寸。轴的最小实体尺寸用 d_L 表示,孔的最小实体尺寸用 D_L 表示。

$$d_L = d_{\min} \qquad D_L = D_{\max}$$

3. 体外作用尺寸(d_{fe},D_{fe})

在配合的全长上,与实际孔体外相接的最大理想轴的尺寸称为孔的体外作用尺寸(用 D_{fe} 表示),见图 3-48。与实际轴体外相接的最小理想孔的尺寸称为轴的体外作用尺寸(用 d_{fe} 表示),见图 3-48。对于关联要素,最小理想孔或最大理想轴的轴线或中心平面必须与基准保持图样给定的几何关系。体外作用尺寸是被测要素的局部实际尺寸与形位误差的综合结果,表示其在装配时起作用的尺寸。轴的体外作用尺寸大于或等于轴的实际尺寸;孔的体外作用尺寸小于或等于孔的实际尺寸。

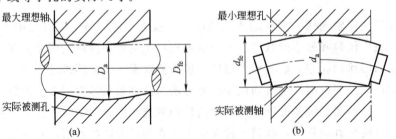

图 3-48 单一要素体外作用尺寸

$$d_{fe} = d_a + t_a$$
$$D_{fe} = D_a - t_a$$

式中　d_a——轴的实际尺寸；
　　　D_a——孔的实际尺寸；
　　　t_a——孔（轴）的实际形位公差。

4. 体内作用尺寸（d_{fi}，D_{fi}）

在配合的全长上，与实际孔体内相接的最小理想轴的尺寸称为孔的体内作用尺寸（用D_{fi}表示），见图 3-49（a）。与实际轴体内相接的最大理想孔的尺寸称为轴的体内作用尺寸（用d_{fi}表示），见图 3-49（b）。对于关联要素，最大理想孔或最小理想轴的轴线或中心平面必须与基准保持图样给定的几何关系。轴的体内作用尺寸小于或等于轴的实际尺寸；孔的体内作用尺寸大于或等于孔的实际尺寸。

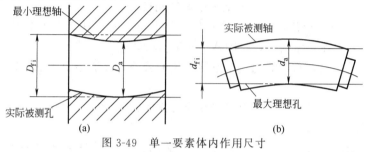

图 3-49　单一要素体内作用尺寸

$$d_{fi} = d_a - t_a$$
$$D_{fi} = D_a + t_a$$

5. 最大实体实效状态（MMVC）**与最大实体实效尺寸**（d_{MV}，D_{MV}）

最大实体实效状态是指在配合的全长上，孔（轴）为最大实体尺寸，且其中心要素的形状误差和位置误差等于给定公差值（t）时的综合极限状态。在此状态下的尺寸称为最大实体实效尺寸。轴、孔的最大实体实效尺寸分别用d_{MV}和D_{MV}表示：

$$d_{MV} = d_M + t$$
$$D_{MV} = D_M - t$$

式中　t——孔（轴）标准的形位公差。

6. 最小实体实效状态（LMVC）**与最小实体实效尺寸**（d_{LV}，D_{LV}）

最小实体实效状态是指在配合的全长上，孔（轴）为最小实体尺寸，且其中心要素的形状误差和位置误差等于给定公差值（t）时的综合极限状态。在此状态下的尺寸称为最小实体实效尺寸。轴、孔的最小实体实效尺寸分别用d_{LV}和D_{LV}表示：

$$d_{LV} = d_L - t$$
$$D_{LV} = D_L + t$$

7. 边界

边界是由设计给定的具有理想形状的极限包容面，与最大实体尺寸、最小实体尺寸、最大实体实效尺寸、最小实体实效尺寸相对应。边界的种类有最大实体边界（MMB）、最小实体边界（LMB）、最大实体实效边界（MMVB）、最小实体实效边界（LMVB）。

二、公差原则

公差原则包括独立原则和相关要求两大类。

1. 独立原则（IP）

独立原则是指图样上给定的尺寸公差和形位公差要求均是相互独立的，分别满足要求。

如图 3-50 所示，轴线的直线度误差不允许大于 $\phi 0.01$mm，不受尺寸公差带控制；实际尺寸可在 19.979～20mm 范围内，也不受轴线直线度公差带控制；不论实际尺寸是多少，轴线的直线度公差都是 $\phi 0.01$mm；不论轴线的直线度误差是多少，尺寸公差都是 0.021mm。

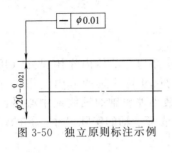

图 3-50 独立原则标注示例

在机械设计和制造中，独立原则是一种基本的公差原则，它的设计出发点是满足单项（尺寸、形位公差中的某一项）的功能要求。其主要应用场合有以下几处。

① 除有配合要求外，还有较高的形状精度要求的单一要素。例如，设计滚动轴承的内、外圈滚道和滚动体时，应用独立原则，一方面可以给出相对较大的直径公差，靠分组互换来保证装配间隙；另一方面可以给出相对较小的形状公差，以保证轴承的旋转精度。

② 主要功能要求为形位精度，且尺寸公差与形位公差在功能上不会发生联系的单一要素。应该指出，采用独立原则时，在图样上只需分别表达各自的要求，而不需要附加任何表示相互关系的符号。独立原则既能用于单独标注的公差，又能用于未注公差，未注公差总是遵守独立原则。

采用独立原则时，尺寸误差和形位误差应分别单独测量。

2. 相关要求

图样上给定的尺寸公差和形位公差相互有关的公差要求称为相关要求。GB/T 4249—2009 及 GB/T 16671—2009 中规定了以下的相关要求。

(1) 包容要求（ER） 包容要求是要求实际要素处处位于具有理想形状的包容面内的一种公差原则，而该理想形状的尺寸应为最大实体尺寸。

当轴的实际要素为最大实体尺寸（即轴的最大极限尺寸）$\phi 20$mm 时（见图 3-51），则不容许存在形状误差（即补偿值为零）；若轴的实际尺寸偏离最大尺寸 $\phi 20$mm 时（如 $\phi 19.99$），容许有形状误差存在（0.01）；若轴的实际要素为最小实体尺寸（即轴的最小极限尺寸）$\phi 19.979$mm 时，则容许的形状误差最大为 0.021mm（即最大补偿值为尺寸公差值）。如图 3-67 用于单一要素时，应在尺寸极限偏差或公差带代号后加注符号 $\text{\textcircled{E}}$。

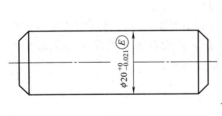 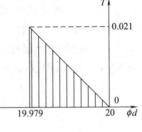

实际尺寸 ϕd	允许的形状公差 T
$\phi 20$	0
...	...
$\phi 19.99$	0.01
...	...
$\phi 19.979$	0.021

图 3-51 包容要求示例

采用包容要求零件合格的条件如下。

对外表面为：
$$d_{fe}=(d_a+t_a)\leqslant d_M$$
$$d_a \geqslant d_L$$

对内表面为：
$$D_{fe}=(D_a-t_a)\geqslant D_M$$

$$D_a \leqslant D_L$$

(2) 最大实体要求（MMR） 最大实体要求适用于中心要素有形位公差要求的情况。它是控制被测要素的实际轮廓处于其最大实体实效边界之内的一种公差要求。最大实体要求既适用于被测要素也适用于基准要素，此时应在图样标注符号Ⓜ。

① 最大实体要求应用于被测要素（图 3-52）。当最大实体要求应用于被测要素时，则被测要素的形位公差值是在该要素处于最大实体状态时给定的。如被测要素偏离最大实体状态，则形位公差允许增大其最大增加量（即最大补偿值）为该要素的最大实体尺寸与最小实体尺寸之差（即尺寸公差值），如图 3-52 所示。

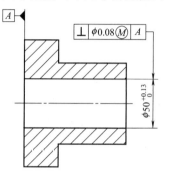 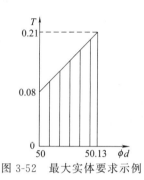

实际尺寸 ϕD	允许的垂直度公差 T
$\phi 50$	$\phi 0.08$
...	...
$\phi 50.03$	$\phi 0.11$
...	...
$\phi 50.13$	$\phi 0.21$

图 3-52 最大实体要求示例

采用最大实体要求零件的合格条件如下。

对外表面为：

$$d_{fe} = (d_a + t_a) \leqslant d_{MV}$$

$$d_M \geqslant d_a \geqslant d_L$$

对内表面为：

$$D_{fe} = (D_a - t_a) \geqslant D_{MV}$$

$$D_M \leqslant D_a \leqslant D_L$$

② 最大实体要求的零形位公差。关联要素遵守最大实体边界时，可以应用最大实体要求的零形位公差。关联要素采用最大实体要求的零形位公差标注时，要求其实际轮廓处处不得超越最大实体边界，且该边界应与基准保持图样上给定的几何关系，要素实际轮廓的局部实际尺寸不得超越最小实体尺寸。零形位公差应在公差框格中用 $\phi 0$ Ⓜ 标注公差值，如图 3-53 所示。

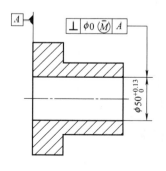 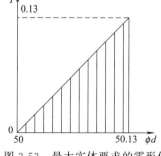

实际尺寸 ϕD	允许的垂直度公差 T
$\phi 50$	$\phi 0$
...	...
$\phi 50.03$	$\phi 0.03$
...	...
$\phi 50.13$	$\phi 0.13$

图 3-53 最大实体要求的零形位公差

(3) 最小实体要求（LMR） 最小实体要求适用于中心要素有形位公差要求的情况。它是控制被测要素的实际轮廓处于其最小实体实效边界之内的一种公差要求。当其实际尺寸偏离最小实体尺寸时,允许其中心要素形位误差值超出给出的公差值。最小实体要求既适用于被测要素也适用于基准要素,此时应在图样上标注 Ⓛ 符号。

① 最小实体要求应用于被测要素。最小实体要求应用于被测要素时,被测要素实际轮廓不得超出最小实体实效边界,即其体内作用尺寸不得超出其最小实体实效尺寸,且其局部实际尺寸不超出最大实体尺寸和最小实体尺寸。若被测要素实际轮廓偏离其最小实体状态,即其实际尺寸偏离最小实体尺寸时,形位误差值可超出在最小实体状态下给出的形位公差值,即此时的形位公差值可以增大,见图 3-54。

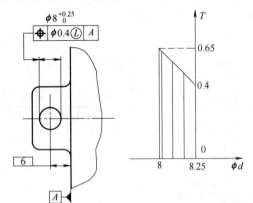

实际尺寸 ϕD	允许的位置度公差 T
$\phi 8.25$	$\phi 0.4$
...	...
$\phi 8.10$	$\phi 0.55$
...	...
$\phi 8$	$\phi 0.65$

图 3-54 最小实体要求示例

采用最小实体要求零件的合格条件如下。

对外表面为:

$$d_{fi} = (d_a - t_a) \geqslant d_{LV}$$

$$d_L \leqslant d_a \leqslant d_M$$

对内表面为:

$$D_{fi} = (D_a + t_a) \leqslant D_{LV}$$

$$D_L \geqslant D_a \geqslant D_M$$

② 最小实体要求的零形位公差。关联要素遵守最小实体边界时可以应用最小实体要求的零形位公差。零形位公差应在公差框中用 $\phi 0$Ⓛ 标注公差值,如图 3-55 所示。

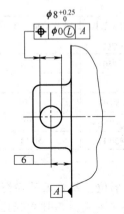

实际尺寸 ϕD	允许的位置度公差 T
$\phi 8.25$	$\phi 0$
...	...
$\phi 8.10$	$\phi 0.15$
...	...
$\phi 8$	$\phi 0.25$

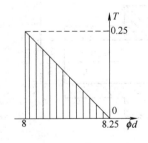

图 3-55 最小实体要求的零形位公差

（4）可逆要求（RR） 被测轴线或中心平面的形位误差值小于给出的形位公差值时，在满足零件功能要求的前提下，允许扩大其尺寸公差，称为可逆要求。可逆要求应与最大实体要求或最小实体要求一起应用，且只应用于被测要素。可逆要求用符号 Ⓡ 表示，在图样上将符号 Ⓡ 置于被测要素形位公差框格中形位公差数值后的符号 Ⓜ 或 Ⓛ 的后面。

① 可逆要求用于最大实体要求。可逆要求用于最大实体要求时，被测要素的实际尺寸可在最小实体尺寸和最大实体实效尺寸之间变动，图样框格内标注 Ⓜ Ⓡ，如图 3-56 所示。

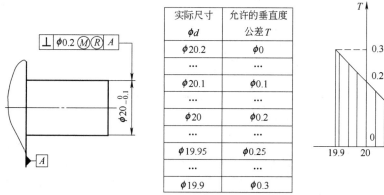

图 3-56　可逆要求用于最大实体要求

② 可逆要求用于最小实体要求。可逆要求用于最小实体要求时，被测要素的实际尺寸可在最大实体尺寸和最小实体实效尺寸之间变动，图样框格内标注 Ⓛ Ⓡ，如图 3-57 所示。

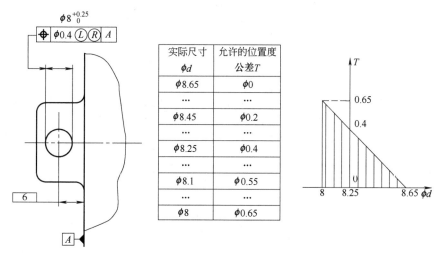

图 3-57　可逆要求用于最小实体要求

三、公差原则的应用

零件要素遵循公差原则的应用场合、所遵循的理想边界、测量手段等，见表 3-8 公差原则的应用。

表 3-8 公差原则的应用

公差原则及要求	应用对象		标注符号	应用场合	被测要素应遵循的边界	被测要素的极限尺寸		测量手段	
	要素	项目				最大实体尺寸	最小实体尺寸	形位误差	实际尺寸
独立原则	轮廓要素 中心要素	形位公差各项	无	应用广泛,是形位公差和尺寸公差关系所遵循的一项基本原则,不论尺寸和形位的精度要求如何,均可采用。如两孔之间的尺寸公差和它们的同轴度要求及辊子的尺寸公差和它的圆柱度要求等	无控制边界	局部实际尺寸	局部实际尺寸	通用量仪控制形位误差不超过给定值	两点测量控制其局部实际尺寸不超过最大和最小实体尺寸
相关要求 — 包容要求	单一要素	圆柱面 两平行平面	可控制圆柱面和两平行平面上的任何形状误差	Ⓔ	应用包容要求可以保证配合性质,特别是配合公差较小的精密配合,用最大实体边界综合控制实际尺寸和形状误差来保证所需要的最小间隙或最大过盈	最大实体边界	最大实体边界	局部实体尺寸	通规控制其作用尺寸不超过最大实体尺寸	通规控制最大实体尺寸;止规控制最小实体尺寸
相关要求 — 最大实体要求	中心要素		Ⓜ	满足装配要求但无严格的配合要求时采用。如螺栓孔、轴线的位置度,两轴线的平行度等	最大实体实效边界	局部实体尺寸	局部实体尺寸	综合量规控制其最大实体实效边界	两点测量
			Ⓜ	满足装配要求,由 tⓂ 或 φtⓂ 转换成 0Ⓜ 或 φ0Ⓜ,可增大尺寸公差,扩大零件合格率,提高加工经济性	最大实体实效边界	最大实体实效边界	局部实体尺寸	综合量规或专用检具控制其作用尺寸不超过其最大实体边界	综合量规已控制其最大实体尺寸,两点法测量最小实体尺寸
相关要求 — 最小实体要求	中心要素		Ⓛ	满足临界设计值的要求,以控制最小壁厚,提高对中度	最小实体实效边界	局部实体尺寸	局部实体尺寸	综合量规控制其作用尺寸不超过最小实体实效边界	综合量规控制最小实体实效尺寸,两点法测量最大实体尺寸
			Ⓛ	同Ⓛ,可扩大零件合格率	局部实体边界	最小实体边界	局部实体尺寸	综合量规控制其作用尺寸不超过最小实体边界	综合量规控制最小实体尺寸,两点法测量最大实体尺寸

续表

公差原则及要求	应用对象		标注符号	应用场合	被测要素应遵循的边界	被测要素的极限尺寸		测量手段	
	要素	项目				最大实体尺寸	最小实体尺寸	形位误差	实际尺寸
相关要求	中心要素		Ⓜ Ⓡ	同最大实体要求,但允许其实际尺寸超出最大实体尺寸	最大实体实效边界	局部实体尺寸	局部实体尺寸	综合量规控制其作用尺寸不超过最大实体实效边界	两点测量
可逆要求应用于最小实体要求			Ⓛ Ⓡ	同最小实体要求,但允许其实际尺寸超出最小实体尺寸	最小实体实效边界	局部实体尺寸	局部实体尺寸	综合量规控制其作用尺寸不超过最小实体实效边界	综合量规控制最小实体实效尺寸,两点法测量最大实体尺寸

第七节 几何公差的选择

实际零件上所有的要素都存在几何误差,但图样上是否给出几何公差要求,可以根据下述原则确定:凡几何公差要求用一般机床加工能保证的,不必注出,其公差值要求应按《形状和位置公差 未注公差值》(GB/T 1184—1996)执行;凡几何公差有特殊要求(高于或低于 GB/T 1184—1996 规定的公差级别),则应按标准规定的标注方法在图样上明确注出几何公差。

一、几何公差项目的确定

在几何公差的 14 个项目中,有单项控制的公差项目,如圆度、平面度、直线度等;还有综合控制的公差项目,如圆柱度、位置公差的各个项目。应该充分发挥综合控制公差项目的职能,这样就可以减少图样上给出的几何公差项目,相应就减少了几何误差检测的项目。

一般情况下,选择几何公差项目可从以下几个方面考虑。

(1) 零件的几何特征。零件的几何特征与零件加工误差形式密切关联,如圆柱形零件会出现圆柱度误差;平面零件会出现平面度误差;阶梯轴或孔零件会产生同轴度误差;凸轮类零件会出现轮廓度误差等。所以,不同几何结构特征的零件,就应有不同的几何公差要求来控制零件的加工质量。

(2) 零件的功能要求。根据对零件不同的功能要求,应给定不同的几何公差要求来控制加工的精度。例如机床主轴箱两齿轮轴的轴线需用平行度公差来控制,以保证齿轮的啮合精度及承载能力。为了保证机床加工的回转精度和工作精度,应对机床主轴轴颈规定圆柱度和同轴度公差等。

(3) 形位公差检测的方便性和经济性。确定几何公差项目时，应充分考虑检测的方便与经济性。例如，对轴类零件可用径向全跳动公差综合控制圆柱度公差、同轴度公差，用端面全跳动代替端面对轴线的垂直度。

(4) 确定几何公差项目时，还应从工厂、车间现有的检测条件来考虑，同时还应参照有关专业标准的规定来选择。例如，与滚动轴承相配合的孔与轴应当标注哪些形位公差要求，单键、花键、齿轮等标准件对形位公差有哪些相应要求与规定等。对现有设计资料和成功的实例应用类比法是适宜的并且是可行的。

二、基准的选择

在图样上标注位置公差时，都要涉及基准问题。一般从以下几个方面考虑。

(1) 应根据实际要素的功能要求及要素间的几何关系来选择基准。例如，对于旋转轴，通常以与轴承配合的轴颈表面作为基准或以轴心线作为基准。

(2) 从装配关系考虑，应选择零件相互配合、相互接触的表面作为各自的基准，以保证零件的正确装配。

(3) 从加工、测量角度考虑，应选择在工、夹、量具中定位的相应表面作为基准，并考虑这些表面作为基准时要便于设计工具、夹具和量具，还应尽量使测量基准与设计基准统一。

(4) 当被测要素的方向需采用多基准定位时，可选用组合基准或三基面体系，还应从被测要素的使用要求考虑基准要素的顺序。

三、公差原则的选择

选择公差原则时，应根据被测要素的功能要求，充分发挥给出公差的职能和采取该种公差原则的可行性、经济性。表 3-9 列出了三种公差原则的应用场合和实例，供选择公差原则时参考。

四、几何公差值的选择

几何公差值的选择原则是：在满足零件功能要求的前提下选择最经济的公差值。

1. 几何公差值

选择几何公差值的方法一般有类比法、经验法、计算法，其中，类比法用得较多。GB/T 1184—1996 规定如下：

① 直线度、平面度、平行度、垂直度、倾斜度、同轴度、对称度、圆跳动、全跳动公差分 1，2，…，12 级，见表 3-10～表 3-12，公差值按序递增。

表 3-9 公差原则选择参考

公差原则	应用场合	示 例
独立原则	尺寸精度与形位精度需要分别满足要求	齿轮箱体孔的尺寸精度与两孔轴线的平行度，连杆活塞销孔的尺寸精度与圆柱度，滚动轴承内、外圈滚道的尺寸精度与形状的精度
	尺寸精度与形位精度要求相差较大	滚筒类零件尺寸精度要求很低，形状精度要求较高；平板的形状精度要求很高，尺寸精度要求不高；冲模架的下模座尺寸精度要求不高，平行度要求较高
		通油孔的尺寸精度有一定要求，形状精度无要求

续表

公差原则	应用场合	示 例
独立原则	尺寸精度与形位精度无联系	滚子链条的套筒或滚子内、外圆柱面的轴线同轴度与尺寸精度;齿轮箱箱体孔的尺寸精度与孔轴线间的位置精度;发动机连杆上的尺寸精度与孔轴线间的位置精度
	保证运动精度	导轨的形状精度要求严格,尺寸精度要求次要
	保证密封性	汽缸套的形状精度要求严格,尺寸精度要求次要
	未注公差	凡未注尺寸公差与未注形位公差都采用独立原则,例如退刀槽倒角、圆角等非功能要素
包容要求	保证《公差与配合》国家标准规定的配合性质	ϕ20H7Ⓔ孔与ϕ20h6Ⓔ轴的配合,可以保证配合的最小间隙等于零
	尺寸公差与形位公差间无严格比例关系要求	一般的孔与轴配合,只要求作用尺寸不超越最大实体尺寸,局部实际尺寸不超越最小实体尺寸
	保证关联作用尺寸不超越最大实体尺寸	关联要素的孔与轴性质要求,标注 0Ⓜ
最大实体要求	被测中心要素	保证自由装配。如轴承盖上用于穿过螺钉的通孔,法兰盘上用于穿过螺栓的通孔
	基准中心要素	基准轴线或中心平面相对于理想边界的中心允许偏离时,如同轴度的基准轴线

表3-10 直线度、平面度(GB/T 1184—1996)

主参数 L/mm	公差等级											
	1	2	3	4	5	6	7	8	9	10	11	12
	公差值/μm											
≤10	0.2	0.4	0.8	1.2	2	3	5	8	12	20	30	60
>10~16	0.25	0.5	1	1.5	2.5	4	6	10	15	25	40	80
>16~25	0.3	0.6	1.2	2	3	5	8	12	20	30	50	100
>25~40	0.4	0.8	1.5	2.5	4	6	10	15	25	40	60	120
>40~63	0.5	1	2	3	5	8	12	20	30	50	80	150
>63~100	0.6	1.2	2.5	4	6	10	15	25	40	60	100	200
>100~160	0.8	1.5	3	5	8	12	20	30	50	80	120	250
>160~250	1	2	4	6	10	15	25	40	60	100	150	300
>250~400	1.2	2.5	5	8	12	20	30	50	80	120	200	400
>400~630	1.5	3	6	10	15	25	40	60	100	150	250	500
>630~1000	2	4	8	12	20	30	50	80	120	200	300	600
>1000~1600	2.5	5	10	15	25	40	60	100	150	250	400	800
>1600~2500	3	6	12	20	30	50	80	120	200	300	500	1000
>2500~4000	4	8	15	25	40	60	100	150	250	400	600	1200
>4000~6300	5	10	20	30	50	80	120	200	300	500	800	1500
>6300~10000	6	12	25	40	60	100	150	250	400	600	1000	2000

表 3-11 平行度、垂直度、倾斜度（GB/T 1184—1996）

主参数 $L,d(D)$ /mm	公差等级											
	1	2	3	4	5	6	7	8	9	10	11	12
	公差值/μm											
≤10	0.4	0.8	1.5	3	5	8	12	20	30	50	80	120
>10~16	0.5	1	2	4	6	10	15	25	40	60	100	150
>16~25	0.6	1.2	2.5	5	8	12	20	30	50	80	120	200
>25~40	0.8	1.5	3	6	10	15	25	40	60	100	150	250
>40~63	1	2	4	8	12	20	30	50	80	120	200	300
>63~100	1.2	2.5	5	10	15	25	40	60	100	150	250	400
>100~160	1.5	3	6	12	20	30	50	80	120	200	300	500
>160~250	2	4	8	15	25	40	60	100	150	250	400	600
>250~400	2.5	5	10	20	30	50	80	120	200	300	500	800
>400~630	3	6	12	25	40	60	100	150	250	400	600	1000
>630~1000	4	8	15	30	50	80	120	200	300	500	800	1200
>1000~1600	5	10	20	40	60	100	150	250	400	600	1000	1500
>1600~2500	6	12	25	50	80	120	200	300	500	800	1200	2000
>2500~4000	8	15	30	60	100	150	250	400	600	1000	1500	2500
>4000~6300	10	20	40	80	120	200	300	500	800	1200	2000	3000
>6300~10000	12	25	50	100	150	250	400	600	1000	1500	2500	4000

表 3-12 同轴度、对称度、圆跳动、全跳动（GB/T 1184—1996）

主参数 $d(D),B,L$ /mm	公差等级											
	1	2	3	4	5	6	7	8	9	10	11	12
	公差值/μm											
≤1	0.4	0.6	1.0	1.5	2.5	4	6	10	15	25	40	60
>1~3	0.4	0.6	1.0	1.5	2.5	4	6	10	20	40	60	120
>3~6	0.5	0.8	1.2	2	3	5	8	12	25	50	80	150
>6~10	0.6	1	1.5	2.5	4	6	10	15	30	60	100	200
>10~18	0.8	1.2	2	3	5	8	12	20	40	80	120	250
>18~30	1	1.5	2.5	4	6	10	15	25	50	100	150	300
>30~50	1.2	2	3	5	8	12	20	30	60	120	200	400
>50~120	1.5	2.5	4	6	10	15	25	40	80	150	250	500
>120~250	2	3	5	8	12	20	30	50	100	200	300	600
>250~500	2.5	4	6	10	15	25	40	60	120	250	400	800
>500~800	3	5	8	12	20	30	50	80	150	300	500	1000
>800~1250	4	6	10	15	25	40	60	100	200	400	600	1200
>1250~2000	5	8	12	20	30	50	80	120	250	500	800	1500
>2000~3150	6	10	15	25	40	60	100	150	300	600	1000	2000
>3150~5000	8	12	20	30	50	80	120	200	400	800	1200	2500
>5000~8000	10	15	25	40	60	100	150	250	500	1000	1500	3000
>8000~10000	12	20	30	50	80	120	200	300	600	1200	2000	4000

② 圆度、圆柱度公差分 0,1,2,…,12 共 13 级,见表 3-13,公差值按序递增。

表 3-13 圆度、圆柱度（GB/T 1184—1996）

主参数 $d(D)$ /mm	公差等级												
	0	1	2	3	4	5	6	7	8	9	10	11	12
	公差值/μm												
≤3	0.1	0.2	0.3	0.5	0.8	1.2	2	3	4	6	10	14	25
>3~6	0.1	0.2	0.4	0.6	1	1.5	2.5	4	5	8	12	18	30
>6~10	0.12	0.25	0.4	0.6	1	1.5	2.5	4	6	9	15	22	36
>10~18	0.15	0.25	0.5	0.8	1.2	2	3	5	8	11	18	27	43
>18~30	0.2	0.3	0.6	1	1.5	2.5	4	6	9	13	21	33	52
>30~50	0.25	0.4	0.6	1	1.5	2.5	4	7	11	16	25	39	62
>50~80	0.3	0.5	0.8	1.2	2	3	5	8	13	19	30	46	74
>80~120	0.4	0.6	1	1.5	2.5	4	6	10	15	22	35	54	87
>120~180	0.6	1	1.2	2	3.5	5	8	12	18	25	40	63	100
>180~250	0.8	1.2	2	3	4.5	7	10	14	20	29	46	72	115
>250~315	1.0	1.6	2.5	4	6	8	12	16	23	32	52	81	130
>315~400	1.2	2	3	5	7	9	13	18	25	36	57	89	140
>400~500	1.5	2.5	4	6	8	10	15	20	27	40	63	97	155

③ 线轮廓度、面轮廓度因尚未成熟,如果被测轮廓线、面是由坐标尺寸或圆弧半径控制,则可由相应尺寸公差来控制。

④ 位置度公差值应通过计算得出（参考 GB/T 1184—1996）。

此外表 3-14~表 3-17 也列出了部分形位公差等级的适用场合,供选择时参考。

表 3-14 直线度、平面度公差等级应用

公差等级	应 用 举 例
5	1 级平板,2 级宽平尺,平面磨床的纵导轨、垂直导轨、立柱导轨及工作台,液压龙门刨床和转塔车床床身导轨,柴油机进气、排气阀门导杆
6	普通机床导轨,如普通车床、龙门刨床、滚齿机、自动车床等的车身导轨、立体导轨,柴油机壳体
7	2 级平板,机床主轴箱,摇臂钻床底座和工作台,镗床工作台,液压泵盖,减速器壳体结合面
8	机床传动箱体、交换齿轮箱体,车床溜板箱体,柴油机气缸体,连杆分离面,缸盖结合面,汽车发动机缸盖、曲轴箱结合面,液压管件和法兰连接面
9	3 级平板,自动车床床身底座,摩托车曲轴箱体,汽车变速箱壳体,手动机械的支撑面

表 3-15 圆度、圆柱度公差等级应用

公差等级	应 用 举 例
5	一般计量仪器主轴,测杆外圆柱面,陀螺仪轴颈,一般机床主轴轴颈及主轴轴承孔,柴油机、汽油机活塞、活塞销,与 6 级滚动轴承配合的轴颈
6	仪表端盖外圆柱面,一般机床主轴及前轴承孔,泵、压缩机的活塞、气缸,汽油发动机凸轮轴,纺机锭子,减速器转轴轴颈,高速船用柴油机、拖拉机曲轴主轴颈,与 6 级滚动轴承配合的外壳孔,与 0 级滚动轴承配合的轴颈
7	大功率低速柴油机曲轴轴颈、活塞、活塞销、连杆、气缸,高速柴油机箱体轴承,千斤顶或压力油缸活塞,机车传动轴,水泵及通用减速器转轴轴颈,与 0 级滚动轴承配合的外壳孔
8	大功率低速发动机曲轴轴颈,压力机连杆盖,连杆体,拖拉机气缸、活塞、炼胶机冷铸辊、印刷机传墨辊、内燃机曲轴轴颈,柴油机凸轮轴承孔、凸轮轴,拖拉机、小型船用柴油机气缸套
9	空气压缩机缸体,液压传动筒,通用机械杠杆与拉杆用套筒销子,拖拉机活塞环、套筒孔

表 3-16 平行度、垂直度、倾斜度公差等级应用

公差等级	应 用 举 例
4、5	普通车床导轨、重要支撑面，机床主轴轴承孔对基准的平行度，精密机床重要零件，计量仪器、量具、模具的基准面和工作面，机床床头箱重要孔，通用减速器壳体孔，齿轮泵的油孔端面，发动机轴与离合器的凸缘，气缸支撑端面，安装精密滚动轴承的壳体孔的凸肩
6、7、8	一般机床的基准面和工作面，压力机和锻锤的工作面，中等精度钻模的工作面，机床一般轴承孔对基准的平行度，变速器的箱体孔，主轴花键对定心表面轴线的平行度，重型机械滚动轴承端盖，卷扬机、手动传动装置中的传动轴，一般导轨，主轴箱体孔，刀架，砂轮架，气缸配合面对基准轴线以及活塞销孔对活塞轴线的垂直度，滚动轴承内，外圈端面对轴线的垂直度
9、10	低精度零件，重型机械滚动轴承端盖，柴油机、煤气发动机箱体曲孔，曲轴大轴颈，花键轴和轴肩端面，带式运输机法兰盘等端面对轴线的垂直度，手动卷扬机及传动装置中轴承孔端面，减速器壳体平面

表 3-17 同轴度、对称度、跳动公差等级应用

公差等级	应 用 举 例
5、6、7	这是应用范围较广的公差等级。用于形位精度要求较高、尺寸的标准公差等级为 IT8 及高于 IT8 的零件。5 级常用于机床主轴轴颈，计量仪器的测杆，汽轮机主轴，柱塞油泵转子，高精度滚动轴承外圈，一般精度滚动轴承内圈。6、7 级用于内燃机曲轴、凸轮轴、齿轮轴、水泵轴、汽车后轮输出轴，电动机转子，印刷机传墨辊的轴颈、键槽
8、9	常用于形位精度要求一般、尺寸的标准公差等级为 IT9～IT11 的零件。8 级用于拖拉机、发动机分配轴轴颈与 9 级精度以下齿轮相配的轴，水泵叶轮，离心泵泵体，棉花精梳机前后滚子，键槽等。9 级用于内燃机气缸套配合面，自行车中轴

2. 类比法选择公差值

确定按类比法确定公差值时，还应考虑下面的问题。

① 形状公差与位置公差之间的关系。各公差值之间应注意协调，若对某被测要素有多项形位公差要求时，则应满足以下关系

$$T_{形状} < T_{方向} < T_{位置}$$

② 形位公差与尺寸公差之间的关系。圆柱形零件的形状公差（轴线直线度除外）一般情况下应小于其尺寸公差值，平行度公差值应小于其相应的距离尺寸的公差值。

③ 形状公差值与表面粗糙度之间的关系。通常，被测要素的表面粗糙度评定参数 Ra 值应小于其形状公差值，一般为形状公差值的 20%～25%。

④ 零件的结构特点与公差等级之间的关系。刚性较差的零件（如细长轴）和结构特殊的要素（如跨距较大的孔、轴同轴度公差等），在满足零件功能的前提下其公差值可适当地降低 1～2 级；线对线、线对面相对于面对面的平行度或垂直度公差可适当降低 1～2 级。

五、未注几何公差的规定

图样上没有具体注明几何公差值的要求，其形位精度要求由未注明几何公差来控制。为了简化制图，对一般机床加工能保证的几何精度，不必将几何公差在图样上具体注出。

未注几何公差可按如下规定处理。

① 对未注直线度、平面度、同轴度和对称度各规定了 A、B、C、D 四个公差等级，这些公差等级相当于注出公差值中相应项目的 9、10、11、12 四个公差等级。对于未注同轴度和对称度的基础，应选用稳定支承面、较长轴线或较大平面作为基准。

② 未注平面度由尺寸公差和未注直线度或平面度公差控制。
③ 未注垂直度和倾斜度由角度公差与未注直线度或平面度公差控制。
④ 未注圆度规定为圆度误差值应不大于相应圆柱面的直径公差值。
⑤ 未注圆柱度由未注圆度公差、未注直线度公差和直径公差控制。
⑥ 未注线轮廓度、面轮廓度和位置度由相应的尺寸公差控制。
⑦ 圆跳动和全跳动都是综合性项目，因此，未注圆跳动和全跳动由上述有关项目的未注公差分别控制。例如，径向圆跳动由未注圆度和同轴度公差控制，端面全跳动由未注垂直度和平面度公差控制。

未注几何公差等级和未注公差值应根据产品的特点和生产单位的具体工艺条件，由生产单位自行选定，并在有关的技术文件中予以明确。这样，在图样上虽然没有具体注出公差值，却明确了对形状和位置有一般的精度要求。

思 考 题

1. 什么是形状公差？包括哪些项目？用什么符号表示？
2. 将下列各项形位公差要求标注在图 3-58 上：
① 圆锥面 A 的圆度公差为 0.006mm；
② 圆锥面 A 的素线直线度公差为 0.005mm；
③ 圆锥面 A 的轴线对 ϕd 圆柱面轴线的同轴度公差为 0.01mm；
④ ϕd 圆柱面的圆柱度公差为 0.015mm；
⑤ 右端面 B 对 ϕd 圆柱面轴线的端面圆跳动公差为 0.01mm。

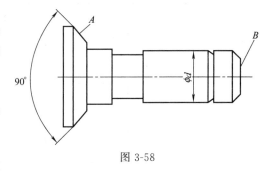

图 3-58

3. 将下列几何公差要求标注在图 3-59 上：
① 法兰盘端面 A 的平面度公差为 0.008mm；
② A 面对 $\phi 18H8$ 孔的轴线的垂直度公差为 0.015mm；
③ $\phi 35mm$ 圆周上均匀分布的 $4 \times \phi 8H8$ 孔的中心线对 A 面和 $\phi 18H8$ 孔轴线的位置度公差为 $\phi 0.05mm$，且遵守最大实体要求；
④ $4 \times \phi 8H8$ 孔中最上边一个孔的中心线与 $\phi 4H8$ 孔的轴线应在同一平面内，其偏离量不超过 $\pm 10\mu m$。

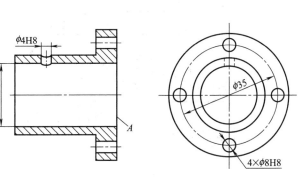

图 3-59

4. 解释图 3-60 中标注出的各项几何公差（说明被测要素、基准、公差带形状、大小、方向、位置），并填入表 3-18。

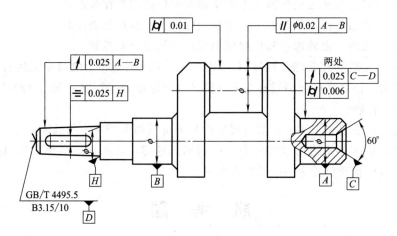

图 3-60

表 3-18

序号	被测要素	基准	公差带形状	公差带大小/mm	公差带方向	公差带位置

5. 指出图 3-61 中几何公差标注的错误，并加以改正（不改变几何公差特征符号）。

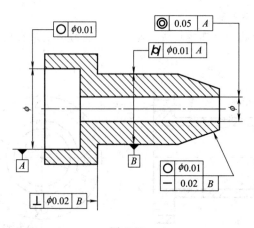

图 3-61

6. 根据图 3-62 的标注填表 3-19。

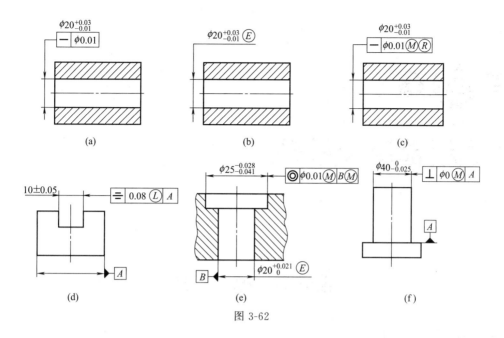

图 3-62

表 3-19

图号	采用的公差原则	遵守的理想边界	边界尺寸/mm	最大实体状态时的几何公差/mm	最小实体状态时的几何公差/mm	D_a(或 d_a)的允许范围/mm
(a)						
(b)						
(c)						
(d)						
(e)						
(f)						

第四章 表面粗糙度及检测

第一节 概　　述

一、表面粗糙度的概念

由于零件各表面的作用不同，要求不同，加工方法也不尽相同。因此，有的零件表面可以粗糙些，有的则要求光滑些，这种加工表面上具有的较小间距和峰谷所组成的微观几何形状特性被定义为表面粗糙度（surface roughness）。它是一种微观几何形状误差，也称为微观不平度。它主要是由于在机械零件切削的过程中，刀具相对零件运动的轨迹、刀具与零件表面摩擦后遗留的刀痕、刀具和零件表面间的切屑分离时的塑性变形和工艺系统的高频振动等因素造成的。

机械零件是由封闭的表面所构成，机械产品中的各种结合和接触面都是由不同零件的表面形成的，因此零件的表面质量直接影响到产品的质量。零件的实际表面是复合性的，有宏观的表面起伏，也有微观的加工痕迹，可用不同的指标来进行界定，通常是按波距大小进行界定的。波距小于 1mm 属于表面粗糙度，波距在 1～10mm 的属于表面波纹度，波距大于 10mm 的属于形状误差（图 4-1）。其中，表面粗糙度是评定机械零件和产品质量的一个重要指标。

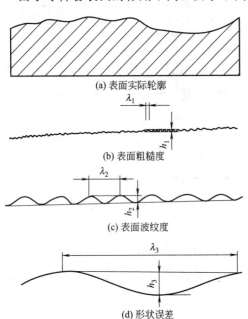

图 4-1　零件实际表面的几何误差

二、表面粗糙度对产品质量的影响

表面粗糙度对机械零件使用性能和使用寿命影响很大，尤其对在高温、高速和高压条件下工作的机械零件影响更大,主要表现在以下几方面。

1. 对耐磨性的影响

具有表面粗糙度的两个零件,当它们接触并产生相对运动时,只能在轮廓的峰顶处发生接触产生摩擦阻力,同时使零件产生磨损。一般说,零件表面越粗糙,摩擦系数就越大,磨损就越快,零件的耐磨性越差。

必须指出,零件表面越光滑,其磨损量不一定越小。在使用过程中,零件的磨损量除受表面粗糙不平的影响外,还与磨损后的金属微粒的刻划作用,以及

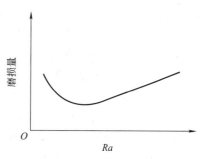

图 4-2 磨损量与表面粗糙度的关系

润滑油被挤出和分子间的吸附作用等因素有关,特别光滑的零件表面由于分子间吸附作用加大、接触表面的润滑油被挤掉而形成干摩擦,磨损反而加剧。磨损量与表面粗糙度的关系如图 4-2 所示。

2. 对配合性质的影响

零件之间的配合性质是根据零件在机械设备中的功能要求及工作条件来确定的。如果互相配合零件的表面比较粗糙,不仅会增加装配的困难,更重要的是在设备运转时易于磨损,造成间隙,从而改变零件配合的性质。对于间隙配合,表面越粗糙,就越容易磨损。如果磨损引起的间隙增大过多,就会破坏其原有的配合性质,过早地失去配合精度,特别是在基本尺寸较小、公差较小的情况下,表面粗糙度对间隙的影响更大;对于过渡配合,如果零件表面粗糙,在重复装拆过程中,间隙会扩大,从而会降低定心和导向精度;对于过盈配合,在压装时零件表面凹凸不平面的峰顶会被挤平,导致其实际过盈量减少,从而降低了连接的可靠性。

3. 对耐疲劳性的影响

在交变载荷、重载荷及高速工作条件下运转的零件如齿轮,其破坏通常是由于表面产生疲劳裂纹所造成。疲劳应力主要是由应力集中引起的。零件的疲劳强度除了与零件材料的物理、力学性能有关外,还与表面粗糙度有很大的关系。零件表面越粗糙,凹痕越深,其根部的曲率半径越小,对应力集中越敏感,在承受交变载荷的时候影响更大,其疲劳损伤的可能性就越大,疲劳强度将降低。例如受冲击载荷的零件,表面经过抛光,其寿命可提高数倍。又如齿轮的承载能力和耐磨性与齿面的粗糙度有很大关系,齿面越粗糙,则其支承面积越小,导致单位面积上接触应力的增大和弯曲疲劳强度降低。所以对于承受交变载荷的零件,如果提高其表面粗糙度质量,可以提高其疲劳强度,也可减小零件的尺寸和质量。

4. 对抗腐蚀性的影响

金属材料的腐蚀往往是由于化学作用或电化学作用造成的。零件表面越粗糙,腐蚀性气体或液体越容易积聚在表面的微观凹谷处并渗透到金属内部去而加剧表面腐蚀,所以降低零件表面粗糙度数值,可以增强其抗腐蚀能力。不同加工方法所获得的不同表面粗糙度的金属表面,具有不同的腐蚀速度。例如,经过抛光的表面,改善了表面质量,因而减少生锈和腐蚀。降低表面粗糙度的数值,可提高零件抗腐蚀的能力,从而延长机械设备和仪器的使用寿命。

5. 对接触刚度的影响

机器的刚度不仅决定于机器本身的刚度,而且在很大程度上取决于各零件之间的接触刚

度。所谓接触刚度是指零件结合面在外力作用下抵抗接触变形的能力。零件表面越粗糙，表面间的实际接触面积越小，单位面积上的压力就越大，使得微观凹凸面的峰顶处的局部塑性变形加剧，接触刚度下降，从而影响零件的工作精度和抗振性。

6. 对结合密封性的影响

粗糙不平的表面结合时，仅在局部点上接触，必然会产生缝隙，从而影响密封性。对于无相对滑动的静力密封表面，如果表面微观不平度谷底过深，零件受压装配后仍不能完全填满谷底，就会在密封表面上留下渗漏缝隙。所以提高零件的表面粗糙度质量，可提高其结合密封性。对于相对滑动的动力密封表面，由于存在相对运动，结合面间需有一定厚度的润滑油膜，因此表面微观不平度应适宜，一般为 $4\sim 5\mu m$。

此外，表面粗糙度还影响检验零件时的测量不确定性、零件的美观和散热性等。所以，在保证零件尺寸、形状和位置精度的同时，还应该准确控制其表面粗糙度。

第二节　表面粗糙度的评定

表面粗糙度直接影响到机器、仪器或其他工业产品的使用性能和寿命，因此应对零件的表面粗糙度加以合理的规定。

我国现行的表面粗糙度标准主要有三个：GB/T 3505—2009《表面结构　轮廓法　术语、定义及表面结构参数》、GB/T 1031—2009《表面结构　轮廓法　表面粗糙度参数及其数值》和 GB/T 131—2006《技术产品文件中表面结构的表示法》。

一、基本术语

1. 表面轮廓

零件的表面特征在其表面轮廓上表征。理想平面与实际表面垂直相交所得的轮廓线称为表面轮廓，如图 4-3 所示。按照所取截面方向的不同，又可分为横向轮廓和纵向轮廓。在评定或测量表面粗糙度时，除非特别指明，通常是指横向轮廓，即与加工纹理方向垂直的截面上的轮廓。

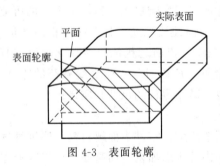

图 4-3　表面轮廓

2. 表面粗糙度取样长度 l_r

取样长度是用于判断和测量表面粗糙度时所规定的一段基准线长度，它是在轮廓总的走向上取样。当 l_r 过长时有可能将表面波纹度的成分引入到表面粗糙度结果中；l_r 过短时不能反映待测表面粗糙度的实际情况。因此取样长度应与被测表面的粗糙度相适应，表面越粗糙，则取样长度就应越大。为了限制和减弱其他几何形状误差，特别是表面波纹度对表面粗糙度测量结果的影响，国标对取样长度进行了相应规定和选取，要求至少包括 5 个以上的轮廓峰和谷，如图 4-4 所示。

3. 表面粗糙度评定长度 l_n

由于加工表面有着不同程度的不均匀性，为了充分合理地反映某一表面的粗糙度特性，规定在评定时所必需的一段表面长度，它包括一个或数个取样长度，称为评定长度 l_n。l_n 的选取与加工方法有关，即与加工得到的表面粗糙度的均匀程度有关。加工表面越均匀，取

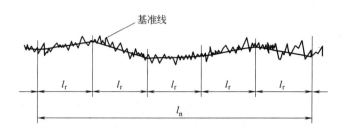

图 4-4 取样长度 l_r 和评定长度 l_n

样长度的个数越少,一般情况下 $l_n=5l_r$。

4. 表面粗糙度轮廓中线

轮廓中线是用来评定表面粗糙度数值的具有几何轮廓形状并划分轮廓的基准线。其几何形状与零件表面几何轮廓走向一致。表面粗糙度轮廓中线主要包括下列两种。

(1) 轮廓的最小二乘中线 指具有几何轮廓形状并划分轮廓的基准线,在取样长度内使轮廓线上各点的轮廓偏距(在测量方向上轮廓线上的点与基准线之间的距离)的平方和为最小,如图 4-5 所示。

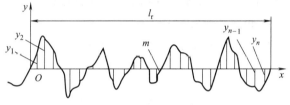

图 4-5 轮廓的最小二乘中线

表达式为: $\int_0^l y^2 \mathrm{d}x = \min$ 或 $\sum_{i=1}^n y_i^2 = \min$

最小二乘中线符合最小二乘原则,从理论上讲是理想的、唯一的基准线,但由于在轮廓图形上确定其位置比较困难,所以只适用于精确测量,很少应用。

(2) 轮廓的算术平均中线 指具有几何轮廓形状,在取样长度内与轮廓走向一致,在取样长度内由该线划分,使上、下两边的面积相等的基准线,见图 4-6,即:

$$F_1+F_2+\cdots+F_n=G_1+G_2+\cdots+G_m$$

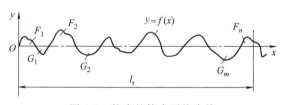

图 4-6 轮廓的算术平均中线

轮廓算术平均中线往往不是唯一的,在一簇算术平均中线只有一条与最小二乘中线重合。使用算术平均法是一种近似的图解方法,但算术平均中线和最小二乘中线相差很小,且此方法使用方便,因此在实际评定和测量表面粗糙度时,可用算术平均中线代替最小二乘中线。

二、评定参数

国家标准 GB/T 1031—2009 中规定采用中线制(轮廓法)评定表面粗糙度。表面粗糙度参数从轮廓的算术平均偏差 Ra 和轮廓的最大高度 Rz 两项中选取。

1. 轮廓算术平均偏差 Ra

在一个取样长度 l_r 内,轮廓的纵坐标值 $Y(x)$ 绝对值的算术平均值,如图 4-7 所示。Ra 用公式表达为:

$$Ra = \frac{1}{l_r} \int_1^{l_r} |Y(x)| \, dx \quad \text{或} \quad Ra = \frac{1}{n} \sum_{i=1}^{n} |Y_i|$$

式中，i 为轮廓上各点，$i=1、2、\cdots、n$；Y 为轮廓线上的点到轮廓中线的距离。

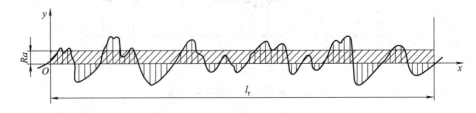

图 4-7　轮廓算术平均偏差

目前，一般机械制造工业中主要选用 Ra。Ra 值越大，则表面越粗糙。Ra 能充分反映表面微观几何形状高度方面的特性，但因受计量器具功能的限制，不用作为过于粗糙或太光滑的表面的评定参数，使用受到一定的限制。

2. 轮廓最大高度 Rz

在一个取样长度 l_r 内，最大轮廓峰高 Rp 和最大轮廓谷深 Rv 之和，如图 4-8 所示，即 $Rz = Rp + Rv$。

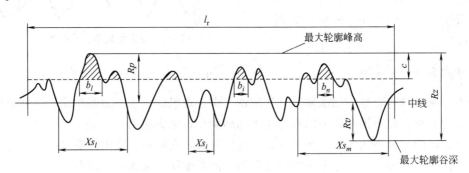

图 4-8　轮廓最大高度

Rz 表示轮廓的最大高度，即最高点和最低点至中线的垂直距离之和，它对某些表面上不允许出现较深的加工痕迹和小零件的表面质量有实用意义。用于控制不允许出现较深加工痕迹的表面，常标注于受交变应力作用的工作表面，如齿廓表面等。此外，当被测面很小时（不足一个取样长度）不适宜用 Ra 评定时，也常采用 Rz 参数评定。

3. 附加评定参数

国家标准中规定，高度参数 Ra 和 Rz 是表面粗糙度的基本参数。当用高度参数 Ra 和 Rz 不能满足其表面功能要求时，还可采用附加参数：轮廓单元的平均宽度 Rsm 和轮廓的支承长度率 $Rmr(c)$。这是因为仅有高度参数不能完全地反映出零件表面粗糙度的特性。如图 4-9 所示，其两个图形的高度参数值大致相同，但波纹的疏密程度不同，因此零件表面的密封性等表面特性不同。如图 4-10 所示，三个图形的高度参数和疏密程度都大致相同，但轮廓形状不同，因此耐磨性不同。

（1）轮廓单元的平均宽度 Rsm（间距特征参数）　如图 4-8 所示，在一个取样长度内，含有一个轮廓峰高和相邻轮廓谷深的一段中线长度 Xs_i 的平均值，称为轮廓单元的平均宽度。用公式表达为：

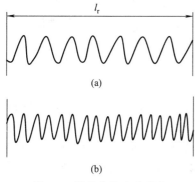

图 4-9　粗糙度的疏密程度

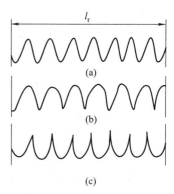

图 4-10　粗糙度的轮廓形状

$$Rsm = \frac{1}{m}\sum_{i=1}^{m} Xs_i$$

式中　Xs_i——含有一个轮廓峰高和相邻轮廓谷深的一段中线长度；

　　　m——在取样长度内 Xs_i 的个数。

（2）轮廓的支承长度率 $Rmr(c)$（形状特征参数）　如图 4-8 所示，平行于中线且与最大轮廓峰高线相距为 c 的一条直线与轮廓相截所得的各段截线 b_i 之和，称为轮廓的材料实际长度 $Ml(c)$。轮廓的材料实际长度 $Ml(c)$ 与评定长度 l_n 之比，称为轮廓支承长度率，用公式表达为：

$$Rmr(c) = \frac{Ml(c)}{l_n} \times 100\% = \frac{1}{l_n}\sum_{i=1}^{n} b_i \times 100\%$$

由图 4-8 看出，b_i 值与水平截距 c 的大小有关，因此在选用 $Rmr(c)$ 时，应给出水平截距 c 的值。轮廓支承长度率还与零件实际轮廓的形状有关，它反映零件表面耐磨性能的指标。如图 4-11 所示，图 4-11（a）的耐磨性能较好，图 4-11（b）的耐磨性能较差（突起部分太尖）。

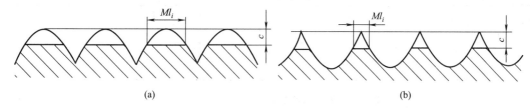

图 4-11　不同实际轮廓的形状

Ml_i—在水平位置 c 上轮廓的实体材料长度

在表明微观几何形状的高度特征参数、间距特征参数和形状特征参数中，与高度特性有关的参数是基本的评定参数，其他的为附加的评定参数。只有少数零件的重要表面有特殊使用要求时，才选用附加的评定参数。

第三节　表面粗糙度的选择

表面粗糙度选择的内容包括：①表面粗糙度评定参数的选择；②表面粗糙度参数值的选择；③取样长度和评定长度的选择；④加工方法、镀涂或其他的表面处理方法的选择；⑤加工纹理方向的选择；⑥加工余量的选择。其中主要是评定参数和参数值的选择。选择的原则是在满足零件表面使用功能的前提下，尽量使加工工艺简单，生产成本低，尽量选用较大的参数值。

一、表面粗糙度评定参数的选择

表面粗糙度评定参数中，基本参数 Ra、Rz 和附加评定参数 Rsm、$Rmr(c)$ 分别从不同角度反映了零件的表面特征，但都存在不同程度的不完整性。因此，在选用时要根据零件的功能要求、材料性能、结构特点及测量条件等情况适当选择一个或几个评定参数。其中比较而言能较全面地反映零件表面质量精度的是高度评定参数。只有当用高度参数不能满足表面功能要求时，才选取间距参数和形状评定参数。

(1) 如无特殊要求，一般仅选用高度参数。参数 Ra、Rz 的值参照表 4-1、表 4-2。

① 在 $Ra=0.025\sim6.3\mu m$ 范围内，优先选用 Ra，因为在该范围内用轮廓仪能很方便地测出实际值。在 $Ra<0.025\mu m$ 和 $Ra>6.3\mu m$ 范围内，即表面过于光滑或过于粗糙时，用光切显微镜和干涉显微镜测量很方便，多采用 Rz。

② 当表面不允许出现较深加工痕迹，防止应力过于集中，要求保证零件的抗疲劳强度和密封性时，需选 Rz，或同时选用 Ra 与 Rz。

(2) 附加参数一般不单独使用。对有特殊要求的少数零件的重要表面（如要求喷涂均匀、涂层有较好的附着性和光泽的表面），需要控制 Rsm 值，参见表 4-3。对于有较高支撑刚度和耐磨性的表面，应规定 $Rmr(c)$ 参数，参见表 4-4。

表 4-1　Ra 的参数值（GB/T 1031—2009）　　　　　　　　　　　　　　　μm

	0.012	0.2	3.2	50
Ra	0.025	0.4	6.3	100
	0.05	0.8	12.5	
	0.1	1.6	25	

表 4-2　Rz 的参数值（GB/T 1031—2009）　　　　　　　　　　　　　　　μm

	0.025	0.4	6.3	100	1600
Rz	0.05	0.8	12.5	200	
	0.1	1.6	25	400	
	0.2	3.2	50	800	

表 4-3　Rsm 的参数值（GB/T 1031—2009）　　　　　　　　　　　　　　μm

	0.006	0.05	0.4	3.2
Rsm	0.0125	0.1	0.8	6.3
	0.025	0.2	1.6	12.5

表 4-4　$Rmr(c)$ 的参数值（GB/T 1031—2009）　　　　　　　　　　　　μm

	10	25	50	80
$Rmr(c)$	15	30	60	90
	20	40	70	

二、表面粗糙度参数值的选择

零件表面粗糙度参数值的选择，既要满足零件的使用要求，也要考虑到零件的制造及经济性。在选择时,应该在可能地满足零件表面功能的前提下,评定参数值应尽可能大,以减小加工难度,降低生产成本。

1. **选择方法**

(1) 计算法　根据零件的功能要求,计算所评定参数的要求值,然后按标准规定选择适当的理论值。

(2) 试验法　根据零件的功能要求及工作环境条件,选用某些表面粗糙度参数的允许值进行试验,根据试验结果,得到合理的表面粗糙度参数值。

(3) 类比法　选择一些经过试验证明的表面粗糙合理的数值,经过分析,确定所设计零件表面粗糙度有关参数的允许值。

目前,使用计算法确定零件表面的参数值比较困难,而采用试验法来确定零件表面的参数值则成本过高。所以,在进行设计时,一般采用类比法确定零件表面的评定参数值。

2. **类比法选择的一般原则**

① 在满足表面功能要求的情况下尽量选择较大的表面粗糙度参数值。

② 同一零件上,工作表面的粗糙度参数值小于非工作表面的粗糙度参数值。

③ 摩擦表面比非摩擦表面的粗糙度参数值要小;滚动摩擦表面比滑动摩擦表面的粗糙度参数值要小,运动速度高、单位压力大的摩擦表面应比运动速度低、单位压力小的摩擦表面的粗糙度参数值要小。

④ 受循环载荷的表面及易引起应力集中的部分(如圆角、沟槽),表面粗糙度参数值要小。

⑤ 对防腐性能、密封性能要求高的表面,表面粗糙度值应该小些。

⑥ 配合性质要求高的结合表面、配合间隙小的配合表面以及要求连接可靠、受重载的过盈配合表面等,都应取较小的粗糙度参数值。

⑦ 配合性质相同,零件尺寸愈小则表面粗糙度参数值愈小;同一精度等级,小尺寸比大尺寸、轴比孔的表面粗糙度参数值要小。

通常尺寸公差、表面形状公差小时,表面粗糙度参数值也小。但表面粗糙度参数值和尺寸公差、表面形状公差之间并不存在确定的函数关系。如手轮、手柄的尺寸公差值较大,但表面粗糙度参数值却较小。表 4-5 列出了各种不同的表面粗糙度幅度参数值的选用实例。

表 4-5　Ra 值选用实例

$Ra/\mu m$	表面微观特征		应用实例
3.2~6.3	半光表面	微见加工痕迹	半精加工面、支架、轴、衬套端面、带轮、凸轮侧面等非接触的自由表面,所有轴和孔的退刀槽,不重要的铰接配合表面等
1.6~3.2		看不清加工痕迹	箱体、箱盖、支架、套筒等和其他零件结合而无配合要求的表面,定心的轴肩,键和键槽,低速工作的滑动轴承和轴颈的工作面,张紧链轮,导向滚轮壳孔与轴的配合表面
0.8~1.6	光表面	可辨加工痕迹的方向	衬套、滑动轴承和定位销的压入孔表面,花键的定心表面;带轮槽,一般低速传动的轴颈;电镀前的金属表面
0.4~0.8		微辨加工痕迹的方向	中型机床(普通精度)滑动导轨面,圆柱销、圆锥销和滚动轴承配合的表面;中速转动的轴颈;内、外花键的定心表面等
0.2~0.4		不可辨加工痕迹的方向	工作时承受反复应力的重要零件表面,保证零件的疲劳强度,并在工作时不破坏配合特性的表面,如轴颈表面、活塞和柱塞表面;IT5、IT6 公差等级配合的表面;圆锥定心表面

续表

$Ra/\mu m$		表面微观特征	应用实例
0.1～0.2	极光表面	暗光泽面	工作时承受较大反复应力的重要零件表面,保证零件的疲劳强度、防腐性及在活动接头工作中的耐久性的表面,如活塞销表面、液压传动用的孔表面、保证精确定心的圆锥表面
0.05～0.1		亮光泽面	精密机床主轴箱与套筒配合的孔;仪器中承受摩擦的表面,如导轨、槽等;液压传动用孔的表面,阀的工作表面,气缸内表面,活塞销的表面
0.025～0.05		镜状光泽表面	特别精密的滚动轴承套圈滚道,钢球及滚子表面;量仪中的中等精度间隙配合零件的工作表面;工作量规的测量表面;摩擦离合器的摩擦表面等

第四节　表面粗糙度的标注

GB/T 131—2006 对表面粗糙度符号、代号及其注法作了相应的规定。

一、表面粗糙度符号

表面粗糙度基本图形符号如图 4-12 所示。

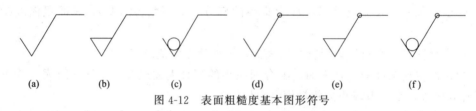

图 4-12　表面粗糙度基本图形符号

图 4-12 中表面粗糙度基本图形符号的含义如下：图（a）用任何方法获得的表面；图（b）用去除材料的方法获得的表面，如车、铣、刨、磨、电火花等加工方法；图（c）用不去除材料的方法获得的表面，如铸、锻、轧等加工方法；图（d）表示在图样某个视图上构成封闭轮廓的各表面有相同的表面结构要求时，用任何方法获得的表面；图（e）表示在图样某个视图上构成封闭轮廓的各表面有相同的表面结构要求时，用去除材料的方法获得的表面；图（f）表示在图样某个视图上构成封闭轮廓的各表面有相同的表面结构要求时，用不去除材料的方法获得的表面。

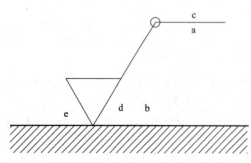

图 4-13　表面粗糙度的各项
参数、符号的注写位置

二、表面粗糙度的代号及其标注

当需要表示的加工表面对表面特征的其他规定有要求时，应在表面粗糙度符号的相应位置注上若干必要项目的表面特征规定。表面特征的各项规定在符号中的注写位置如图 4-13 所示。

图 4-13 中 a～e 分别注写以下内容：位置 a 注写表面结构的单一要求；位置 a 和 b 注写两个或多个表面结构要求。在位置 a 注写第一个表面

结构要求，方法同上。在位置 b 注写第二个表面结构要求。如果要注写第三个或更多个表面结构要求，图形符号应在垂直方向扩大，以空出足够的空间。位置 c 注写加工方法、表面处理、涂层或其他加工工艺要求等；位置 d 注写所要求的表面纹理和纹理的方向，如"＝""×""M"等；位置 e 写所要求的加工余量，以毫米为单位给出数值。加工纹理符号见表 4-6。

表 4-6　加工纹理方向符号

符号	说　明	示　意　图	符号	说　明	示　意　图
＝	纹理平行于标注代号的视图的投影面		C	纹理呈近似同心圆	
⊥	纹理垂直于标注代号的视图的投影面		R	纹理呈近似放射形	
×	纹理呈两相交的方向		P	纹理无方向或呈凸起的细粒状	
M	纹理呈多方向				

三、表面粗糙度在图样中的标注

① 表面粗糙度参数符号、代号一般注在可见轮廓线、尺寸界线、引出线或它们的延长线上，如图 4-14 所示。符号的尖端必须从材料外指向表面，代号中数字及符号的方向必须按尺寸标注的规定。

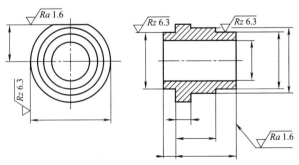

图 4-14　表面粗糙度在图样中的标注

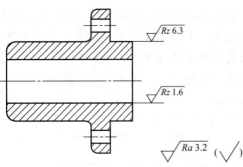

图 4-15　大多数表面有相同表面结构要求的简化注法

② 如果在工件的多数（包括全部）表面有相同的表面结构要求，则其表面结构要求可统一标注在图样的标题栏附近。表面结构要求的符号后连圆括号，在圆括号内给出无任何其他标注的基本符号，如图 4-15 所示。

③ 总的原则是根据 GB/T 4458.4—2003《机械制图尺寸注法》的规定，表面粗糙度的注写和读取方向与尺寸的写和读取方向一致。表面粗糙度在形位公差框上的标注，如图 4-16 所示。表面粗糙度在图样中的标注及含义见表 4-7。

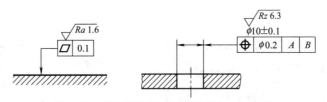

图 4-16　表面粗糙度在形位公差框上的标注

表 4-7　表面粗糙度在图样中的标注及含义

序号	代号	意义
1	$Rz\ 0.4$	表示不允许去除材料，单向上限值，默认传输带，轮廓的最大高度 $0.4\mu m$，评定长度为 5 个取样长度（默认），"16% 规则"（默认）
2	$Rz\ \max\ 0.2$	表示去除材料，单向上限值，默认传输带，轮廓最大高度的最大值 $0.2\mu m$，评定长度为 5 个取样长度（默认），"最大规则"
3	$U\ Ra\ \max\ 3.2$ $L\ Ra\ 0.8$	表示不允许去除材料，双向极限值，两极限值均使用默认传输带，上限值：算术平均偏差 $3.2\mu m$，评定长度为 5 个取样长度（默认），"最大规则"。下限值：算术平均偏差 $0.8\mu m$，评定长度为 5 个取样长度（默认），"16% 规则"（默认）
4	$L\ Ra\ 1.6$	表示任意加工方法，单向下限值，默认传输带，算术平均偏差 $1.6\mu m$，评定长度为 5 个取样长度（默认），"16% 规则"（默认）
5	$0.008-0.8/Ra\ 3.2$	表示去除材料，单向上限值，传输带 $0.008\sim 0.8$mm，算术平均偏差 $3.2\mu m$，评定长度为 5 个取样长度（默认），"16% 规则"（默认）
6	$-0.8/Ra\ 3\ 3.2$	表示去除材料，单向上限值，传输带：根据 GB/T 6062，取样长度 0.8mm，算术平均偏差 $3.2\mu m$，评定长度包含 3 个取样长度（即 $ln=0.8$mm$\times 3=2.4$mm），"16% 规则"（默认）
7	铣 $Ra\ 0.8$ $-2.5/Rz\ 3.2$	表示去除材料，两个单向上限值：①默认传输带和评定长度，算术平均偏差 $0.8\mu m$，"16% 规则"（默认）；②传输带为 $-2.5\mu m$，默认评定长度，轮廓的最大高度 $3.2\mu m$，"16% 规则"（默认）。表面纹理垂直于视图所在的投影面。加工方法为铣削
8	$3\ 0.008-4/Ra\ 50$ $0.008-4/Ra\ 6.3$	表示去除材料，双向极限值：上限值 $Ra=50\mu m$，下限值 $Ra=6.3\mu m$；上、下极限传输带均为 $0.008\sim 4$mm；默认的评定长度均为 $ln=4\times 5=20$mm；"16% 规则"（默认）。加工余量为 3mm
9	Y　Z	简化符号：符号及所加字母的含义由图样中的标注说明

第五节　表面粗糙度的检测

目前常用的表面粗糙度测量方法主要有样板比较法、光切法、干涉法、触针法等。

一、样板比较法

它是在工厂里常用的方法，是用眼睛或放大镜，对被测表面与粗糙度样板进行比较，或通过触觉来估计出表面粗糙度的情况。这种方法不够准确，主要依靠经验来判断，只能对表面粗糙度要求不高的情况进行评定，常用作定性分析比较。当零件批量较大时，可以从成品中挑选出样品，经检定后作为表面粗糙度样板使用。

二、光切法

它是利用光切原理即光的反射原理测量表面粗糙度的方法。在实验室中用光切显微镜或者双管显微镜就可实现测量，其测量准确度较高，但它适合对 Rz 以及较为规则的表面测量，如采用车、铣、刨或其他类似方法加工后的零件表面，不适合测量粗糙度较高的表面及不规则的表面，测量范围为 $0.5\sim60\mu m$。其测量的原理如图 4-17 所示。

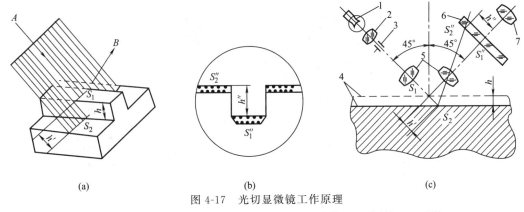

图 4-17　光切显微镜工作原理
1—光源；2—聚光镜；3—狭缝；4—被测表面；5—物镜；6—分划板；7—目镜

图 4-17(a) 所示被测表面为阶梯面，其阶梯高度为 h。由光源发出的光线经狭缝后形成一个光带，此光带与被测表面以夹角为 45°的方向 A 与被测表面相截，被测表面的轮廓影像沿凸向反射后可由显微镜中观察得到图 4-17(b) 所示形状。其光路系统如图 4-17(c) 所示，光源 1 通过聚光镜 2、狭缝 3 和物镜 5，以 45°角的方向投射到工件表面 4 上，形成一窄细光带。光带边缘的形状，即光束与工件表面的交线，也就是工件在 45°截面上的轮廓形状，此轮廓曲线的波峰在 S_1 点反射，波谷在 S_2 点反射，通过物镜 5，分别成像在分划板 6 上的 S_1'' 和 S_2'' 点，其峰、谷影像高度差为 h''。由仪器的测微装置可读出此值，按定义测出评定参数 Rz 的数值。光切显微镜如图 4-18 所示。

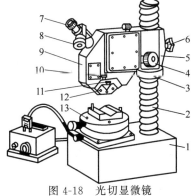

图 4-18　光切显微镜
1—底座；2—立柱；3—粗调螺母；4—微调手轮；5—横臂；6—锁紧旋手；7—目镜；8—目镜千分尺；9—壳体；10—手柄；11—滑板；12—可换物镜组；13—工作台

三、干涉法

干涉法利用光波干涉原理测量表面粗糙度数值。干涉法所用仪器是干涉显微镜，它是利用光学干涉原理测量表面粗糙度的一种方法。这种方法要找出干涉条纹，找出相邻干涉带距离和干涉带的弯曲高度，就可测出微观不平度的实际高度。

干涉显微镜光学系统原理如图 4-19(a) 所示，由光源 S 发出的光经组合透镜 O_7、O_6，光栅 Q_2、Q_1 至中央的分光棱镜 T 而分成两路，一路向左反射经物镜 O_1 至平面镜 P_1（又称参考镜），再反射回来至目镜 O_3，另一路向上透射经补偿板 T_1、物镜 O_2 至被测表面 P_2，再向下反射和前一路光汇合后，也射至目镜 O_3，由于这两路光有光程差而发生光波干涉，按光波干涉原理，在光程差每相距 $\lambda/2$ 处即产生一条干涉带，在目镜 O_2 中即可观察到放大了的干涉图像，见图 4-19(b)。若被测表面为理想平面，则干涉条纹为一组相等距离的平行光带；若被测表面粗糙不平，干涉带即成弯曲形状。由于光干涉显微镜原理、程差每增加光波半波长 $\lambda/2$，就形成一条干涉带，故被测表面的不平高度（即峰、谷高度差）h 为

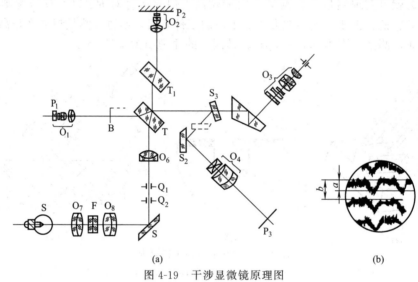

图 4-19 干涉显微镜原理图

$$h = \frac{a}{b} \times \frac{\lambda}{2}$$

式中　a——干涉条纹的弯曲量；

　　　b——相邻干涉条纹的间距；

　　　λ——光波波长（绿色光 $\lambda=0.53\mu m$）。

利用测微目镜测出 a、b 值，按上式算出 h 值。

干涉法的测量精度较高，适用于测量只小于 1pm 的微观不平度。但是通过这种方法调整仪器比较麻烦，不太方便，其准确度和光切显微镜差不多。

四、触针法

触针法又称针描法。当触针直接在工件被测表面上轻轻划过时，由于被测表面轮廓峰谷起伏，触针将在垂直于被测轮廓表面方向上产生上下移动，把这种移动通过电子装置把信号加以放大，然后通过指零表或其他输出装置将有关粗糙度的数据或图形输出来。

采用这种测量原理的仪器最广泛的就是电动轮廓仪，它由传感器、驱动箱、指示表、记录器和工作台等主要部件组成，见图 4-20。其中电感传感器是轮廓仪的主要部件之一，在传感器测杆的一端装有金刚石触针，触针尖端曲率半径 r 很小，测量时将触针搭在工件上，与被测表面垂直接触，利用驱动器以一定的速度拖动传感器，如图 4-21 所示。由于被测表面轮廓峰谷起伏，触针在被测表面滑行时，将产生上下移动。此运动经支点使磁芯同步地上下运动，从而使包围在磁芯外面的两个差动电感线圈的电感量发生变化。

根据其转换原理的不同，可分为电感式轮廓仪、电容式轮廓仪、电压式轮廓仪等。轮廓仪可测量 Ra、Rz 等参数，仪器配有各种附件，以适应平面、内外圆柱面、圆锥面、球面、曲面以及小孔、沟槽等形状的工件表面测量，其测量时间少，测量迅速方便，测值精度高。

除此之外，还有光学触针轮廓仪，它适用于非接触测量，以防止划伤零件表面。这种仪器通常直接显示 Ra。

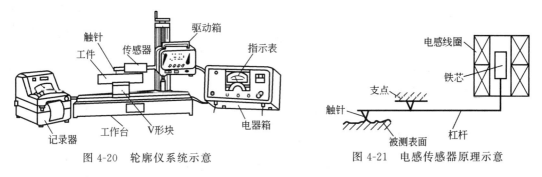

图 4-20　轮廓仪系统示意　　　　　图 4-21　电感传感器原理示意

思 考 题

1. 表面粗糙度的含义是什么？它与形状误差和表面波纹度有何区别？
2. 表面粗糙度对零件的使用性能有何影响？
3. 评定表面粗糙度时，为什么要规定取样长度和评定长度？
4. 表面粗糙度评定参数有哪些？高度参数的名称、代号、含义及其特点是什么？
5. 对零件表面规定粗糙度数值时应考虑哪些因素？
6. 解释图 4-22 中两零件图上表面粗糙度标注符号的含义。

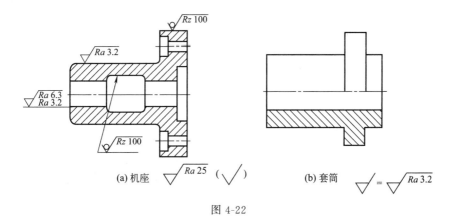

图 4-22

7. 某零件要求表面粗糙度的最大值为 $10\mu m$，现用光切显微镜测得表面粗糙度数据如图 4-23 所示。

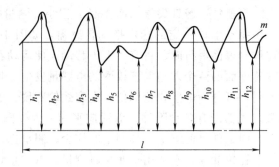

h_1	h_2	h_3	h_4	h_5	h_6	h_7	h_8	h_9	h_{10}	h_{11}	h_{12}
25	15	25	14	17	18	24	17	23	16	28	14

图 4-23

试计算 Rz 值并判断该零件表面粗糙度是否合格。

8. 判断图 4-24 中的标注是否正确。

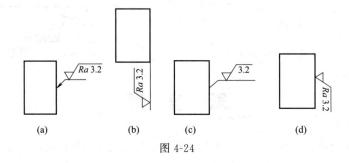

图 4-24

9. 在一般情况下，$\phi 40H7$ 和 $\phi 80H7$ 相比，$\phi 40H6/f5$ 和 $\phi 40H6/s5$ 相比，哪个应选较小的 Ra 值？

测量技术基础

设计人员根据零部件的使用性能及经济性,合理地规定了公差,也就确定了零件的加工精度。那么,怎么能知道零部件是否满足设计要求,只有通过测量。因此,测量技术基础是本课程很重要的内容之一。测量技术主要研究对零件几何参数进行测量和检验的问题。

第一节 概　　述

一、基本概念

1. 测量

测量其实质就是将被测量的几何量与计量单位标准量进行比较,从而确定两者比值的过程。设被测几何量为 L,所采用的计量单位为 E,则它们的比值为

$$q = \frac{L}{E} \tag{5-1}$$

由上式可知,测量与被测几何量的数值和测量器具的计量单位有关系。当被测几何量确定后,比值与计量单位成反比。例如,用 L 表示被测长度,与 E(若以毫米作单位)为其长度单位进行比较,得比值 q 为 9.6,则

$$L = qE = 9.6 \text{mm}$$

由此可知,任何测量,首先要明确被测对象和计量单位,其次要有与其被测对象相适应的测量方法,并且测量结果还要达到所要求的测量精度。因此,一个完整的测量过程包括以下几个要素。

(1) 被测对象　主要指几何量。例如,长度(包括宽度、半径和直径等)、角度、表面粗糙度、形状和位置误差以及螺纹、齿轮的各个几何参数等。

(2) 计量单位　长度计量单位为米(m)、毫米(mm)、微米(μm),角度计量单位为弧度(rad)和度(°)、分(′)、秒(″)。

(3) 测量方法　指测量时所应用的测量原理、采用的计量器具和测量条件的综合。

(4) 测量精度　指测量结果与其真值相一致的程度。

2. 检验

检验是指为确定被测量是否达到预期要求所进行的测量,从而判断是否合格。检验与测量的概念相近似,但是检验不一定能得出具体的测量值。

二、计量单位、长度基准

目前,我国法定的长度计量单位是米(m)。

在机械制造中常用的计量单位为毫米(mm),1m=1000mm。在精密测量中常用的计量单位为微米(μm),1mm=1000μm。在超精密测量中常用的计量单位为纳米(nm),1μm=1000nm。

在生产和科学实验中,为了保证计量单位的准确性,就必须建立统一的、可靠的、稳定的长度基准。因此,在1983年第十七届国际计量大会上通过的米的定义是"1m是光在真空中在1/299792458s的时间间隔内所行进的路程长度。"

三、量值的传递

用光波波长作为长度基准显然不便于生产中直接应用。为了保证长度量值的准确、统一,就必须把复现长度基准量值逐级准确地传递到生产中所应用的计量器具和工件上去,因此,需要建立长度量值传递系统,如图5-1所示。量块和线纹尺是实现量值传递的媒介。

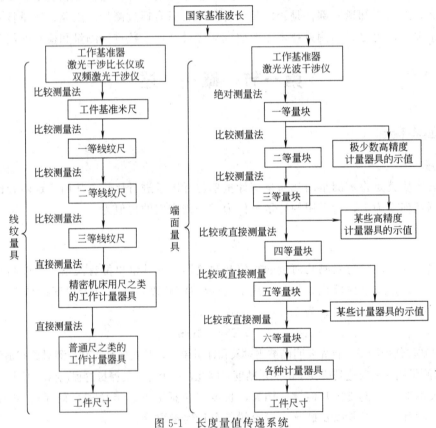

图 5-1 长度量值传递系统

1. 量块

量块是无刻度、高精度的测量量具,它除了作为长度基准的传递媒介外,还可以用来调整校对量仪、量表、量具及高精度测量和划线等。

量块是用特殊合金钢制成的,其线胀系数小、性能稳定、不易变形且耐磨性好。它的形状为长方形六面体,六个平面中有两个互相平行的测量面,测量面极为光滑平整,且研合性好。两测量面之间距离为测量尺寸,并打印在量块上,如图5-2所示。

(1) 量块的尺寸 是指从量块一个测量面上任意一点(距离边缘0.5mm区域除外)到与量

块另一个测量面相研合的面的垂直距离，用符号 L_i 表示。

(2) 量块的中心长度 是指从量块一个测量面的中心点到与其相对应的另一个测量面之间的垂直距离，用符号 L 表示。

2. 量块的精度等级

为了满足不同应用场合的需要，国家标准对量块规定了若干精度等级。

量块的精度分为六级，即 00、0、K、1、2、3 级，其中 00 级的精度最高，精度依次降低，3 级的精度最低。K 级一般用于校准 1、2、3 级。量块还可以分为六等，即 1、2、3、4、5、6 等。

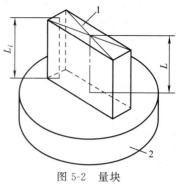

图 5-2 量块
1—量块；2—与量块相研合的辅助体

量块按"级"使用时，应以量块长度的标称值作为工作尺寸，该尺寸包含了量块的制造误差。量块按"等"使用时，应以经检定后所给出的量块中心长度的实测值作为工作尺寸，该尺寸排除了量块制造误差的影响，仅包含检定时较小的测量误差。因此，量块按"等"使用的测量精度比按"级"使用的测量精度高。

3. 量块的组合使用

利用量块的研合性，可以在一定的尺寸范围内，将不同尺寸的量块进行组合而形成所需的工作尺寸。按《量块》（GB/T 6093—2001）的规定，我国生产的成套量块有 91 块、83 块、46 块、38 块等 17 种规格。表 5-1 列出了 83 块一套量块的尺寸构成系列。

表 5-1 83 块一套量块的组成

尺寸范围/mm	间隔/mm	小计/块	尺寸范围/mm	间隔/mm	小计/块
1.01~1.49	0.01	49	1	—	1
1.5~1.9	0.1	5	0.5	—	1
2.0~9.5	0.5	16	1.005	—	1
10~100	10	10			

量块组合时，为了减少量块组合的累积误差，应力求使用最少的块数，一般不超过 4 块。组合量块时为了迅速，可以从每选择一块量块去掉一位尾数开始，逐一选取。例如，组合尺寸为 57.385mm 的量块组，从 83 块一套的量块中可分别选取 1.005mm、1.380mm、5mm、50mm 4 块量块，选取过程如下：

$$
\begin{array}{r}
57.385 \\
-1.005 \\
\hline
56.380 \\
-1.380 \\
\hline
55.000 \\
-5 \\
\hline
50 \\
-50 \\
\hline
0
\end{array}
$$ ——组合尺寸
——第 1 块量块的尺寸
——第 2 块量块的尺寸
——第 3 块量块的尺寸
——第 4 块量块的尺寸

第二节 常用测量方法和测量器具

一、常用测量方法

测量方法可以从不同角度进行分类。

1. 按实测几何量是否为被测几何量分类

(1) 直接测量 是指被测几何量的量值直接由计量器具读出的测量。例如用游标卡尺、外径千分尺测量轴径等。

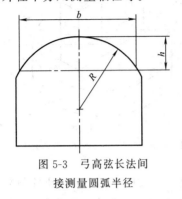

图 5-3 弓高弦长法间接测量圆弧半径

(2) 间接测量 是指被测几何量的量值是由实测几何量的量值按一定的函数关系式运算后得到的测量。如图 5-3 所示，用弓高弦长法间接测量圆弧样板的半径 R，为了得到 R 的量值，只要测得弓高 h 和弦长 b 的量值，然后按式（5-2）进行计算

$$R = \frac{b^2}{8h} + \frac{h}{2} \tag{5-2}$$

直接测量过程简单，其测量精度与这一测量过程有关，而间接测量的精度不仅取决于实测几何量的测量精度，还与所依据的计算公式和计算的精度有关。因此，间接测量常用于受条件所限无法进行直接测量的场合。

2. 按示值是否为被测几何量的量值分类

(1) 绝对测量 是指计量器具所显示或指示的示值即是被测几何量的量值。例如游标卡尺、外径千分尺测量轴径等。

(2) 相对测量 是指计量器具所显示或指示的示值为被测几何量相对于已知标准量的偏差的测量。该偏差与已知标准量的代数和为被测几何量的量值。例如用机械比较仪测量轴径，测量时先用量块调整零位，然后再进行测量。该比较仪所指示的示值为被测轴径相对于量块尺寸的偏差。通常，相对测量的测量精度比绝对测量的测量精度高。

3. 按测量时被测表面与测量器具的测头是否接触分类

(1) 接触测量 是指测量时测量器具的测头与被测表面相接触的测量。例如用机械比较仪测量轴径等。此测量方法由于在测量时有力的作用，因此会引起被测表面和计量器具之间有关部位产生弹性变形，因而影响测量精度。

(2) 非接触测量 是指测量时测量器具的测头不与被测表面相接触的测量。例如光切显微镜测量工件表面粗糙度等。此测量方法在测量时没有力的作用，测量精度不会因此而受到影响。

4. 按工件上同时测量参数的多少分类

(1) 单项测量 是指分别对同一工件上的不同参数进行单独测量。例如，用工具显微镜测量螺纹的螺距、牙侧角、中径和顶径等，可以分别获得各参数的测得值。

(2) 综合测量 是指同时对同一工件上几个相关的不同参数进行综合测量，并以综合结果判断是否合格。例如用螺纹通规检验螺纹单一中径、螺距和牙侧角实际值的综合结果（作用中径）是否合格。它不能获得各参数的测得值。

综合测量的效率比单项测量高，但单项测量便于进行工艺分析。综合测量适用于只要求判断合格与否，而不需要得到具体的误差值的场合。

5. 按测量在加工过程中所起的作用分类

(1) 主动测量 是指在加工工件的同时对被测几何量进行测量。其测量结果可直接用于控制加工过程，因而可以及时防止废品的产生。主动测量主要应用在自动生产线上，因此也称在线测量。它使测量与加工过程紧密结合，充分发挥测量的作用，是测量技术发展的方向。

(2) 被动测量（离线测量） 是指在工件加工完成后对被测几何量进行测量。被动测量仅限于发现并剔除废品。

6. 按被测量在测量过程中所处状态分类

(1) 动态测量 是指测量时被测表面与测量器具的测头之间处于相对运动状态的测量。

例如用表面粗糙度测试仪测量表面粗糙度等。

（2）静态测量　是指测量时被测表面与测量器具的测头之间处于静止状态的测量。例如用游标卡尺、外径千分尺测量轴径等。

二、常用测量器具

1. 计量器具的分类

计量器具按其本身的结构特点及测量原理可分为量具、量规、计量仪器和测量装置四类。

（1）量具　是指以固定形式复现量值的计量器具。它可以分为单值量具和多值量具两种。单值量具是指复现单个量值的量具，如量块、直角尺等。多值量具是指复现一定范围的一系列不同量值的量具，如线纹尺等。

（2）量规　是指没有刻度的专用计量器具，用来检验零件要素实际尺寸和形位误差的综合结果。使用量规检验的结果不能得到被检验工件的具体实际尺寸和形位误差值，而只能确定被检验工件是否合格，如光滑极限量规、螺纹量规、位置量规等。

（3）计量仪器（测量仪器）　计量仪器或测量仪器简称量仪，是指能将被测几何量的量值转换成可直接观测的指示值（示值）或等效信息的计量器具。计量仪器按原始信号转换的原理可分为以下几种。

① 机械式量仪　是指用机械方法实现原始信号转换的量仪，如指示表、杠杆比较仪等。这种量仪结构简单、性能稳定、使用方便。

② 光学式量仪　是指用光学方法实现原始信号转换的量仪，如光学比较仪、测长仪、工具显微镜、光学分度头、干涉仪等。这种量仪精度高、性能稳定。

③ 电动式量仪　是指将原始信号转换为电量形式的测量信号的量仪，如电感比较仪、电容比较仪、电动轮廓仪、圆度仪等。这种量仪精度高、测量信号易于与计算机接口，实现测量和数据处理的自动化。

④ 气动式量仪　是指以压缩空气为介质，通过气动系统流量或压力的变化来实现原始信号转换的量仪，如水柱式气动量仪、浮标式气动量仪等。这种量仪结构简单、测量精度和效率都高、操作方便，但示值范围小。

（4）测量装置　是指为确定被测几何量量值所必需的辅助装置。

2. 计量器具的基本度量指标

计量器具的度量指标是合理选择和使用计量器具的重要依据。其中的主要度量指标如下。

（1）分度值　是指计量器具标尺或分度盘上，最小单位每一小格所代表的量值。一般长度计量器具的分度值有0.1mm、0.05mm、0.02mm、0.01mm、0.001mm等几种。例如，某千分尺的微分筒上每一小格所代表的测量长度为0.01mm，即分度值为0.01mm。一般来说，分度值越小，则计量器具的精度就越高。

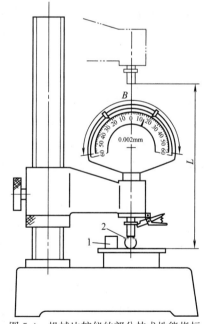

图 5-4　机械比较仪的部分技术性能指标
1—标准件；2—被测件

（2）刻度间距　是指计量器具标尺或分度盘上相邻两刻线之间的距离或圆弧长度。

（3）示值范围　是指计量器具所能显示或指示的被测几何量量值起始值到终止值的范

围。如图 5-4 所示机械比较仪的示值范围为 $\pm 60\mu m$。

（4）测量范围　是指计量器具所能测出的被测几何量量值的最大值到最小值的范围。

（5）灵敏度　是指计量器具对被测几何量变化的响应变化能力。若被测量变化为 x，所引起的计量器具相应变化 l，则灵敏度 $s=l/x$。通常分度值越小，则计量器具的灵敏度就越高，灵敏度越高则测量精度就越高。

（6）分辨力　是指计量器具所能显示的最末一位数所代表的量值。由于在一些量仪（如数字式量仪）中，其读数采用非标尺或非分度盘显示，因此就不能使用分度值这一概念，而将其称为分辨力。

（7）示值误差　是指计量器具上的示值与被测几何量的真值的代数差。

（8）不确定度　不确定度是指由于测量误差的存在而对被测几何量量值不能肯定的程度。一般用它来确定测量器具的测量精度。

第三节　测量误差及数据处理

一、测量误差种类和产生的原因

测量值与被测量的真值之间的差异在数值上表现为测量误差。

1. 测量误差的概念

对于任何测量过程来说，由于计量器具和测量条件的限制，不可避免地会出现或大或小的测量误差。因此，每一个实际测得值，往往只是在一定程度上近似于被测几何量的真值。这种近似程度在数值上则表现为测量误差，而测量误差又可以表现为以下两种形式。

（1）绝对误差　绝对误差是指被测几何量的量值与其真值之差，即

$$\delta = x - x_0 \tag{5-3}$$

式中　δ——绝对误差；

　　　x——被测几何量的量值；

　　　x_0——被测几何量的真值。

由于测得值 x 可能大于或小于其真值 x_0，故测量误差可能是正值也可能是负值。所以，被测几何量的真值可以用下式来表示

$$x_0 = x \pm |\delta| \tag{5-4}$$

利用上式，可以由被测几何量的量值和测量误差来估算真值所在的范围。当测量条件相同时，测量误差的绝对值越小，则被测几何量的量值就越接近于真值，因此测量精度就越高；反之，测量精度就越低。当测量条件不同时就不能用绝对误差来评定测量精度的高低，需要用相对误差来评定。

（2）相对误差　相对误差是指绝对误差 δ 的绝对值与被测量真值 x_0 之比。由于真值不知道，因此常以被测几何量的测得值代替真值进行估算，即

$$f = \frac{|\delta|}{x_0} \approx \frac{|\delta|}{x} \tag{5-5}$$

式中　f——相对误差。

显然，相对误差是一个无量纲的数值，通常用百分比来表示。例如，测量某两个轴径，尺寸分别为 20mm 和 250mm，它们的绝对误差都为 0.02mm。此时，哪种测量精度高，就

要用相对误差来评定。相对误差分别为

$$f_1 = \frac{|0.02|}{20} = 0.1\%$$

$$f_2 = \frac{|0.02|}{250} = 0.008\%$$

故前者的测量精度比后者低。

2. 测量误差的来源

为了提高测量精度,应尽可能减少测量误差,就需要仔细分析测量误差的来源。在实际测量中,产生测量误差的因素很多,归结起来主要有以下几点。

(1) 计量器具的误差 是指计量器具本身所具有的误差。它包括计量器具在设计、制造和使用过程中所产生的各项误差。此外,相对测量时使用的标准量,如量块、线纹尺等本身的误差。

这些误差都会直接反映到测量结果中产生测量误差。

(2) 测量方法误差 是指测量方法不完善所引起的误差。它包括计算公式不准确,测量方法选择不当,工件安装、定位不准确等引起的误差,它也会产生测量误差。例如,在接触测量中,由于测头测量力的影响,被测零件和测量装置产生变形而产生的测量误差。

(3) 测量环境误差 是指测量时的环境条件不符合标准条件所引起的误差。例如,在测量时由于环境温度、湿度、气压、照明(引起视差)、振动等都会产生测量误差,其中尤以温度的影响最为突出。例如,在测量长度时,规定标准温度为 20℃。若不能保证在标准温度 20℃条件下进行测量,则引起的测量误差为

$$\Delta L = L[\alpha_2(t_2 - 20) - \alpha_1(t_1 - 20)] \tag{5-6}$$

式中 ΔL——测量误差;

t_1,t_2——计量器具和被测工件的温度,℃;

L——被测尺寸;

α_1,α_2——计量器具和被测工件的线胀系数。

(4) 人员误差 是指测量人员主观因素所引起的误差。例如,测量人员使用计量器具不正确、测量瞄准不准确、读数错误等都会产生测量误差。

3. 测量误差的种类和特性

测量误差按其性质可以分为随机误差、系统误差和粗大误差。

(1) 随机误差 随机误差是指在一定测量条件下,多次测量同一量值时,其数值大小和符号以不可预见的方式变化的误差。随机误差主要由测量过程中一些偶然性因素或不确定因素引起。例如,量仪传动机构的间隙、摩擦、测量力不稳定以及温度波动等引起的测量误差,都属于随机误差。

就某一次具体测量而言,随机误差的绝对值和符号无法预先知道,而且无规律可循。但对同一被测要素进行连续多次重复测量后,对其测得值加以分析后发现随机误差分布服从统计规律。因此,可以应用概率论和数理统计的方法来对它进行处理。

(2) 系统误差 系统误差是指在一定测量条件下,多次测量同一量值时,其数值大小或符号保持不变或按一定规律变化。前者称为定值系统误差,后者称为变值系统误差。例如,在比较仪上用相对法测量零件尺寸时,调整量仪所用量块的误差就会引起定值系统误差;量仪的分度盘与指针回转轴偏心所产生的示值误差会引起变值系统误差。

系统误差的大小表明测量结果的正确度,它说明测量结果相对真值有一定的误差。系

误差越小,则测量结果的正确度越高。系统误差对测量结果影响较大,要尽量减少或消除,提高测量精度。

(3) 粗大误差　粗大误差是指明显超出规定条件下预计的误差。即对测量结果产生明显歪曲的测量误差。它的数值比较大。粗大误差的产生有主观和客观两方面的原因,主观原因如测量人员疏忽造成的读数误差,客观原因如外界突然振动引起的测量误差。在处理测量数据时,应根据判别粗大误差的准则设法将其剔除。

4. 关于测量精度的几个概念

测量精度是指测得值与其真值接近的程度,而误差是指测得值与其真值离开的程度。误差越小测得值与其真值就越接近。因此,测量精度和测量误差从两个不同角度说明了同一个概念。由于误差可以分为系统误差和随机误差,所以为了反映不同性质的测量误差对测量结果的影响,从而引出以下概念。

① 精密度：精密度反映测量结果中随机误差的影响程度。它是指在一定测量条件下连续多次测量所得的测得值之间相互接近的程度。若随机误差小,则精密度高。

② 正确度：正确度反映测量结果中系统误差的影响程度。若系统误差小,则正确度高。

③ 准确度：准确度反映测量结果中系统误差和随机误差的综合影响程度。若系统误差和随机误差都小,则准确度就高。

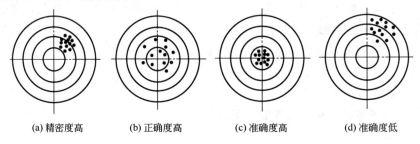

(a) 精密度高　　(b) 正确度高　　(c) 准确度高　　(d) 准确度低

图 5-5　精密度、正确度和准确度

对于具体的测量,精密度高的测量,正确度不一定高;正确度高的测量,精密度也不一定高;精密度和正确度都高的测量,准确度就高。现以打靶为例说明,如图 5-5 所示,小圆圈表示靶心,黑点表示弹孔。图 5-5(a) 随机误差小而系统误差大,表示打靶精密度高而正确度低;图 5-5(b) 系统误差小而随机误差大,表示打靶正确度高而精密度低;图 5-5(c) 随机误差和系统误差都小,表示打靶准确度高;图 5-5(d) 随机误差和系统误差都大,表明打靶准确度低。

二、各类测量误差的处理

对测量结果进行数据处理是为了找出被测量最可信的数值以及评定这一数值所包含的误差。在相同的测量条件下,对同一被测量进行多次连续测量,得到一测量列。测量列中可能同时存在随机误差、系统误差和粗大误差,因此,必须对这些误差进行处理。

1. 测量列中随机误差的处理

随机误差不可能被修正或消除,但可以用概率论与数理统计的方法估计出随机误差的大小和规律,并设法减小其影响。

(1) 随机误差的特性及分布规律　对某一被测几何量在一定测量条件下重复测量 N 次,得到测量列的测得值为 $x_1, x_2, \cdots, x_N$。设测量列中不包含粗大误差和系统误差,被测几

何量的真值为 x_0，则可得出相应各次测得值的随机误差分别为

$$\delta_1 = x_1 - x_0$$
$$\delta_2 = x_2 - x_0$$
$$\vdots$$
$$\delta_N = x_N - x_0$$

通过对大量的测试实验数据进行统计后发现，随机误差通常服从正态分布规律，其正态分布曲线如图 5-6 所示（横坐标 δ 表示随机误差，纵坐标 y 表示随机误差的概率密度）。它具有如下四个基本特性。

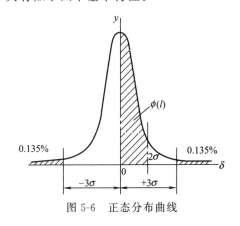

图 5-6　正态分布曲线

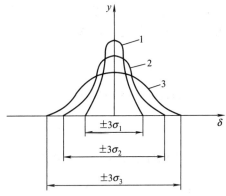

图 5-7　三种不同 σ 的正态分布曲线

① 单峰性：绝对值小的随机误差出现的概率比绝对值大的随机误差出现的概率大。随机误差为零时，概率最大，存在一个最高点。

② 对称性：绝对值相等、符号相反的随机误差出现的概率相等。

③ 抵偿性：在一定的测量条件下，随着测量次数的增加，各次随机误差的算术平均值趋于零，即各次随机误差的代数和趋于零。该特性是由对称性推导而来的，它是对称性的必然反映。

④ 有界性：在一定的测量条件下，随机误差的绝对值不会超出一定的界限。

正态分布曲线的数学表达式为

$$y = \frac{1}{\sigma\sqrt{2\pi}} e^{-\frac{\delta^2}{2\sigma^2}} \tag{5-7}$$

式中　y——概率密度；
　　　σ——标准偏差；
　　　δ——随机误差；
　　　e——自然对数的底。

从上式可以看出，概率密度 y 的大小与随机误差 δ、标准偏差 σ 有关。当 $\delta = 0$ 时，概率密度 y 最大，$y_{max} = \dfrac{1}{\sigma\sqrt{2\pi}}$，概率密度最大值随标准偏差大小的不同而异。图 5-7 所示的三条正态分布曲线 1、2 和 3 中，$\sigma_1 < \sigma_2 < \sigma_3$，则 $y_{1max} > y_{2max} > y_{3max}$。由此可见，$\sigma$ 越小，则曲线就越陡；反之，σ 越大，则曲线就越平坦，随机误差的分布就越分散，测量精度就越低。因此，σ 可作为表示各测得值的精密度指标。随机误差的标准偏差 σ 可用下式计算得到

$$\sigma = \sqrt{\frac{\delta_1^2 + \delta_2^2 + \cdots + \delta_N^2}{N}} = \sqrt{\frac{\sum_{i=1}^{N} \delta_i^2}{N}} \tag{5-8}$$

式中 $\delta_1, \delta_2, \cdots, \delta_N$——测量列中各测得值相应的随机误差；

N——测量次数。

标准偏差 σ 是反映测量列中测得值分散程度的一项指标，它是测量列中单次测量值（任一测得值）的标准偏差。

由于随机误差具有有界性，因此它的大小不超过一定的范围。随机误差的极限值就是测量极限误差。

由概率论可知，正态分布曲线和横坐标轴间所包含的面积等于所有随机误差出现的概率总和，如果随机误差区间落在 $(-\infty, +\infty)$ 之间时，则其概率为

$$P = \int_{-\infty}^{+\infty} y \, d\delta = \int_{-\infty}^{+\infty} \frac{1}{\sigma\sqrt{2\pi}} e^{-\frac{\delta^2}{2\sigma^2}} d\delta = 1$$

如果随机误差区间落在 $(-\delta, +\delta)$ 之间时，则其概率为

$$P = \int_{-\delta}^{+\delta} y \, d\delta = \int_{-\delta}^{+\delta} \frac{1}{\sigma\sqrt{2\pi}} e^{-\frac{\delta^2}{2\sigma^2}} d\delta$$

为了化成标准正态分布，将上式进行变量置换，设

$$t = \frac{\delta}{\sigma}, \quad dt = \frac{d\delta}{\sigma}$$

则上式化为

$$P = \frac{1}{\sqrt{2\pi}} \int_{-t}^{+t} e^{-\frac{t^2}{2}} dt = \frac{2}{\sqrt{2\pi}} \int_{0}^{t} e^{-\frac{t^2}{2}} dt$$

令 $P = 2\phi(t)$，则

$$\phi(t) = \frac{1}{\sqrt{2\pi}} \int_{0}^{t} e^{-\frac{\delta^2}{2}} dt$$

函数 $\phi(t)$ 称为概率积分。为了使用方便，表 5-2 列出了不同 t 值对应的 $\phi(t)$ 值。

表 5-2 给出 $t=1, 2, 3, 4$ 四个特殊值所对应的 $2\phi(t)$ 值和 $[1-2\phi(t)]$ 值。由此表可见，当 $t=3$ 时，在 $\delta = \pm 3\sigma$ 范围内的概率为 99.73%，δ 超出该范围的概率仅为 0.27%，即连续 370 次测量中，随机误差超出 $\pm 3\sigma$ 的只有一次。测量次数一般不会多于几十次。随机误差超出 $\pm 3\sigma$ 的情况实际上很难出现。因此，可取 $\delta = \pm 3\sigma$ 作为随机误差的极限值，记作

$$\delta_{\lim} = \pm 3\sigma \tag{5-9}$$

显然，$\delta_{\lim}$ 也是测量列中单次测量值的测量极限误差。

表 5-2 四个特殊 t 值对应的概率

t	$\delta = \pm t\sigma$	不超出 $|\delta|$ 的概率 $P = 2\phi(t)$	超出 $|\delta|$ 的概率 $a = 1 - 2\phi(t)$
1	1σ	0.6862	0.3174
2	2σ	0.9544	0.0456
3	3σ	0.9973	0.0027
4	4σ	0.99936	0.00064

选择不同的 t 值，就对应有不同的概率，测量极限误差的可信程度也就不一样。随机误差在 $\pm t\sigma$ 范围内出现的概率称为置信概率，t 值称为置信因子或置信系数。在几何量测量中，通常取置信因子 $t=3$，则置信概率为 99.73%。例如某次测量的测得值为 40.002mm，若已知标准偏差 $\sigma=0.0003$mm，置信概率取 99.73%，则测量结果应为

$$40.002 \pm 3 \times 0.0003 = 40.002 \pm 0.0009 (\text{mm})$$

即被测几何量的真值有 99.73% 可能在 40.0011~40.0029mm 之间。

（2）测量列中随机误差的处理步骤　在一定测量条件下，对同一被测几何量进行连续多次测量，得到一测量列，假设其中不存在系统误差和粗大误差，则对随机误差的处理首先应按式（5-8）计算单次测量值的标准偏差，然后再由式（5-9）计算得到随机误差的极限值。但是，由于被测几何量的真值未知，所以不能按式（5-8）计算求得标准偏差的 σ 数值。在实际测量时，当测量次数 N 充分大时，随机误差的算术平均值趋于零，因此可以用测量列中各个测得值的算术平均值代替真值，并用一定的方法估算出标准偏差，进而确定测量结果。具体处理过程如下。

① 计算测量列中各个测得值的算术平均值。设测量列的测得值为 x_1，x_2，$\cdots$，x_N，则算术平均值为

$$\overline{x} = \frac{\sum\limits_{i=1}^{N} x_i}{N} \tag{5-10}$$

式中　N——测量次数。

② 计算残差。用算术平均值代替真值后，计算各个测得值 x_i 与算术平均值 $\overline{x}$ 之差，称为残余误差（简称残差），记为 v_i，即

$$v_i = x_i - \overline{x} \tag{5-11}$$

当测量次数足够多时，残差的代数和趋近于零，即 $\sum\limits_{i=1}^{N} v_i = 0$。

③ 计算标准偏差 σ。标准偏差 σ 是表征随机误差集中与分散程度的指标。由于随机误差 δ_i 是未知量，实际测量时常用残差 v_i 代表 δ_i，所以测量列中单次测得值的标准偏差估算值 σ 为

$$\sigma \approx \sqrt{\frac{\sum\limits_{i=1}^{N} v_i^2}{N-1}} = \sqrt{\frac{\sum\limits_{i=1}^{N} (x_i - \overline{x})^2}{N-1}} \tag{5-12}$$

④ 计算测量列算术平均值的标准偏差 $\sigma_{\overline{x}}$。

$$\sigma_{\overline{x}} = \frac{\sigma}{\sqrt{N}} \approx \sqrt{\frac{\sum\limits_{i=1}^{N} v_i^2}{N(N-1)}} \tag{5-13}$$

⑤ 测量列的极限误差 $\delta_{\lim(\overline{x})}$ 和测量结果。

测量列算术平均值的极限误差为

$$\delta_{\lim(\overline{x})} = \pm 3\sigma_{\overline{x}} \tag{5-14}$$

测量列的测量结果可表示为

$$x_0 = \bar{x} \pm \delta_{\lim(\bar{x})} = \bar{x} \pm 3\sigma_{\bar{x}} = \bar{x} \pm 3\frac{\sigma}{\sqrt{N}} \tag{5-15}$$

这时的置信概率 $P = 99.73\%$。

虽然从理论上讲随机误差不能消除，但是取多次测量的平均值作为测得值，可以将随机误差减小。

2. 系统误差的处理

系统误差从理论上讲可以完全消除。但是在实际生产当中，由于诸多因素的影响，做到彻底消除也比较难，但是应尽量消除或减小。具体方法如下。

① 可以在产生误差根源上消除。例如，在测量前仔细调整仪器工作台、调准零位，在标准温度状态下进行测量以及测量人员正确读数等。

② 用加修正值的方法消除。

③ 可以用两次读数方法消除系统误差等。例如，测量螺纹参数时，可以分别测出左右牙面螺距，然后取平均值，则可减小安装不正确引起的系统误差。

3. 粗大误差的剔除

粗大误差的特点是数值比较大，对测量结果产生明显的歪曲，应从测量数据中将其剔除。剔除粗大误差不能凭主观臆断，应根据判断粗大误差的准则予以确定。判断粗大误差常用拉依达准则（又称 3σ 准则）。

该准则的依据主要来自随机误差的正态分布规律。从随机误差的特性中可知，测量误差愈大，出现的概率愈小，误差的绝对值超过 $\pm 3\sigma$ 的概率仅为 0.27%，认为是不可能出现的。因此，凡绝对值大于 3σ 的残差，就看作为粗大误差而予以剔除。其判断式为

$$|v_i| > 3\sigma \tag{5-16}$$

剔除具有粗大误差的测量值后，应根据剩下的测量值重新计算 σ，然后再根据 3σ 准则去判断剩下的测量值中是否还存在粗大误差。每次只能剔除一个，直到剔除完为止。当测量次数小于 10 次时，不能使用拉依达准则。

4. 数据处理举例

【例 5-1】 用立式光学比较仪对某轴同一部位进行 12 次测量，测得数值见表 5-3，假设已消除了定值系统误差。试求其测量结果。

解： ① 计算算术平均值

$$\bar{x} = \frac{1}{n}\sum_{i=1}^{n} x_i = \frac{1}{12}\sum_{i=1}^{12} x_i = 28.787$$

② 计算残差

$v_i = x_i - \bar{x}$，同时计算出 v_i^2 和 $\sum_{i=1}^{n} v_i^2$，见表 5-3。

表 5-3 测量数值和计算结果

序 号	测得值 x_i/mm	残差 v_i/μm	残差的平方 v_i^2/μm²
1	28.784	−3	9
2	28.789	+2	4
3	28.789	+2	4

续表

序 号	测得值 x_i/mm	残差 v_i/μm	残差的平方 v_i^2/μm²
4	28.784	−3	9
5	28.788	+1	1
6	28.789	+2	4
7	28.786	−1	1
8	28.788	+1	1
9	28.788	+1	1
10	28.785	−2	4
11	28.788	+1	1
12	28.786	−1	1
	$\bar{x} = 28.787$	$\sum_{i=1}^{12} v_i = 0$	$\sum_{i=1}^{12} v_i^2 = 40$

③ 判断变值系统误差。根据残差观察法判断，测量列中的残差大体上正负相间，无明显的变化规律，所以认为无变值系统误差。

④ 计算标准偏差

$$\sigma = \sqrt{\frac{\sum_{i=1}^{12} v_i^2}{N-1}} = \sqrt{\frac{40}{11}} = 1.9(\mu m)$$

⑤ 判断粗大误差。由标准偏差求得粗大误差的界限 $|v_i| > 3\sigma = 5.7\mu m$，故不存在粗大误差。

⑥ 计算算术平均值的标准偏差及算术平均值的极限偏差

$$\sigma_{\bar{x}} = \frac{\sigma}{\sqrt{N}} = \frac{1.9}{\sqrt{12}} = 0.55 \ (\mu m)$$

$$\delta_{\lim(\bar{x})} = \pm 3\sigma_{\bar{x}} = \pm 0.0016 \ (mm)$$

⑦ 写出测量结果

$$x_0 = (\bar{x}) \pm \delta_{\lim(\bar{x})} = (28.787 \pm 0.0016) mm$$

这时的置信概率为 99.73%。

第四节 光滑工件尺寸的检测

光滑工件尺寸的检测是使用测量器具来测量或检测零件，并按规定的验收极限判断工件尺寸是否合格，是兼有测量和检验两种特性的一个综合鉴别过程。

一、光滑极限量规

当光滑工件采用包容要求时，应使用光滑极限量规来检验（简称为量规）。光滑极限量规是一种没有刻度的专用计量器具。用这种量规检验工件时，只能判断工件合格与否，而不能获得工件实际尺寸的数值。

1. 光滑极限量规的种类

光滑极限量规一般可分为轴用光滑极限量规和孔用光滑极限量规。

（1）孔用光滑极限量规（塞规） 塞规分通端（通规）和止端（止规），如图 5-8(a)、(b) 所示。通规按被测孔的最大实体尺寸制造，止规按被测孔的最小实体尺寸制造。使用时，如果塞规的通规通过被检验孔，表示被测孔径大于最大实体尺寸，塞规的止规不通过被检验孔，表示被测孔径小于最小实体尺寸，就说明被检验孔的实际尺寸在规定的极限尺寸范围内，被检验孔是合格的。

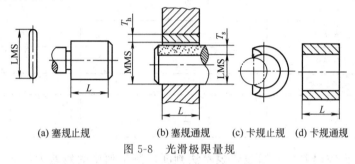

(a) 塞规止规　　(b) 塞规通规　　(c) 卡规止规　　(d) 卡规通规

图 5-8　光滑极限量规

（2）轴用光滑极限量规（环规或卡规） 卡规分通端和止端，如图 5-8(c)、(d) 所示。通规按被测轴的最大实体尺寸制造，止规按被测轴的最小实体尺寸制造。使用时，如果卡规通规能顺利地滑过轴颈，表示轴颈比最大极限尺寸小；卡规止规滑不过去，表示被测直径比最小极限尺寸大，就说明被检验轴颈的实际尺寸在规定的极限尺寸范围内，被检验轴是合格的。

2. 量规按用途分类

量规按用途可分为以下三类。

① 工作量规：指操作者在加工零件时用来检验工件的量规，其通规和止规的代号分别为"T"和"Z"。

② 验收量规：检验人员或用户代表验收产品时所用的量规。验收量规一般不另行制造，检验人员应该使用与生产工人使用的相同类型且已磨损较多但未超过磨损极限的通规，这样生产工人可以自检合格的产品，检验部门验收时也一定合格。

③ 校对量规：用以检验工作量规或验收量规的量规。孔用工作量规用指示式计量器具测量很方便，不需要校对量规，只有轴用工作量规才使用校对量规。

3. 光滑极限量规的设计原理

设计光滑极限量规时应遵守极限尺寸判断原则（即泰勒原则）的规定。泰勒原则是指孔或轴的实际尺寸和形状误差综合形成的体外作用尺寸（D_{fe} 或 d_{fe}）不允许超出最大实体尺寸（D_M 或 d_M），在孔、轴任意位置上的实际尺寸（D_a、d_a）应符合以下要求，即：

孔　　$D_{fe} \geq D_{min}$　　且　　$D_a \leq D_{max}$

轴　　$d_{fe} \leq d_{max}$　　且　　$d_a \geq d_{min}$

通规通常称为全形量规。止规用来控制工件的实际尺寸，它的测量面是两点状的，这两点状测量面之间的定形尺寸等于工件的最小实体尺寸。量规形状对检验结果的影响见图 5-9。

为了尽量减少在使用偏离泰勒原则的量规检验时造成的误判，操作量规一定要正确。例如，使用非全形的通端塞规时，应在被检的孔的全长上沿圆周的几个位置上检验；使用卡规

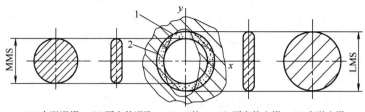

(a) 全形通规　(b) 两点状通孔　(c) 工件　(d) 两点状止规　(e) 全形止规

图 5-9　量规形状对检验结果的影响

1—实际孔；2—孔公差带

时，应在被检轴的配合长度的几个部位并围绕被检轴的圆周上几个位置检验。

4. 量规的公差

由于量规的实际尺寸与工件的极限尺寸会有或多或少的差异，因此在用量规检验工件以决定是否合格时，实际上并不是根据工件规定的极限尺寸，而是根据量规的实际尺寸判断的。以检验轴的止规为例，其基本尺寸为轴的最小极限尺寸 $d_{\min}$，但制造止规所得的实际尺寸可能大于这个尺寸，也可能小于这个尺寸，见图 5-10。

若止规实际尺寸大于 $d_{\min}$，则用此量规检验工件时，可能造成误废；反之，若止规实际尺寸小于 $d_{\min}$，则可能造成误收。

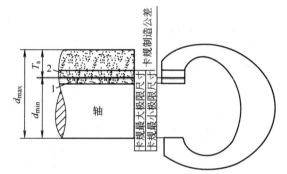

图 5-10　量规制造公差对检验结果的影响

1—被检验工件误收范围；2—被检验工件误废范围

实际上，由于量规磨损、温度、测量等一系列因素的影响，误收、误废的情况也是难免的。所以，在确定量规公差时，既要考虑检验工件的正确性，还要考虑制造的经济性。

量规公差标志着对量规精度的合理要求，以保证量规能以一定的准确度进行检验。量规公差带的大小及位置，取决于工件公差带大小与位置、量规用途以及量规公差制。

（1）工作量规公差　为了确保产品质量，国标 GB 1957—81 规定量规公差带不得超越工件公差带。孔用和轴用工作量规公差带分别如图 5-11 和图 5-12 所示。图中，T 为量规尺

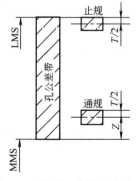

图 5-11　孔用工作量规公差带

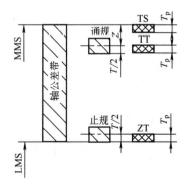

图 5-12　轴用工作量规及其校对量规公差带图

寸公差（制造公差），Z为通规尺寸公差带的中心到工件最大实体之间的距离，称为位置要素。通规在使用过程中会逐渐磨损，为了使它具有一定的寿命，需要留适当的磨损储量，即规定磨损极限，其磨损极限等于被检验工件的最大实体尺寸。因为止规遇到合格工件时不通过，不会磨损，所以不需要磨损储量。

根据我国目前量规制造的工艺水平，经过大量调查研究，国标对基本尺寸至 500mm，公差等级自 IT6~IT16 的孔和轴量规合理规定了公差，其数值见表 5-4，这些数值与被检测工件公差之间的比例关系见表 5-5。

表 5-4 光滑极限量规的尺寸公差 T 和位置公差要素 Z 值　　　　　　　　　　　　μm

工作基本尺寸 /mm	IT6		IT7		IT8		IT9		IT10		IT11		IT12		IT13		IT14		IT15		IT16	
	T	Z	T	Z	T	Z	T	Z	T	Z	T	Z	T	Z	T	Z	T	Z	T	Z	T	Z
至3	1	1	1.2	1.6	1.6	2	2	3	2.4	4	3	6	4	9	6	14	9	20	14	30	20	40
>3~6	1.2	1.4	1.4	2	2	2.6	2.4	4	3	5	4	8	5	11	7	16	11	25	16	35	25	50
>6~10	1.4	1.6	1.8	2.4	2.4	3.2	2.8	5	3.6	6	5	9	6	13	8	20	13	30	20	40	30	60
>10~18	1.6	2	2	2.8	2.8	4	3.4	6	4	8	6	11	7	15	10	24	15	35	25	50	35	75
>18~30	2	2.4	2.4	3.4	3.4	5	4	7	5	9	7	13	8	18	12	28	18	40	28	60	40	90
>30~50	2.4	2.8	3	4	4	6	5	8	6	11	8	16	10	22	14	34	22	45	34	75	50	110
>50~80	2.8	3.4	3.6	4.6	4.6	7	6	9	7	13	9	19	12	26	16	40	26	60	40	90	60	130
>80~120	3.2	3.8	4.2	5.4	5.4	8	7	10	8	15	10	22	14	30	20	46	30	70	46	100	70	150
>120~180	3.8	4.4	4.8	6	6	9	8	12	9	18	12	25	16	35	22	52	35	80	52	120	80	170
>180~250	4.4	5	5.4	7	7	10	9	14	10	20	14	29	18	40	26	60	40	90	60	130	90	200
>250~315	4.8	5.6	6	8	8	11	10	16	12	22	16	32	20	45	28	66	45	100	66	150	100	220
>315~400	5.4	6.2	7	9	9	12	11	18	14	25	18	36	22	50	32	74	50	110	74	170	110	250
>400~500	6	7	8	10	10	14	12	20	16	28	20	40	24	55	36	80	55	120	80	190	120	280

注：校对量规的尺寸与公差为被校对轴用量规尺寸公差的一半，即 $T_p = T/2$。

表 5-5 光滑极限量规的尺寸公差 T 和位置公差要素 Z 值与工件公差的比例关系

被检验工件公差	IT6	IT7	IT8	IT9	IT10	IT11	IT12	IT13	IT14	IT15	IT16
公差等级系数 a	10	16	25	40	64	100	160	250	400	640	1000
	公比 1.6										
量规公差 T 值 $T_0 = 15\% IT6$	T_0	$1.25T_0$	$1.6T_0$	$2T_0$	$2.5T_0$	$3.15T_0$	$4T_0$	$6T_0$	$9T_0$	$13.5T_0$	$20T_0$
	公比 1.25										
位置要素 Z 值 $Z_0 = 17.5\% IT6$	Z_0	$1.4Z_0$	$2Z_0$	$2.8Z_0$	$4Z_0$	$5.6Z_0$	$8Z_0$	$12Z_0$	$18Z_0$	$27Z_0$	$40Z_0$
	公比 1.4										
$T/IT\%$	15	11.7	9.6	7.5	5.9	4.7	3.8	3.6	3.4	3.2	3
$Z/IT\%$	17.5	15.3	14	12.3	10.9	9.8	8.8	8.4	7.9	7.4	7
$(T/2+Z/IT\%)$	25	21.2	18.8	16.1	13.9	12.2	10.7	10.2	9.6	9	8.5
$(3T/2+Z)/IT\%$	40	32.9	28.4	23.6	19.2	16.9	14.5	13.8	13	12.2	11.5

国家标准规定的工作量规的形状和位置误差，应在工作量规制造公差范围内，其形位公差为量规尺寸公差的 50%，考虑到制造和测量的困难，当量规制造估差小于或等于 0.002mm 时，其形状和位置公差为 0.001mm。

(2) 校对量规公差　校对量规公差有以下三种。

① "校通-通" 量规（代号为 TT）。检验轴用量规"通规"的校对量规。能被 TT 通过，则认为该通规制造合格。可见，TT 的作用是防止通规尺寸过小，以保证工件应有的生产公差。

② "校止-通" 量规（代号为 ZT）。检验轴用量规"止规"的校对量规。能被 ZT 通过，则认为该止规制造合格。可见，ZT 的作用是防止止规尺寸过小，以保证产品质量。

③ "校通-损" 量规（代号为 TS）。检验轴用量规"通规磨损极限"的校对量规。通规在使用过程中不应被 TS 通过；倘若被 TS 通过，则认为此通规已超过极限尺寸，应予报废，否则会影响产品质量。

校对量规的尺寸公差带完全位于被校对量规的制造公差和磨损极限内。校对量规的尺寸公差 T_p 等于被校对量规尺寸公差 T 的一半，即 $T_p = T/2$，形状误差应控制在其尺寸公差带范围内。

由于校对量规精度很高，制造困难，目前的测量技术又有了提高，因此在生产实践中将逐步用量块或测量仪器代替校对量规。但在某些行业，由于产品的特点或者小尺寸的轴用量规，还需要用到校对量规。

二、验收极限及测量器具的选择

1. 误收与误废

① 误收：将超差的不合格零件误判为合格品接受。

② 误废：将不超差的合格零件误判为不合格品报废。

为了避免误收和误废，国家标准《光滑工件尺寸的检验》（GB/T 3177—1997）对验收原则、验收极限和计量器具的选择等做了规定。该标准适用于普通计量器具（游标卡尺、千分尺及车间使用的比较仪等），公差等级为 IT6～IT9、基本尺寸为常用尺寸段的光滑工件尺寸的检验，也适用于一般公差尺寸的检验。

2. 验收极限

(1) 方式一　内缩的验收极限　验收极限是从规定的最大极限尺寸和最小极限尺寸分别向工件公差带内移动一个安全裕度 A 来确定的，如图 5-13 所示。

这样就尽可能地避免误收，从而保证了零件的质量。

安全裕度 A，即测量确定度的允许值。它由被测工件的公差确定，一般取公差的 1/10，数值见表 5-6。

验收极限：

上验收极限＝最大极限尺寸－安全裕度（A）

下验收极限＝最小极限尺寸＋安全裕度（A）

由于验收极限向工件的公差带内移动，为了保证验收时合格，在生产时工件不能按原来的极限尺寸加工，应按由验收极限所确定的范围生产，这个范围称为"生产公差"。

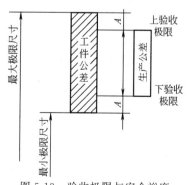

图 5-13　验收极限与安全裕度

生产公差＝上验收极限－下验收极限

（2）方式二　不内缩的验收极限　不内缩的验收极限等于规定的最大极限尺寸和最小极限尺寸。

（3）验收极限方式的选择

① 对遵守包容要求的尺寸、公差等级小的尺寸，其验收极限按方式一确定。

② 当工艺能力指数大于等于1时，其验收极限可以按方式二确定。

③ 对偏态分布的尺寸，其验收极限可以仅对尺寸偏向的一边按方式一确定。

④ 对非配合和一般公差的尺寸，其验收极限按方式二确定。

3. 测量器具的选择

测量器具的选择主要取决于测量器具的技术指标和经济指标。具体要求如下。

① 选择测量器具应与被测工件的形状、位置、尺寸的大小及被测参数特征相适应，使所选计量器具的测量范围能满足工件的要求。

② 选择计量器具应考虑工件的尺寸公差，使所选计量器具的不确定度值既要保证测量精度要求，又要符合经济性要求。

为了保证测量的可靠性和量值的统一，国家标准规定：按照计量器具的测量不确定度允许值 u_1 选择计量器具。u_1 值见表5-6。一般情况下，u_1 值优先选用Ⅰ类。

在选择测量器具时，应使所选用的测量器具的计量器具不确定度允许值小于或等于计量器具不确定度的允许值。表5-7为千分尺和游标卡尺的不确定度，表5-8为比较仪的不确定度，表5-9为指示表的不确定度。

【例 5-2】　检验工件尺寸为 $\phi 40h9 \left(^{\ \ 0}_{-0.062}\right)$ ⓔ，选择计量器具并确定验收极限。

解：① 确定安全裕度 A 和计量器具不确定度允许值 u_1。

根据已知工件公差，查表5-6得

安全裕度 $A=0.0062$ mm

计量器具不确定度允许值 $u_1=0.0056$ mm

② 选择计量器具。

根据已知工件基本尺寸 $\phi 40$，查表5-7得

分度值为0.01mm的外径千分尺的不确定度为 0.004 mm $< u_1 = 0.0054$ mm，所以满足使用要求。

③ 确定验收极限。

上验收极限＝最大极限尺寸－安全裕度（A）＝40－0.0062＝39.9938（mm）

下验收极限＝最小极限尺寸＋安全裕度（A）＝39.938＋0.0062＝39.9442（mm）

三、光滑工件的测量

测量光滑工件时，应注意以下几点。

① 由于普通计量器具的特点（即用两点法测量），一般只用来测量光滑工件尺寸，不用来测量工件上可能存在的形状误差。因此，光滑工件的检测应分别对尺寸和形状进行测量，并将两者结合起来进行评定。

② 若采用内缩验收极限。对温度、测量力引起的误差以及计量器具和标准器的系统误差一般不予修正，这些误差都在规定验收极限时加以考虑。

表 5-6 安全裕度 A 与计量器具的测量不确定度允许值 u_1

μm

基本尺寸/mm		公差等级																														
		IT6					IT7					IT8					IT9					IT10					IT11					
大于	至	T	A	I	II	III	T	A	I	II	III	T	A	I	II	III	T	A	I	II	III	T	A	I	II	III	T	A	I	II	III	
—	3	6	0.6	0.54	0.9	1.4	10	1.0	0.9	1.5	2.3	14	1.4	1.3	2.1	3.2	25	2.5	2.3	3.8	5.6	40	4.0	3.6	6.0	9.0	60	6.0	5.4	9.0	14	
3	6	8	0.8	0.72	1.2	1.8	12	1.2	1.1	1.8	2.7	18	1.8	1.6	2.7	4.1	30	3.0	2.7	4.5	6.8	48	4.8	4.3	7.2	11	75	7.5	6.8	11	17	
6	10	9	0.9	0.81	1.4	2.0	15	1.5	1.4	2.3	3.4	22	2.2	2.0	3.3	5.0	36	3.6	3.3	5.4	8.1	58	5.8	5.2	8.7	13	90	9.0	8.1	14	20	
10	18	11	1.1	1.0	1.7	2.5	18	1.8	1.7	2.7	4.1	27	2.7	2.4	4.1	6.1	43	4.3	3.9	6.5	9.7	70	7.0	6.3	11	16	110	11	10	17	25	
18	30	13	1.3	1.2	2.0	2.9	21	2.1	1.9	3.2	4.7	33	3.3	3.0	5.0	7.4	52	5.2	4.7	7.8	12	84	8.4	7.6	13	19	130	13	12	20	29	
30	50	16	1.6	1.4	2.4	3.6	25	2.5	2.3	3.8	5.6	39	3.9	3.5	5.9	8.8	62	6.2	5.6	9.3	14	100	10	9.0	15	23	160	16	14	24	36	
50	80	19	1.9	1.7	2.9	4.3	30	3.0	2.7	4.5	6.8	46	4.6	4.1	6.9	10	74	7.4	6.7	11	17	120	12	11	18	27	190	19	17	29	43	
80	120	22	2.2	2.0	3.3	5.0	35	3.5	3.2	5.3	7.9	54	5.4	4.9	8.1	12	87	8.7	7.8	13	19	140	14	13	21	32	220	22	20	33	50	
120	180	25	2.5	2.3	3.8	5.6	40	4.0	3.6	6.0	9.0	63	6.3	5.7	9.5	14	100	10	9.0	15	23	160	16	15	24	36	250	25	23	38	56	
180	250	29	2.9	2.6	4.4	6.5	46	4.6	4.1	6.9	10	72	7.2	6.5	11	16	115	12	11	17	26	185	18	17	28	42	290	29	26	44	65	
250	315	32	3.2	2.9	4.8	7.2	52	5.2	4.7	7.8	12	81	8.1	7.3	12	18	130	13	12	19	29	210	21	19	32	47	320	32	29	48	72	
315	400	36	3.6	3.2	5.4	8.1	57	5.7	5.1	8.4	13	89	8.9	8.0	13	20	140	14	13	21	32	230	23	21	35	52	360	36	32	54	81	
400	500	40	4.0	3.6	6.0	9.0	63	6.3	5.7	9.5	14	97	9.7	8.7	15	22	155	16	14	23	35	250	25	23	38	56	400	40	36	60	90	

基本尺寸/mm		IT12				IT13			
大于	至	T	A	I	II	T	A	I	II
—	3	100	10	9.0	15	140	14	13	21
3	6	120	12	11	18	180	18	16	27
6	10	150	15	14	23	220	22	20	33
10	18	180	18	16	27	270	27	24	41
18	30	210	21	19	32	330	33	30	50
30	50	250	25	23	38	390	39	35	59
50	80	300	30	27	45	460	46	41	69
80	120	350	35	32	53	540	54	49	81
120	180	400	40	36	60	630	63	57	95
180	250	460	46	41	69	720	72	65	110
250	315	520	52	47	78	810	81	73	120
315	400	570	57	51	80	890	89	80	130
400	500	630	63	57	95	970	97	87	150

表 5-7　千分尺和游标卡尺的不确定度　　　　　　　　　　　　　　　　mm

尺寸范围		计量器具类型			
		分度值 0.01 外径千分尺	分度值 0.01 内径千分尺	分度值 0.02 游标卡尺	分度值 0.05 游标卡尺
大于	至	不确定度			
0	50	0.004		0.020	0.050
50	100	0.005	0.008		
100	150	0.006			
150	200	0.007	0.013		
200	250	0.008			
250	300	0.009			
300	350	0.010	0.020		0.100
350	400	0.011			
400	450	0.012			
450	500	0.013	0.025		
500	600		0.030		
600	700				
700	1000				0.150

注：当采用比较测量时，千分尺的不确定度可小于本表规定的数值，一般可减小 40%。

表 5-8　比较仪的不确定度　　　　　　　　　　　　　　　　mm

尺寸范围		所使用的计量器具			
		分度值为 0.0005（相当于放大倍数 2000 倍）比较仪	分度值为 0.001（相当于放大倍数 1000 倍）比较仪	分度值为 0.002（相当于放大倍数 400 倍）比较仪	分度值为 0.005（相当于放大倍数 250 倍）比较仪
大于	至	不确定度			
	25	0.0006	0.0010	0.0017	0.0030
25	40	0.0007			
40	65	0.0008	0.0011	0.0018	
65	90				
90	115	0.0009	0.0012	0.0019	
115	165	0.0010	0.0013		
165	215	0.0012	0.0014	0.0020	0.0035
215	265	0.0014	0.0016	0.0021	
265	315	0.0016	0.0017	0.0022	

注：测量时，使用的标准器由 4 块 1 级（或 4 等）量块组成。

表 5-9 指示表的不确定度   mm

所使用的计量器具				
尺寸范围	分度值为 0.001mm 的千分表（0 级在全程范围内,1 级在 0.2mm 内),分度值为 0.002mm 的千分表（在 1 转范围内）	分度值为 0.001mm、0.002mm、0.005mm 的千分表（1 级在全程范围内）；分度值为 0.01mm 的百分分表（0 级在任意 1mm 内）	分度值为 0.01mm 的百分表（0 级在全程范围内,1 级在任意 1mm 内）	分度值为 0.01mm 的百分表（1 级在全程范围内）
大于	至	不确定度/mm			
	25	0.005	0.010	0.018	0.030
25	40	0.005	0.010	0.018	0.030
40	65	0.005	0.010	0.018	0.030
65	90	0.005	0.010	0.018	0.030
90	115	0.005	0.010	0.018	0.030
115	165	0.006	0.010	0.018	0.030
165	215	0.006	0.010	0.018	0.030
215	265	0.006	0.010	0.018	0.030
265	315	0.006	0.010	0.018	0.030

思 考 题

1. 我国法定计量单位中长度的基本单位是什么？它的定义是什么？
2. 测量的实质是什么？一个完整测量过程包括哪几个组成要素？
3. 量块分等、分级的依据是什么？
4. 试说明什么是测量误差？测量误差有几种表示形式？产生各类测量误差的原因是什么？
5. 试从 83 块一套的量块分别组合下列尺寸（单位 mm）：
35.935   39.875   40.79   46.38
6. 某计量器具在示值为 50mm 处的示值误差为＋0.005mm。若用该计量器具测量工件时，读数正好为 40mm，试确定该工件的实际尺寸是多少？
7. 用立式光学计，对同一被测物重复测量 10 次，各次的测得值按顺序记录如下（单位 mm），假设已消除了定值系统误差，试求测量结果。
20.042   20.043   20.040   20.043   20.042
20.040   20.043   20.042   20.042   20.043
8. 试说明光滑极限量规的种类，各有什么用途？
9. 计算检验下列孔、轴用工作量规的工作尺寸，并画出被检孔、轴和量规公差带图。
① $\phi60h8$ Ⓔ   ② $\phi18p8$ Ⓔ
10. 用光滑极限量规检验光滑工件时，通规和止规分别用来检验什么？被检验光滑工件的合格条件是什么？
11. 用两种方法分别测量两个尺寸，它们的真值分别为 30.002mm 和 69.997mm，若测得值分别为 30.004mm 和 70.002mm，试评定哪一种测量方法精度较高。

12. 已知某仪器的测量极限误差 $\delta_{\lim} = \pm 3\sigma = \pm 0.003\text{mm}$，用该仪器测量工件：

① 如果测量一次，测得值为 20.001mm，写出测量结果。

② 如果重复测量 4 次，测得值分别为 20.001mm、20.002mm、20.000mm、19.097mm，写出测量结果。

③ 要使测量结果的极限误差不超过 $\pm 0.001\text{mm}$，应重复测量多少次？

第六章 滚动轴承的互换性

第一节 概　述

一、滚动轴承的结构和种类

滚动轴承是通用性很强的标准化部件。它与滑动轴承相比具有摩擦力小、消耗功率小、启动容易及互换性更换方便等许多优点，在各类机械中作为转动支承得到了广泛应用。其组成包括内圈、外圈、滚动体（圆锥滚子或钢球）和保持架等，如图6-1所示。

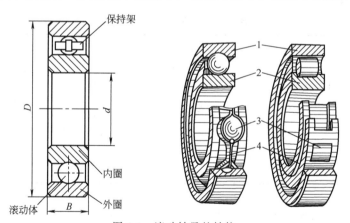

图 6-1　滚动轴承的结构
1—外圈；2—内圈；3—滚动体；4—保持架

滚动轴承的外径 D、内径 d 是配合尺寸，分别与壳体孔和轴颈相配合。滚动轴承与壳体孔及轴颈的配合属于光滑圆柱体配合，其互换性为完全互换；而滚动轴承内、外圈滚道与滚动体的装配一般采用分组装配，其互换性为不完全互换。

滚动轴承按滚动体形状可分为球轴承、圆柱（圆锥）滚子轴承和滚针轴承；按承载负荷方向又可分为向心轴承（承受径向力）、向心推力轴承（同时承受径向力和轴向力）和推力轴承（承受轴向力）。滚动轴承的工作性能和使用寿命不仅取决于本身的制造精度，还和与它配合的轴颈和壳体孔的尺寸精度、形位精度和表面粗糙度、选用的配合性质以及安装正确与否等因素有关。

二、滚动轴承配合性质要求

滚动轴承配合是指轴承安装在机器上,滚动轴承外圈外圆柱面与外壳孔的配合、内圈内圆柱面与轴颈的配合。它们的配合性质必须满足合适的游隙和必要的旋转精度。

1. 合适的游隙

轴承工作时,滚动轴承与套圈之间的径向游隙和轴向游隙(图 6-2)的大小,均应保持在合理的范围之内,以保证轴承的正常运转和使用寿命。游隙过大,会引起转轴较大的径向跳动和轴向窜动及振动和噪声。游隙过小,则会因为轴承与轴颈、外壳孔的过盈配合使轴承滚动体与内、外圈产生较大的接触应力,增加轴承摩擦发热,从而降低轴承的使用寿命。

2. 必要的旋转精度

轴承工作时,其内、外圈和端面的圆跳动应控制在允许的范围之内,以保证传动零件的回转精度。

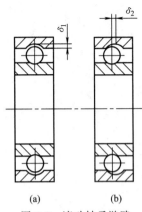

图 6-2 滚动轴承游隙
δ_1—径向游隙;δ_2—轴向游隙

三、滚动轴承代号

滚动轴承代号是表示其结构、尺寸、公差等级和技术性能等特征的产品符号,由字母和数字组成。按 GB/T 272—2017 的规定,轴承代号由前置代号、基本代号和后置代号构成,其表达方式见表 6-1。

表 6-1 滚动轴承代号的构成

前置代号	基本代号			后置代号
字母	字母和数字			字母和数字
成套轴承的分部件	×××	××	××	内径结构改变
	类型代号	宽直度径系列代号	内径代号	密封、防尘与外部形状变化 保持架结构、材料改变及轴承材料改变 公差等级和游隙 其他

1. 基本代号

基本代号是表示轴承的类型、结构尺寸的符号。基本代号由轴承类型代号、尺寸系列代号和内径代号三部分构成。

(1) 类型代号　类型代号用数字或大写拉丁字母表示,见表 6-2。

表 6-2 一般滚动轴承类型代号

轴承类型	代号	轴承类型	代号
双列角接触球轴承	0	角接触球轴承	7
调心球轴承	1	推力圆柱滚子轴承	8
调心滚子轴承和推力调心滚子轴承	2	圆柱滚子轴承	N
圆锥滚子轴承	3	双列或多列圆柱滚子轴承	NN
双列深沟球轴承	4	外球面球轴承	U
推力球轴承	5	四点接触球轴承	QJ
深沟球轴承	6	长弧面滚子轴承	C

(2) 尺寸系列代号　尺寸系列代号由轴承的宽度系列代号和直径系列代号组成,见表

6-3。直径系列代号表示内径相同的同类轴承有几种不同的外径和宽度。宽度系列表示内、外径相同的同类型轴承宽度的变化。

（3）内径代号　内径代号表示轴承的内径大小，见表 6-4。

2. 前置代号和后置代号

前置代号和后置代号是当轴承的结构形状、公差、技术要求有改变时，在轴承基本代号左右添加的补充代号，其意义见表 6-5。

前置代号用字母表示，经常用于表示轴承分部件。后置代号用字母或字母加数字表示，后置代号中内部结构代号及含义见表 6-6，公差等级代号及含义见表 6-7；配合代号及含义见表 6-8。游隙代号及含义见表 6-9。

表 6-3　向心轴承、推力轴承尺寸系列代号

直径系列代号（外径→）	向心轴承 宽度系列代号（宽度→）								推力轴承 高度系列代号（高度→）			
	8	0	1	2	3	4	5	6	7	9	1	2
	尺寸系列代号											
7	—	—	17	—	37	—	—	—	—	—	—	—
8	—	08	18	28	38	48	58	68	—	—	—	—
9	—	09	19	29	39	49	59	69	—	—	—	—
0	—	00	10	20	30	40	50	60	70	90	10	—
1	—	01	11	21	31	41	51	61	71	91	11	—
2	82	02	12	22	32	42	52	62	72	92	12	22
3	83	03	13	23	33	—	—	—	73	93	13	23
4	—	04	—	24	—	—	—	—	74	94	14	24
5										95		

注：尺寸系列代号由轴承的宽（高）度系列代号和直径系列代号组合而成。

表 6-4　轴承内径代号

轴承公称内径/mm	内　径　代　号	示　　例
0.6～10（非整数）	直接用公称内径毫米数表示，在其与尺寸系列代号之间用"/"分开	深沟球轴承 618/2.5　$d=2.5$mm
1～9（整数）	直接用公称内径毫米数表示，对深沟球轴承及角接触球轴承 7,8,9 直径系列，内径与尺寸系列之间用"/"分开	深沟球轴承 62 5　618/5　$d=5$mm
10～17	10　　00 12　　01 15　　02 17　　03	深沟球轴承　62 00　$d=10$mm
20～480（22,28,32 除外）	用公称内径除以 5 的商数表示，商数为一位数时，需在商数左边加"0"，如 08	调心滚子轴承 232 08　$d=40$mm
大于和等于 500 以上及 22,28,32	直接用公称内径毫米数表示，但在其与尺寸系列代号之间用"/"分开	调心滚子轴承 230/500　$d=500$mm 深沟球轴承 62/22　$d=22$mm

例：调心滚子轴承 23224　2 为类型代号；32 为尺寸系列代号；24 为内径代号，$d=120$mm

表 6-5　前置、后置代号

前　置　代　号		基本代号	后置代号（组）								
代号	含　　义	示例		1	2	3	4	5	6	7	8	9
F	凸缘外圈的向心球轴承（仅适于 $d\leqslant 10$mm）	F618/4		内部结构	密封与防尘套圈变形	保持架及其材料	轴承材料	公差等级	游隙	配置	振动及噪声	其他
L	可分离轴承的可分离内圈或外圈	LNU207										
R	不带可分离内圈或外圈的轴承	RNU207										
WS	推力圆柱滚子轴承轴圈	WS81107										
GS	推力圆柱滚子轴承座圈	GS81107										
KOW-	无轴圈推力轴承	KOW-51108										
KIW-	无座圈推力轴承	KIW-51108										
K	滚子和保持架组件	K81107										

表 6-6 后置代号中的内部结构代号及含义

代号	含 义	示 例
A、B、C、D、E	(1)表示内部结构改变 (2)表示标准设计,其含义随轴承的不同类型、结构而异	B①角接触球轴承公称接触角 $\alpha=40°$ 210B ②圆锥滚子轴承接触角加大 32310B C①角接触球轴承公称接触角 $\alpha=15°$ 7005C ②调心滚子轴承 C 型 23122C E 加强型① NU207E
AC	角接触球轴承公称接触角 $\alpha=25°$	7210AC
D	剖分式轴承	K50×55×20D
ZW	滚针保持架组件双列	K20×25×40ZW

① 加强型(即为内部结构设计改进),增大轴承承载能力的轴承。

表 6-7 后置代号中的公差等级代号及含义

代号	含 义	示 例
/PN	公差等级符合标准规定的 0 级,在代号中省略而不表示(普通级)	6203
/P6	公差等级符合标准规定的 6 级	6203/P6
/P6X	公差等级符合标准规定的 6X 级	30210/P6X
/P5	公差等级符合标准规定的 5 级	6203/P5
/P4	公差等级符合标准规定的 4 级	6203/P4
/P2	公差等级符合标准规定的 2 级	6203/P2

表 6-8 后置代号中配合代号及含义

代号	含 义	示 例
/DB	成对背对背安装	7210C/DB
/DF	成对面对面安装	32208/DF
/DT	成对串联安装	7210C/DT

表 6-9 后置代号中的游隙代号及含义

代 号	含 义	示 例
/C2	游隙符合标准规定的 2 组	6210/C2
/CN	游隙符合标准规定的 N 组,代号中省略不表示	6210
/C3	游隙符合标准规定的 3 组	6210/C3
/C4	游隙符合标准规定的 4 组	NN3006K/C4
/C5	游隙符合标准规定的 5 组	NNU4920K/C5

3. 滚动轴承代号示例

6208/P6

6——据表 6-2 可知,轴承类型为深沟球轴承;

02——尺寸系列代号,宽度系列代号为 0(省略),2 为直径系列代号;

08——内径代号,据表 6-4 可知内径 $d=40mm$;

P6——公差等级为 6 级。

轴承代号中的基本代号最为重要,而 7 位数字中以右起头 4 位数字最为常用。

第二节　滚动轴承的公差等级及选用

一、滚动轴承的公差等级

滚动轴承的公差等级是按其外形尺寸公差和旋转精度划分的。滚动轴承的外形尺寸公差是指轴承内圈直径、轴承外圈直径和轴承宽度尺寸的公差。滚动轴承的旋转精度是指成套轴承内(外)圈的径向跳动、成套轴承内(外)圈端面对内孔的跳动、成套轴承内(外)圈端面(背面)对滚道的跳动,在国家标准《滚动轴承通用技术规则》(GB/T 307.3—2017)中,对滚动轴承内、外圈相配合的轴和壳体孔的公差带、形位公差及表面粗糙度等都有规定。

国家标准将向心球轴承分为普通、0、6、5、4 和 2 共五级,其中,普通级精度最低,2级精度最高。圆锥滚子轴承的公差等级分为普通、6X、5、4、2 共五级。推力轴承分为普通、6、5、4 四级。6X 级轴承与 6 级轴承的内径公差、外径公差和径向跳动公差均相同,6X 级轴承装配宽度要求更严格。

二、滚动轴承公差等级选用

普通级轴承应用在中等负荷、中等转速和对旋转精度要求不高的一般机械中。如普通车床的变速、进给机构,汽车、拖拉机的变速机构,普通电机、水泵、压缩机、汽轮机中的旋转机构等。

6 级轴承应用于旋转精度和转速较高的旋转机构中。如普通机床的主轴轴承、精密机床传动轴所用的轴承等。

5、4 级轴承应用于旋转精度高的机构中,如精密机床的主轴轴承、精密仪器中所用轴承等。

2 级轴承应用于旋转精度和转速均很高的旋转机构中。如精密坐标镗床的主轴轴承、高精度仪器和高转速机构中使用的轴承。

三、滚动轴承内外径的公差带

一般情况下,轴承内圈与轴一起旋转,为防止内圈和轴颈的配合面相对滑动而产生磨损,要求配合具有一定的过盈,但由于内圈是薄壁零件,过盈量不能太大。轴承外圈装在壳体孔中,通常不旋转。工作时温度升高会使轴膨胀,两端轴承中应有一端是游动支承,因此可以把轴承外径与壳体孔的配合稍微松一点,使之能补偿轴的热胀伸长。由于滚动轴承的内、外圈都是薄壁零件,因此在制造、保管及自由状态下容易产生变形(如变成椭圆形等),但在装配后又得到矫正。鉴于此,国家标准对轴承内圈直径 d 和外圈直径 D 规定了两种形状公差和两种位置公差,向心轴承内、外圈的尺寸公差、形状公差见表 6-10、表 6-11。

表 6-10 向心轴承内圈公差

d/mm		精度等级	Δd_{mp}		Δd_s [4]		V_{dp} [1] 直径系列			V_{dmp}	K_{ia}	S_d	S_{ia} [3]	ΔB_s			V_{Bs}
							9	0,1	2,3,4					全部	正常	修正[2]	
大于	至		上偏差	下偏差	上偏差	下偏差	max	max	max	max	max	max	max	上偏差	下偏差	下偏差	max
18	30	0	0	−10	—	—	13	10	8	8	13	—	—	0	−120	−250	20
		6	0	−8	—	—	10	8	6	6	8	—	—	0	−120	−250	20
		5	0	−6	—	—	6	5	5	3	4	8	8	0	−120	−250	5
		4	0	−5	0	−5	5	4	4	2.5	3	4	4	0	−120	−250	2.5
		2	0	−2.5	0	−2.5	3	2.5	2.5	1.5	2.5	1.5	2.5	0	−120	−250	1.5
30	50	0	0	−12	—	—	15	12	9	9	15	—	—	0	−120	−250	20
		6	0	−10	—	—	13	10	8	8	10	—	—	0	−120	−250	20
		5	0	−8	—	—	8	6	6	4	5	8	8	0	−120	−250	5
		4	0	−6	0	−6	6	5	5	3	4	4	4	0	−120	−250	2.5
		2	0	−2.5	0	−2.5	3	2.5	2.5	1.5	2.5	1.5	1.5	0	−120	−250	1.5

① 直径系列 7,8 级无规定值。
② 系指用于成对或成组安装时单个轴承的内圈宽度公差。
③ 仅适应于深沟球轴承。
④ Δd_s 中 4 级公差值仅适用于直径系列 0,1,2,3 及 4。

表 6-11 向心轴承外圈公差

D/mm 大于	D/mm 至	精度等级	ΔD_{mp} 上偏差	ΔD_{mp} 下偏差	ΔD_s① 上偏差	ΔD_s① 下偏差	V_{DP}② 开放轴承 直径系列 9 max	V_{DP}② 开放轴承 直径系列 0,1 max	V_{DP}② 开放轴承 直径系列 2,3,4 max	V_{DP}② 封闭轴承 0,1,2,3,4 max	V_{mp} max	K_{ch} max	S_D max	S_{ch}③ max	ΔC_s③ 上偏差	ΔC_s③ 下偏差	V_{Cs} max
50	80	0	0	-13	—	—	16	13	10	2	10	25	—	—	与同一轴承内圈的ΔB_s相同		与同一轴承内圈的V_{Bs}相同
		6	0	-11	—	—	14	11	8	2	8	13	—	—			
		5	0	-9	—	—	9	7	7	2	5	8	8	10			6
		4	0	-7	0	-7	7	5	5	2	3.5	5	4	5			3
		2	0	-4	0	-4	4	4	4	2	2	4	1.5	5			1.5
80	120	0	0	-15	—	—	19	19	11	2	11	35	—	—	与同一轴承内圈的ΔB_s相同		与同一轴承内圈的V_{Bs}相同
		6	0	-13	—	—	16	16	10	2	10	18	—	—			
		5	0	-10	—	—	10	8	8	2	5	10	9	11			8
		4	0	-8	0	-8	8	6	6	2	4	6	5	6			4
		2	0	-5	0	-5	5	5	5	2	2.5	5	2.5	5			2.5

① 仅适应于 4，2 级轴承直径系列 0，1，2，3 及 4。
② 对 0，6 级轴承，用于内外止动环安装前或拆卸后，直径系列 7 和 8 无规定值。
③ 仅适应于深沟球轴承。

① d 和 D 最大值与最小值所允许的极限偏差（即单一内、外径偏差），其主要目的是为了限制变形量。

② 轴承套圈任一横截面内量得的最大直径 $d_{实max}$（或 $D_{实max}$）与最小直径 $d_{实min}$（或 $D_{实min}$）的平均值极限偏差（即单一平面平均内、外径偏差 Δd_{mp} 和 ΔD_{mp}），目的是用于轴承的配合。

由于滚动轴承为标准部件，因此轴承内径与轴颈的配合应为基孔制，轴承外径与外壳孔的配合应为基轴制。但这种基孔制和基轴制与普通光滑圆柱结合又有所不同，这是由滚动轴承配合的特殊需要所决定的。

轴承内、外径尺寸公差的特点是采用单向制，所有公差等级的公差都单向配置在零线下侧，即上偏差为零，下偏差为负值，如图 6-3 所示。

轴承内圈与轴一起旋转，因此要求配合面间具有一定的过盈，但过盈量不能太大。如果作为基准孔的轴承内圈仍采用基本偏差为 H 的公差带，轴颈也选用光滑圆柱结合国家标准中的公差带，这样在配合时，无论选过渡配合（过盈量偏小）或过盈配合（过盈量偏大）都不能满足轴承工作的需要。若轴颈采用非标准的公差带，则又违反了标准化与互换性的原则。国家标准 GB/T 307.1—2017 规定：内圈基准孔公差带位于以公称内径 d 为零线的下方。因此这种特殊的基准孔公差带与 GB/T 1801—2009 中基孔制的各种轴公差带构成的配合的性质，相应的比国家标准《极限与配合》中基孔制同名配合要紧得多。配合性质向过盈增加的方向转化。

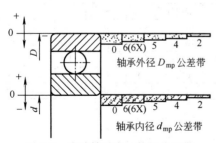

图 6-3 滚动轴承内、外径公差带

轴承外圈因安装在外壳中，通常不旋转，考虑到工作时温度升高会使轴热胀，产生轴向移动，因此两端轴承中有一端应是游动支承，可使外圈与外壳孔的配合稍松一点，为此规定轴承外圈公差带位于公称外径 D 为零线的下方，与基本偏差为 h 的公差带相类似，但公差值不同，轴承外圈采取这样的基准轴公差带与 GB/T 1801—2009 中基轴制配合的孔公差带配合，基本上保持了 GB/T 1801—2009 的配合性质。

第三节　滚动轴承与轴、外壳孔的配合及选择

一、轴颈和外壳孔的公差带

由于滚动轴承是标准件，轴承内径和外径公差带在制造时已确定，因此轴承内圈与轴颈的配合属基孔制配合，但轴承公差带均采用上偏差为零、下偏差为负的单向制分布，如图 6-4 所示。由图 6-4 可见，轴承内圈与轴颈的配合比 GB/T 1801—2009 中基孔制同名配合紧一些，g5、g6、h5、h6 轴颈与轴承内圈的配合已变成过渡配合，K5、K6、m5、m6 已变成过盈配合，其余也都有所变紧。轴承外圈与壳体孔的配合为基轴制配合，这种配合虽然尺寸公差带代号与 GB/T 1801—2009 的基轴制相同，但配合性质有差别。

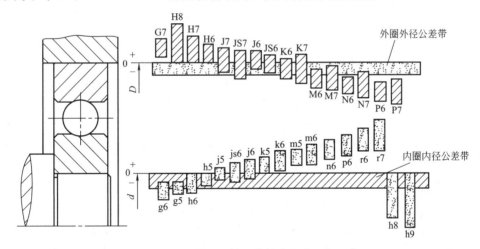

图 6-4　滚动轴承与轴和壳体孔的公差与配合

二、滚动轴承配合选择原则

合理地选择滚动轴承配合，对于保证机器的正常运转，延长轴承的使用寿命，充分发挥轴承的承载能力，满足机器的性能要求关系极大。在选择滚动轴承配合时，应综合考虑轴承的工作条件，作用在轴承上负荷的大小、方向和性质；轴承的类型和尺寸大小、轴承游隙，与轴承相配合的轴和轴承座的材料和结构、工作温度；装拆及调整等。主要综合考虑以下因素。

1. 轴承套圈的负荷类型

机器在运转时，根据作用在轴承上合成径向负荷相对于套圈的旋转情况，轴承内外圈所承受的负荷类型有以下三种。

（1）定向负荷　轴承套圈与负荷方向相对固定，即该负荷始终不变地作用在套圈的局部滚道上，套圈承受的这种负荷称为定向负荷。例如，轴承承受一个方向不变的径向负荷 F_r，

此时静止的套圈所承受的负荷即为定向负荷,如图 6-5(a)、(b)所示。承受这类负荷的套圈与壳体孔或轴的配合,一般选择较松的过渡配合或较小的间隙配合,以便让套圈滚道间的摩擦力矩带动转位,从而改善套圈的受力情况,减少滚道的局部磨损,延长轴承的使用寿命。

(2) 旋转负荷　轴承套圈与负荷方向相对旋转,即径向负荷顺次地作用在套圈的整个圆周滚道上,套圈承受的这种负荷称为旋转负荷。例如,轴承承受一个方向不变的径向负荷 F_r,此时旋转套圈所承受的负荷即为旋转负荷,见图 6-5(a)、(b)。对承受旋转负荷的套圈,与轴或壳体孔的配合应选择有过盈的配合或较紧的配合。特别对于特轻、超轻系列轴承的薄壁套圈,适当紧度的配合可使轴承在运转时受力均匀,使轴承的承载能力得以充分发挥。过盈量不能太大,否则使内圈弹性胀大而外圈缩小,影响轴承的正常运转及减少轴承的使用寿命。

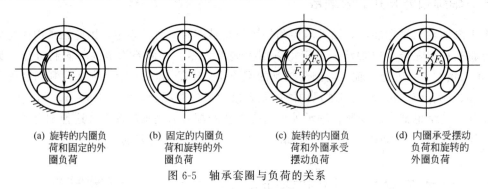

(a) 旋转的内圈负荷和固定的外圈负荷　　(b) 固定的内圈负荷和旋转的外圈负荷　　(c) 旋转的内圈负荷和外圈承受摆动负荷　　(d) 内圈承受摆动负荷和旋转的外圈负荷

图 6-5　轴承套圈与负荷的关系

(3) 摆动负荷　轴承套圈与负荷方向相对摆动,即该负荷连续摆动作用在套圈的局部滚道上,套圈承受的这种负荷在一定的区域内相对摆动。例如,轴承承受一个方向不变的径向负荷 F_r 以及一个较小的旋转负荷 F_c,两者的合成径向负荷 F 的大小将由小逐渐增大,再由大逐渐减小,周而复始地周期性变化,这样的径向载荷称为摆动负荷,见图 6-5(c)、(d)。当 $F_r > F_c$ 时,合成负荷在轴承下方 AB 区域内摆动(图 6-6),不旋转的套圈就相对于合成负荷的方向摆动,而旋转的套圈就相对于合成负荷方向旋转。$F_r < F_c$ 时,合成负荷沿整个圆周变动(图 6-6),不旋转的套圈就相对于合成负荷的方向旋转,而旋转的套圈就相对于合成负荷的方向摆动。承受摆动负荷的套圈的配合要求与旋转负荷相同或略松一点。当有冲击或振动负荷时,选择配合应适当紧些。

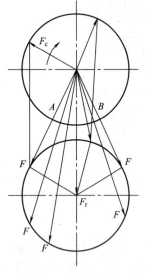

图 6-6　摆动负荷

2. 负荷的类型和大小

选用配合与轴承所受的负荷类型和大小有关,因为在负荷作用下,轴承套圈会变形,使配合面间的实际过盈量减小和轴承内部游隙增大。所以当受冲击负荷或重负荷时,一般应选择比正常、轻负荷时更紧的配合。对向心轴承负荷的大小用径向当量动负荷 P 与径向额定动负荷 C 的比值区分。即当 $P \leqslant 0.07C$ 时,为轻负荷;$0.07C < P < 0.15C$ 时,为正常负荷;$P > 0.15C$ 时,为重负荷。负荷越大配合过盈越大。

3. 轴承尺寸大小

轴承的尺寸越大,选取的配合应越紧。但对于重型机械上使用的特别大尺寸的轴承,应采用较松的配合。

4. 轴承游隙

采用过盈配合会导致轴承游隙的减小，安装后应检验轴承的游隙是否满足使用要求，以便保证所选的配合及轴承游隙。由于过盈配合使轴承径向游隙减小，如轴承的两个套圈之一必须采用过盈特大的过盈配合时，应选择具有大于基本组的径向游隙的轴承。当要求轴承的内圈或外圈能沿轴向游动时，该内圈与轴或外圈与壳体孔的配合，应选较松的配合。

5. 其他因素

（1）温度的影响　轴承工作温度一般应低于 100℃，在高于此温度中工作的轴承，应将所选配合进行适当修正。因为轴承工作时，由于摩擦发热和其他热源的影响，套圈的温度会高于相配合零件的温度。内圈的热膨胀会引起它与轴颈配合的松动，而外圈的热膨胀则会引起它与外壳孔配合变紧。

（2）旋转精度　对于负荷较大、有较高旋转精度要求的轴承，为了消除弹性变形和振动的影响，应避免采用间隙配合；对于精密机床的轻负荷轴承，为避免孔与轴的形状误差对轴承精度影响，常采用较小的间隙配合。

（3）工艺因素　为便于安装、拆卸，特别对于重型机械，宜采用较松的配合。如果既要求拆卸，又要求采用较紧配合时，可采用分离型轴承或内圈带锥孔和紧定套或退卸套的轴承。

（4）轴颈与壳体孔的结构和材料　空心轴颈比实心轴颈、薄壁壳体比厚壁壳体、铝合金壳体比钢或铸铁壳体采用的配合要紧些；而剖分式壳体比整体式壳体采用的配合要松些，以免过盈将轴承外圈夹扁，甚至将轴卡住。

影响滚动轴承配合的因素很多，难以用计算方法确定，综合考虑上述因素用类比法选取。不同类型轴承的一些配合选用可参考表 6-12～表 6-15。

表 6-12　推力轴承和外壳孔的配合及孔公差带代号

运转状态	负荷状态	轴承类型	公差带	备注
仅有轴向负荷		推力球轴承	H8	
		推力圆柱、圆锥滚子轴承	H7	
		推力调心滚子轴承	—	外壳孔与座圈间间隙为 $0.001D$（D 为轴承公称外径）
固定的座圈负荷	径向和轴向联合负荷	推力角接触球轴承、推力调心滚子轴承、推力圆锥滚子轴承	H7	
旋转的座圈负荷或摆动负荷			K7	普遍使用条件
			M7	有较大径向负荷时

表 6-13　推力轴承和轴的配合及轴公差带代号

运转状态	负荷状态	推力球轴承和推力滚子轴承	推力调心滚子轴承[②]	公差带
		轴承公称内径/mm		
仅有轴向负荷		所有尺寸		j6,js6
固定的轴圈负荷	径向和轴向联合负荷	—	≤250	j6
		—	>250	js6
旋转的轴圈负荷或摆动负荷		—	≤200	k6[①]
		—	>200～400	m6
		—	>400	n6

① 要求较小过盈时，可分别用 j6、k6、m6 代替 k6、m6、n6。
② 也包括推力圆锥滚子轴承、推力角接触球轴承。

表 6-14　向心轴承和轴的配合及轴的公差带代号

运转状态		负荷状态	深沟球轴承和角接触球轴承	圆柱滚子轴承和圆锥滚子轴承	调心滚子轴承	公差带
说明	举例		轴承公称内径/mm			
圆柱孔轴承						
旋转的内圈负荷及摆动负荷	一般通用机械、电动机、机床主轴、泵、内燃机、正齿轮传动装置、铁路机车车辆轴箱、破碎机	轻负荷	≤18	—	—	h5
			>18～100	≤40	≤40	j6①
			>100～200	>40～140	>40～100	k6①
			—	>140～200	>100～200	m6①
		正常负荷	≤18	—	—	j5 或 js5
			>18～100	≤40	≤40	k5②
			>100～140	>40～100	>40～65	m5②
			>140～200	>100～140	>65～100	m6
			>200～280	>140～200	>100～140	n6
			—	>200～400	>140～280	n6
			—	—	>280～500	r6
		重负荷	—	>50～140	>50～100	n6③
			—	>140～200	>100～140	p6
			—	>200	>140～200	r6
			—	—	>200	r7
固定的内圈负荷	静止轴上的各种轮子，张紧轮绳索、振动筛、惯性振动器	所有负荷	所有尺寸			f6①
						g6
						h6
						j6
仅有轴向负荷			所有尺寸			j6 或 js6
圆锥孔轴承						
所有负荷	铁路机车车辆轴箱		装在退卸套上的所有尺寸			h8(IT6)⑤④
	一般机械传动		装在紧定套上的所有尺寸			h9(IT7)⑤④

① 凡对精度有较高要求场合，应用 j5、k5、⋯代替 j6、k6、⋯。
② 圆锥滚子轴承、角接触球轴承配合对游隙影响不大，可用 k6、m6 代替 k5、m5。
③ 重负荷下轴承游隙应选大于 0 组。
④ 凡有较高的精度或转速要求的场合，应选 h7(IT5) 代替 h8(IT6) 等。
⑤ IT6、IT7 表示圆柱度公差数值。

表 6-15　向心轴承和外壳孔的配合及孔公差带代号

运转状态		负荷状态	其他状况	公差带①	
说明	举例			球轴承	滚子轴承
固定的外圈负荷	一般机械，铁路机车车辆轴箱、电动机、泵、曲轴主轴泵	轻、正常、重	轴向易移动，可采用剖分式外壳	H7、G7②	
		冲击	轴向能移动，可采用整体式或剖分式外壳	J7、Js7	
摆动负荷		轻、正常			
		正常、重		K7	
		冲击		M7	
旋转的外圈负荷	张紧滑轮、轮毂轴承	轻	轴向不能移动，采用整体式外壳	J7	K7
		正常		K7、M7	M7、N7
		重		—	N7、P7

① 并列公差带随尺寸的增大从左至右选择，对旋转精度有较高要求时，可相应提高一个公差等级。
② 不适用剖分式外壳。

三、配合表面的形位公差及表面粗糙度

为了保证轴承工作时的安装精度和旋转精度，还必须对与轴承相配的轴和外壳孔的配合表面提出形位公差及表面粗糙度要求。

1. 形状和位置公差

轴承的内、外圈是薄壁件，易变形，尤其是超轻、特轻系列的轴承，其形状误差在装配后靠轴颈和外壳孔的正确形状可以得到矫正。为了保证轴承安装正确、转动平稳，通常对轴颈和外壳孔的表面提出圆柱度要求。为保证轴承工作时有较高的旋转精度，应限制与套圈端面接触的轴肩及外壳孔肩的倾斜，特别是在高速旋转的场合，从而避免轴承装配后滚道位置不正，旋转不稳，因此标准又规定了轴肩和外壳孔肩的端面圆跳动公差，见表6-16。

表6-16 轴和外壳孔的形位公差

基本尺寸/mm		圆柱度 t				端面圆跳动 t_1			
		轴颈		外壳孔		轴肩		外壳孔肩	
		轴承公差等级							
		0	6(6x)	0	6(6x)	0	6(6x)	0	6(6x)
大于	至	公差值/μm							
10	18	3.0	2.0	5	3.0	8	5	12	8
18	30	4.0	2.5	6	4.0	10	6	15	10
30	50	4.0	2.5	7	4.0	12	8	20	12
50	80	5.0	3.0	8	5.0	15	10	25	15
80	120	6.0	4.0	10	6.0	15	10	25	15

2. 表面粗糙度

轴颈和外壳孔的表面粗糙，会使有效过盈量减小，接触刚度下降，导致支承不良。为此，标准还规定了与轴承配合的轴颈和外壳孔的表面粗糙度要求，见表6-17。

表6-17 轴和外壳孔的粗糙度允许值

轴或轴承座直径/mm		轴或外壳配合表面直径公差等级								
		IT7			IT6			IT5		
		表面粗糙度								
		Rz	$Ra/\mu m$		$Rz/\mu m$	$Ra/\mu m$		Rz	$Ra/\mu m$	
大于	至		磨	车		磨	车		磨	车
	80	10	1.6	3.2	6.3	0.8	1.6	4	0.4	0.8
80	500	16	1.6	3.2	10	1.6	3.2	6.3	0.8	1.6
端面		25	3.2	6.3	25	3.2	6.3	10	1.6	3.2

四、滚动轴承配合选择实例

在C616车床主轴后支承上，装有两个单列向心球轴承，其外形尺寸为 $d \times D \times B = 50\text{mm} \times 90\text{mm} \times 20\text{mm}$。试选用轴承的精度等级、轴承与轴和壳体孔的配合。并标注在图样上。

解：（1）确定轴承的公差等级。

① C616 车床属于轻载普通车床，主轴承受轻载荷。
② C616 车床的旋转精度和转速较高，选择 6 级精度的滚动轴承。

(2) 根据 C616 车床的工况特点，确定轴承与轴、轴承与壳体孔的配合。

① 轴承内圈与主轴配合一起旋转，外圈装在壳体孔中不作运动。

② 主轴后支承主要承受齿轮传递力，故轴承内圈承受旋转负荷，配合应选紧些；外圈承受局部旋转负荷，配合略松。

③ 参考表 6-13、表 6-14 选出轴公差带为 $\phi50j5$，壳体孔公差带为 $\phi90J6$。

④ 机床主轴前轴承已轴向定位，若后轴承外圈与壳体孔配合无间隙，则不能补偿主轴由于温度变化引起的主轴的伸缩性，若外圈与壳体孔配合有间隙，会引起主轴跳动，影响车床的加工精度。为了满足使用要求，将壳体公差带提高一挡，改用 $\phi90K6$。

⑤ 按滚动轴承国家标准，查表 6-10、表 6-11 得：6 级轴承单一平均内径偏差（Δd_{mp}）为 $\phi50_{-0.01}^{0}$ mm，单一平面平均外径偏差（ΔD_{mp}）为 $\phi90_{-0.013}^{0}$ mm。根据公差与配合国标 GB 1801—2017 查得，轴为 $\phi50j5_{+0.05}^{+0.06}$ mm，壳体孔为 $\phi90K6_{-0.018}^{+0.04}$ mm。

⑥ 绘出 C616 车床主轴后轴承的公差与配合图解，如图 6-7 所示，并将所选择的配合正确地标注在装配图上，如图 6-8 所示。注意在滚动轴承与轴、壳体孔的配合处只标注轴或壳体孔的公差带代号。

(3) 按表 6-16、表 6-17 查出轴和壳体孔的形位公差和表面粗糙度允许值，标注在零件图上，如图 6-9 所示。

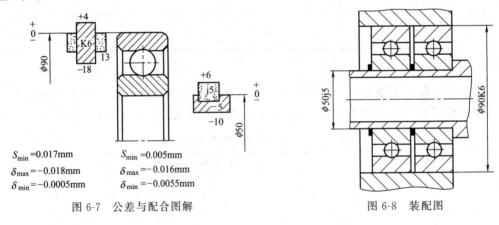

图 6-7 公差与配合图解　　　　图 6-8 装配图

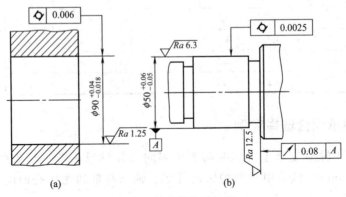

图 6-9 轴壳体孔零件图

思 考 题

1. 滚动轴承的精度等级有哪几种？代号是什么？用得较多的是哪些？
2. 滚动轴承的内、外径公差带有何特点？
3. 滚动轴承与轴颈和外壳孔的配合与圆柱体的同名配合有何不同？其标注有何特殊规定？
4. 选择滚动轴承与轴颈和外壳孔的配合时应考虑哪些因素？
5. 选择正确答案，将其填入空白处：

① 精度最高的滚动轴承是_____，最低的是_____，一般机械中使用最广的是_____。

A. P6 级　　　　　　　　B. P0 级　　　　　　　　C. P2 级

② 规定滚动轴承单一内（外）径的极限偏差主要是为了_____，规定单一平面平均内（外）径的极限偏差主要是为了_____。

A. 限制变形量过大　　　B. 方便检测　　　　　　C. 控制配合性质

③ 滚动轴承内圈在与轴配合时，采用_____，其单一平面平均直径公差带布置在零线的_____，外圈与箱体孔配合时，采用_____，其单一平面平均直径公差带布置在零线的_____。

A. 基轴制　　　　　　　B. 基孔制　　　　　　　C. 上方
D. 下方　　　　　　　　E. 两侧

④ 承受重载荷的滚动轴承套圈与轴（孔）的配合应比承受轻载荷的配合_____，承受旋转载荷的配合应比承受定向载荷的配合_____，承受平稳载荷的配合应比承受冲击载荷的配合_____。

A. 松些　　　　　　　　B. 紧些　　　　　　　　C. 松紧程度一样

⑤ 在装配图上，对于滚动轴承的内圈内径与轴颈的配合，正确的标注方法是_____。

A. 只标注内圈内径的公差带代号　　　B. 只标注轴颈的公差带代号
C. 标注内圈内径与轴颈的配合代号　　D. 无需标注

第七章 键结合的互换性及检测

第一节 键的作用及种类

通过键使轴和带毂的轴上零件（如带轮、齿轮、蜗轮和联轴器等）结合在一起的连接称为键连接。键的主要作用是实现周向固定，以传递一定的运动和转矩。其中，根据需要，键连接的零件之间也可以作轴向相对滑动，用作导向连接；有些还能实现轴向固定以传递轴向力。键连接属于可拆卸连接，在机械中应用极为广泛。

键的种类很多，主要可分为单键连接和花键连接两大类型，单键按结构类型不同可分为平键、半圆键、楔键、切向键。见表7-1。

(1) 平键连接　普通平键两侧面为工作面，工作时依靠键的侧面与键槽接触传递转矩；并承受载荷，其结构如图7-1所示。这种键连接对中性好，结构简单，拆装方便，因此应用最为广泛。但这种键连接对轴上零件无轴向固定作用，零件的轴向固定需其他零件来完成。按用途不同可分为普通平键、导向平键和滑键。

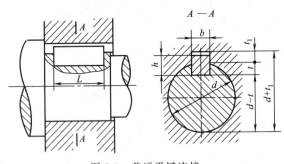

图7-1　普通平键连接

普通平键用于静连接，即轮毂与轴之间无相对移动的连接。按键的结构可分为A型（圆头）、B型（方头）、C型（半圆头）三类，见表7-1。

导向平键和滑键用于动连接，即轮毂与轴之间有轴向相对移动的连接。

(2) 半圆键连接　半圆键用于静连接，键的侧面为工作面。这种连接的优点是工艺性较好，缺点是轴上键槽较深，对轴的削弱较大，故主要用于轻载荷和锥形轴。

(3) 楔键连接　楔键连接只用于静连接。

(4) 切向键连接　切向键连接只用于静连接。

单键的形式和结构见表7-1。

表 7-1 单键的形式及结构

类型		图形	类型		图形
平键	普通平键	A型 / B型 / C型		半圆键	
	导向平键	A型 / B型	楔键	普通楔键	斜度1:100
	滑键			钩头楔键	斜度1:100
				切向键	斜度1:100

第二节　平键的互换性及检测

一、平键连接的公差与配合

1. 尺寸公差带

由图 7-1 可知，平键连接由键、轴和轮毂三个零件组成。b 为键和键槽的宽度，t 和 t_1 分别为轴槽和轮毂槽的深度，h 为键的高度，d 为轴槽和轮毂槽的直径。由于平键工作时是依靠键的侧面与键槽接触来传递转矩的，因此，国标规定平键连接的键和键槽宽度是配合尺寸，应规定为较严格的公差。其他尺寸为非配合尺寸。

键连接由于键侧面同时与轴槽和轮毂槽侧面同时接触而连接在一起，键宽同时要与轴槽和轮毂槽配合，键宽相当于广义的"轴"，而键槽宽则相当于广义的"孔"。且实际使用中又要求它们之间具有不同的配合性质，属于一轴多孔的配合情形，而键是标准件，所以根据《极限与配合》基轴制的选择原则，平键连接配合采用基轴制。其公差带见图 7-2。

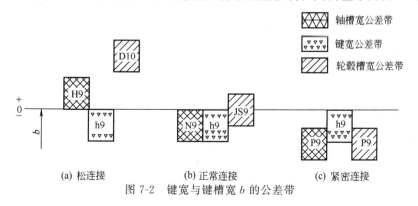

(a) 松连接　　(b) 正常连接　　(c) 紧密连接

图 7-2　键宽与键槽宽 b 的公差带

为了保证键与键槽侧面接触良好而又便于拆装，键与键槽宽采用过渡配合或小间隙配合。其中，键与轴槽宽的配合应较紧，而键与轮毂槽宽的配合可较松。对于导向平键，要求键与轮毂槽之间作轴向相对移动，要有较好的导向性，因此宜采用具有适当间隙的间隙配合。国家标准对键和键宽规定了三种基本连接，配合性质及其应用见表 7-2。

表 7-2 平键连接的三种配合性质及其应用

配合种类	尺寸 b 的公差			应 用 范 围
	键	轴槽	毂槽	
较松连接	h9	H9	D10	主要用于导向平键
一般连接		N9	Js9	键在轴上及轮毂中均固定，用于传递载荷不大的场合
较紧连接		P9	P9	键在轴上及轮毂中均固定，且较正常连接更紧。主要用于传递重载荷、冲击载荷及双向扭矩的场合

键宽 b 和键高 h（公差带按 h11）的公差值按其基本尺寸从国标中查取，键槽宽 B 及其他非配合尺寸公差规定见表 7-3、表 7-4。

表 7-3 平键的公称尺寸和槽深的尺寸及极限偏差（GB/T 1096—2003）　　mm

轴颈基本尺寸 d	键公称尺寸 $b \times h$	轴槽深 t		$d-t$	毂槽深 t_1		$d+t_1$
		公称	偏差		公称	偏差	
≤6～8	2×2	1.2			1		
>8～10	3×3	1.8			1.4		
>10～12	4×4	2.5	>+0.10	>−0.10	1.8	>+0.10	>+0.10
>12～17	5×5	3.0			2.3		
>17～22	6×6	3.5			2.8		
>22～30	8×7	4.0			3.3		
>30～38	10×8	5.0			3.3		
>38～44	12×8	5.0	>+0.20	>−0.20	3.3	>+0.20	>+0.20
>44～50	14×9	5.5			3.8		
>50～58	16×10	6.0			4.3		

表 7-4 平键、键及键槽剖面尺寸及公差（GB/T 1096—2003）　　mm

轴公称直径 d	键公称尺寸 $b \times h$	键槽										
		宽度 b					深度				半径 r	
		键宽 b	轴槽宽与毂槽宽的极限偏差					轴槽深 t		毂槽深 t_1		最大	最小
			较松连接		一般连接		较紧连接	公称	偏差	公称	偏差		
			轴 H9	毂 D10	轴 N9	毂 JS9	轴和毂 P9						
≤6～8	2×2	2	+0.025	+0.060	−0.004	±0.0125	−0.006	1.2		1			
>8～10	3×3	3	0	+0.020	−0.029		−0.031	1.8		1.4			
>10～12	4×4	4	+0.030	+0.078	0	±0.015	−0.012	2.5	+0.10	1.8	+0.10		
>12～17	5×5	5	0	+0.030	−0.030		−0.042	3.0		2.3			
>17～22	6×6	6						3.5		2.8			
>22～30	8×7	8	+0.036	+0.098	0	±0.018	−0.015	4.0		3.3		0.16	0.25
>30～38	10×8	10	0	+0.040	−0.036		−0.051	5.0		3.3			
>38～44	12×8	12						5.0		3.3			
>44～50	14×9	14	+0.043	+0.120	0	±0.0215	−0.018	5.5	+0.20	3.8	+0.20	0.25	0.40
>50～58	16×10	16	0	+0.050	−0.043		−0.061	6.0		4.3			
>58～65	18×11	18						7.0		4.4			
>65～75	20×12	20	+0.052	+0.149	0	±0.026	−0.022	7.5		4.9		0.40	0.60
>75～85	22×14	22		+0.065	−0.052		0.074	9.0		5.4			

注：1. $(d-t)$ 和 $(d+t_1)$ 两个组合尺寸的偏差按相应的 t 和 t_1 的偏差选取，但 $(d-t)$ 偏差值应取负号。
　　2. 导向平键的轴槽与轮毂槽用较松键连接的公差。

2. 键连接的形位公差

为了键和键槽侧面之间有足够的接触面积，保证工作面受力均匀，避免装配困难，限制形位误差的影响，在国家标准中，对键和键槽的形位公差做了如下规定。

① 轴槽和轮毂槽对轴线的对称度公差。根据键槽宽 b，一般按 GB/T 1184—2001《形状和位置公差》中对称度 7~9 级选取。

② 当键长 L 与键宽 b 之比大于或等于 8 时，b 的两侧面在长度方向的平行度公差也按 GB/T 1184—2001《形状和位置公差》选取，当 $b \leqslant 6$mm 时取 7 级；$b \geqslant 8 \sim 36$mm 时取 6 级；当 $b \geqslant 40$mm 时取 5 级。

3. 键连接的表面粗糙度

键槽和轮毂槽的表面粗糙度值要求为：键槽侧面取 Ra 为 $1.6 \sim 6.3 \mu m$；其他非配合面取 Ra 为 $6.3 \mu m$。

图 7-3 为正常连接的轴上键槽和轮毂槽的公差与表面粗糙度的标注示例。

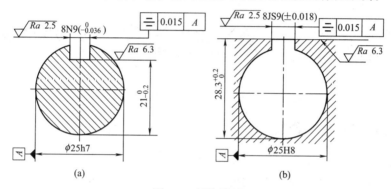

图 7-3　标注示例

二、平键连接的检测

1. 键和槽宽尺寸

在单件、小批生产中，一般用游标卡尺或千分尺等通用计量器具来测量。在大批量生产中，可用极限量规来测量。

2. 轴槽和轮毂槽深尺寸

在单件、小批生产中，一般用游标卡尺或外径千分尺测量轴尺寸 $d-t$，用游标卡尺或内径千分尺测量轮毂尺寸 $d+t_1$。在大批量生产中，一般采用专用量具（即轮毂槽深度极限量规和轴槽深度极限量规）来测量。检测键槽尺寸的极限量规见图 7-4。

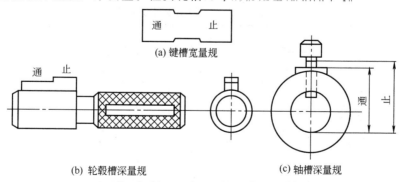

图 7-4　检测键槽尺寸的极限量规

3. 键槽对称度误差

在单件、小批生产时，用分度头、型块、百分表测量。在大批量生产时，一般用综合量规（即轮毂槽对称度量规和轴槽对称度量规）来测量。

第三节 花键连接的互换性与检测

花键连接与平键连接相比，其定心精度高，导向性好，承载能力强，因而在机械生产中获得了广泛的应用。花键连接由花键轴和花键孔两个零件组成，其种类也很多，花键可用作固定连接，也可用作滑动连接。按其键形不同，分为矩形花键、渐开线花键和三角形花键，见图7-5。但应用最广的是矩形花键，它具有连接强度高、传递扭矩大、定心精度和滑动连接的导向精度高和移动时灵活性好，以及连接更可靠等特点。

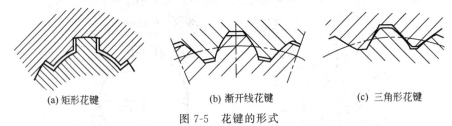

(a) 矩形花键　　(b) 渐开线花键　　(c) 三角形花键

图 7-5 花键的形式

一、矩形花键的基本参数

1. 尺寸系列

矩形花键连接由多表面构成，其主要结构尺寸有大径 D、小径 d、键宽和键槽宽 B，如图7-6所示。为便于加工和测量，键数规定为偶数，有6键、8键、10键三种。键数随小径增大而增多。按传递扭矩的大小，可分为轻系列、中系列和重系列。

轻系列：键数最少，键齿高度最小，主要用于机床制造工业。

中系列：在拖拉机、汽车工业中主要采用。

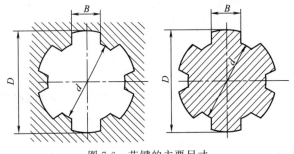

图 7-6 花键的主要尺寸

重系列：键数最多，键齿高度最大，主要用于重型机械。

轻、中系列合计35种规格。矩形花键的基本尺寸系列见表7-5。

表 7-5 矩形花键的基本尺寸系列　　　　　　　　　mm

d	轻 系 列				中 系 列			
	标记	N	D	B	标记	N	D	B
23	6×23×26	6	26	6	6×23×28	6	28	6
26	6×26×30	6	30	6	6×26×32	6	32	6
28	6×28×32	6	32	7	6×28×34	6	34	7
32	8×32×36	8	36	6	8×32×38	8	38	6
36	8×36×40	8	40	7	8×36×42	8	42	7
42	8×42×46	8	46	8	8×42×48	8	48	8
46	8×46×50	8	50	9	8×46×54	8	54	9
52	8×52×58	8	58	10	8×52×60	8	60	10
56	8×56×62	8	62	10	8×56×65	8	65	10
62	8×62×67	8	68	12	8×62×72	8	72	12
72	10×72×78	10	78	12	10×72×82	10	82	12

注：N 为键数。

2. 矩形花键连接的定心方式

在矩形花键结合中,有三个结合面,即大径结合面、小径结合面和键侧结合面,要使内、外花键的大径 D、小径 d、键宽 B 相应的结合面都同时偶合得很好,是相当困难的。因为这三个尺寸都会有制造误差,而且即使这三个尺寸都做得很准,但其相应的表面之间还会有位置误差,为了保证使用性能,改善加工工艺,只选择一个结合面作为主要配合面,对其规定较高的精度,以确定内外花键的配合性质,保证其同轴度(即定心精度),该表面称为定心表面。根据定心要素的不同,可分为三种定心方式:①按大径 D 定心;②按小径 d 定心;③按键宽 B 定心,如图 7-7 所示。

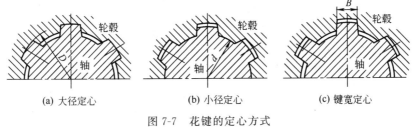

(a) 大径定心　　(b) 小径定心　　(c) 键宽定心

图 7-7　花键的定心方式

由于花键结合面的硬度通常要求较高,在加工过程中往往需要热处理。为保证定心表面的尺寸精度和形状精度,热处理后需进行磨削加工。从加工工艺性来看,小径便于磨削,较易保证较高的加工精度和表面硬度,能提高花键的耐磨性和使用寿命。因此,国家标准 GB/T 1144—2001《矩形花键尺寸、公差和检验》中,对矩形花键的定心方式只规定了小径定心一种方式。

对花键孔的大径和键槽侧面进行磨削加工较难,这几个非定心尺寸都可规定较低的公差等级,但由于花键与平键类似,也是靠键侧传递扭矩,故对键侧尺寸要求的公差等级较高。

3. 矩形花键的尺寸公差

为了减少加工和检验花键所用拉刀、量规的规格及数量,矩形花键连接采用基孔制。即内花键 d、D 和 B 的基本偏差不变,依靠改变外花键 d、D 和 B 的基本偏差,以获得不同松紧的配合。国家标准规定了内、外花键的三个主要参数:大径 D、小径 d 和键槽宽度 B 的尺寸公差带,如表 7-6 所示。

表 7-6　矩形花键的尺寸公差带(GB/T 1144—2001)

用途	内花键				外花键			装配形式
	小径 d	大径 D	键宽 B		小径 d	大径 D	键宽 B	
			拉削后不热处理	拉削后热处理				
一般用	H7	H10	H9	H11	f7	d10	滑动	
					g7		f9	紧滑动
					h7		h10	固定
精密传动用	H5	H10	H7　H9		f5	a11	d8	滑动
					g5		f7	紧滑动
					h5		h8	固定
	H6				f6		d8	滑动
					g6		f7	紧滑动
					h6		h8	固定

矩形花键连接按其使用要求分为一般用途和精密传动两类。一般级多用于传递扭矩较大的汽车、拖拉机的变速箱中；精密级多用于机床变速箱中。规定了最松的滑动配合、较松的紧滑动配合以及较紧的固定配合。在选择配合时，定心精度要求高，传动转矩大，其间隙应小；内、外花键相对滑动，花键配合长度大，其间隙应大。表 7-6 给出了矩形花键三种配合形式供选用。图 7-8 为相应的公差带。

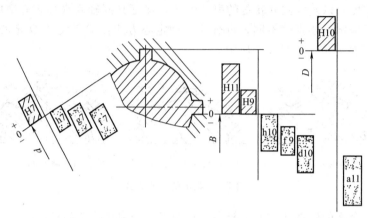

图 7-8　矩形花键的小径 d、大径 D 及键（槽）宽 B 的尺寸公差带

二、矩形花键的形位公差和表面粗糙度

1. 矩形花键的形位公差

加工内、外花键时，不可避免地会产生形位误差。为了防止形位误差给装配带来困难，影响定心精度，保证键侧和键槽侧受力均匀，故对其形位公差要加以控制。国标对花键的形位公差按照公差原则做了如下规定。

① 由于矩形花键的小径 d 既是配合尺寸，又是定心尺寸，因此，小径 d 应遵守包容要求。

② 花键的位置度公差应遵守最大实体要求。位置度公差值 t_1 见表 7-7，标注方法见图 7-9。

表 7-7　花键的位置度公差 t_1（GB/T 1144—2001）　　　　　μm

键槽宽或键宽 B/mm		3	3.5～6	7～10	12～18
键槽宽		10	15	20	25
键宽	滑动、固定	10	15	20	25
	紧滑动	6	10	13	16

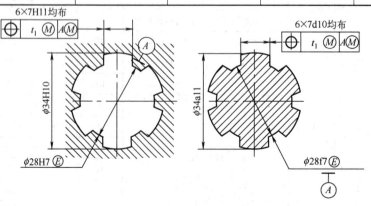

图 7-9　花键位置度公差的标注

③ 花键的对称度和等分度公差遵守独立原则。键宽的对称度公差按表 7-8 的规定，标注方法见图 7-10。花键的对称度和等分度公差只有在没有综合量规的情况下应用，一般适应于单项检验。

表 7-8 花键的对称度公差 t_2（GB/T 1144—2001）   mm

键槽宽或键宽 B		3	3.5～6	7～10	12～18
t_2	一般用	0.01	0.012	0.015	0.018
	精密传动用	0.006	0.008	0.009	0.011

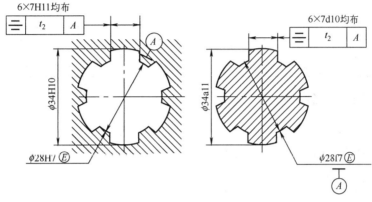

图 7-10 花键对称度公差的标注

④ 对较长的花键，可根据产品性能自行规定键侧对轴线的平行度公差。

对于精密传动用的内花键，当需要控制键侧配合间隙时，槽宽公差带可选用 H7，一般情况下可选用 H9。当内花键小径公差带为 H6 和 H7 时，允许与高一级的外花键配合。

2. 矩形花键的表面粗糙度

矩形花键各表面的粗糙度见表 7-9。

表 7-9 矩形花键表面粗糙度推荐值

加 工 表 面	内 花 键	外 花 键
	$Ra(\leqslant)/\mu m$	
小 径	1.6	0.8
大 径	6.3	3.2
键 侧	6.3	1.6

三、矩形花键连接的公差配合及选择

花键尺寸公差带选用的一般原则是：定心精度要求高或传递扭矩大时，应选用精密传动用的尺寸公差带。反之，可选用一般用的尺寸公差带。

内、外花键的配合（装配形式）分为滑动、较紧滑动和固定三种。其中，滑动连接的间隙较大；较紧滑动连接的间隙次之；固定连接的间隙最小。

内、外花键在工作中只传递扭矩而无相对轴向移动时，一般选用配合间隙最小的固定连接。除传递扭矩外，内、外花键之间还要有相对轴向移动时，应选用滑动或紧滑动连接。移动频繁，移动距离长，则应选用配合间隙较大的滑动连接，以保证运动灵活及配合面有足够

的润滑油层。为保证定心精度要求，或为使工作表面载荷分布均匀及为减少反向所产生的空程和冲击，对定心精度要求高、传递转矩大、运转中需经常反转等的连接，则应用配合间隙较小的紧滑动连接。表 7-10 列出了几种配合应用情况的推荐，可供设计时参考。

表 7-10 矩形花键配合应用的推荐

应 用	固 定 连 接		滑 动 连 接	
	配合	特征及应用	配合	特征及应用
精密传动用	H5/h5	紧固程度较高,可传递大扭矩	H5/g5	滑动程度较低,定心精度高,传递扭矩大
	H6/h6	传递中等扭矩	H6/f6	滑动程度中等,定心精度较高,传递中等扭矩
一般用	H7/h7	紧固程度较低,传递扭矩较小,可经常拆卸	H7/f7	移动频率高,移动长度大,定心精度要求不高

四、花键的标注和检测

1. 花键的标注

花键连接在图纸上的标注，按顺序包括以下项目：键数 N，小径 d，大径 D，键宽 B，花键公差带代号。示例如下：

花键规格：$N \times d \times D \times B$ $6 \times 23 \times 26 \times 6$

花键副：$6 \times 23 \dfrac{H7}{f7} \times 26 \dfrac{H10}{a11} \times 6 \dfrac{H11}{d10}$ GB/T 1144—2001

内花键：$6 \times 23H7 \times 26H10 \times 6H11$ GB/T 1144—2001

外花键：$6 \times 23f7 \times 26a11 \times 6d10$ GB/T 1144—2001

用数字与符号依次表示：键数 N、小径 d、大径 D 和键宽 B，中间均用乘号相连，即 $N \times d \times D \times B$。小径、大径和键宽的配合代号和公差代号在各自的基本尺寸之后。如图 7-11（a）为一花键副，其标注代号表示为：键数为 6，小径配合为 28H7/f7，大径配合为 34H10/a11，键宽配合为 7H11/d10。在零件图上，花键公差仍按花键规格顺序注出，如图 7-11(b)、(c) 所示。

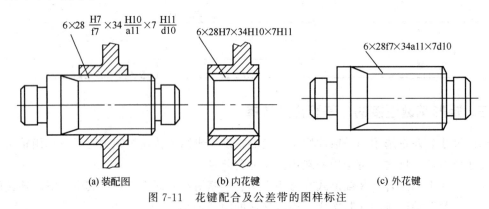

(a) 装配图　　　(b) 内花键　　　(c) 外花键

图 7-11　花键配合及公差带的图样标注

2. 花键的检测

花键的检测内容主要包括定心小径、键宽、大径三个参数的尺寸检测和形位误差检测。检测方法有综合检测法和单项检测法两种。

（1）综合检测法　采用形状与被测内花键或外花键相对应的综合塞规或环规、单项止端塞规或卡板进行检测的方法，如图 7-12 所示。

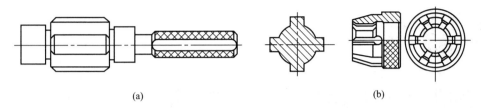

图 7-12　矩形花键综合量规

① 内花键的检验。用花键综合塞规同时检验小径、大径、键槽宽、大径对小径的同轴度和键槽的位置度等，以保证其配合要求和安装要求。并用单项止端塞规分别检验小径、大径、键槽宽，以保证其尺寸不超过最大极限尺寸。

② 外花键的检验。用花键综合环规同时检验小径、大径、键宽、大径对小径的同轴度和键槽的位置度等，以保证其配合要求和安装要求。并用单项止端卡板分别检验小径、大径、键宽，以保证其实际尺寸不小于其最小极限尺寸。

（2）单项检测法　采用千分尺、游标卡尺、指示表等通用计量器具分别对定心小径、键宽（键槽宽）、大径三个参数的尺寸和形位误差进行检测的方法。具体检测与一般长度尺寸的检测类同。

思　考　题

1. 平键连接的配合种类有哪些？它们各用于什么情况？
2. 平键连接为什么只对键槽宽度规定了较严格的公差？
3. 花键的主要尺寸是哪些？矩形花键的键数规定为哪三种？
4. 为什么国标中对矩形花键的定心只规定小径定心？
5. 某机床变速箱中，有一与矩形花键轴连接的滑动齿轮，经常需要沿花键轴作轴向的移动，花键定心表面硬度在 40HAC 以上，矩形花键的基本尺寸为 $6 \times 23 \times 28 \times 6$。求：（1）确定该矩形花键连接的配合类型及花键孔、轴三个主要参数的公差带代号；（2）确定内、外花键各尺寸的极限偏差；（3）确定内外花键的形位公差。

第八章 圆锥配合的精度设计与标注

圆锥配合是机器、仪器和工具中常用的典型机构。圆锥配合与圆柱配合相比较,圆锥配合在结构上要复杂些,影响其互换性的参数较多。在圆柱配合中,影响互换性的只有直径一个因素,而圆锥配合中,圆锥素线与其轴线成一角度,圆锥是由直径、锥度和长度构成的多尺寸要素,所以在圆锥配合中影响互换性的因素比较多。

学习圆锥配合必须了解圆锥几何参数对互换性的影响,掌握圆锥公差及其给定方法并会正确选用。

第一节 概 述

一、圆锥配合的特点

圆锥配合与圆柱配合相比较具有下列特点。

① 内、外两圆锥配合,能自动定心,易保证内、外圆锥体的轴心线具有较高的同轴度,能快速装拆,即使是多次装拆,同轴度要求也易达到。

② 圆锥配合的间隙或过盈,可以随内、外轴体的轴向相互位置不同而得到调整,且能补偿零件的磨损,延长其使用寿命。但它不适用于孔、轴轴向相互位置要求较高的配合。

③ 圆锥配合具有较好的自锁性和密封性。

④ 圆锥配合结构上比较复杂,影响互换性的参数较多,因此加工和检验也较圆柱配合困难。

二、圆锥配合的种类

圆锥配合是指基本尺寸相同的内、外圆锥直径之间,由于结合松紧不同形成的相互关系。可分为下列三种配合。

1. 间隙配合

间隙配合是指具有间隙的配合。这类配合,零件容易拆装,间隙的大小可以在装配时和使用中通过内、外圆锥的轴向相对位移来调整。间隙配合主要用于有相对转动的机构中,如圆锥滑动轴承。这种配合的锥度一般为 (1∶20)～(1∶8)。

2. 过渡配合

过渡配合是指可能具有间隙,也可能具有过盈的配合。其中,要求内、外圆锥紧密接触，间隙为零或稍有过盈的配合称为紧密配合，它用于对中定心或密封。这类配合主要用于保证定心精度或密封，可以防止漏水和漏气。如内燃机中阀门与阀门座的配合，为使圆锥面紧密接触，必须把内、外锥体配对研磨，故配合零件不能完全互换。这种配合的锥度较大，如阀门座一般采用 90°锥角。

3. 过盈配合

过盈配合是指具有过盈的配合。过盈的大小也可以通过内、外圆锥的轴向相对位移来调整。这类配合可在轴向力的作用下，以很小的过盈量产生较大的摩擦力传递转矩。例如铣床主轴锥孔与铣刀锥柄的连接。

三、圆锥配合的基本参数

圆锥分内圆锥（圆锥孔）和外圆锥（圆锥轴）两种。其参数和代号见图 8-1。

1. 圆锥角 α

圆锥角是指在通过圆锥轴线的截面内，两条素线间的夹角；$\alpha/2$ 称为斜角。

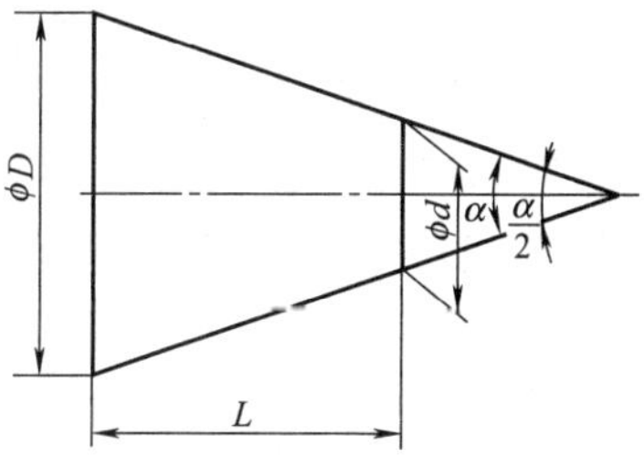

2. 圆锥直径

圆锥直径是指圆锥在垂直于其轴线的截面上的直径。常用的有最大圆锥直径 D、最小圆锥直径 d 和给定截面圆锥直径 dx。

图 8-1　圆锥的主要几何参数

3. 圆锥长度 L

圆锥长度是指最大圆锥直径截面与最小圆锥直径截面之间的轴向距离。

4. 锥度 C

锥度 C 是指两个垂直于圆锥轴线的截面的直径之差与该截面的轴向距离之比。例如最大圆锥直径 D 与最小圆锥直径 d 之差与圆锥长度 L 之比，即

$$C = \frac{D-d}{L} \tag{8-1}$$

锥度 C 和锥角 α 的关系为

$$C = 2\tan\frac{\alpha}{2} = 1 : \frac{1}{2}\cot\frac{\alpha}{2} \tag{8-2}$$

锥度关系式是圆锥的基本公式。

在零件图上，锥度一般用比例或分数的形式表示，如：1∶20 或 1/20。在图样上标注了锥度，就不必标注圆锥角，两者不应重复标注。

第二节　圆锥系列和圆锥公差

一、锥度和锥角系列

为了减少加工圆锥零件所用的定值刀具、量具的种类和规格，国家标准规定了锥度和锥角 的系列，设计时应采用标准系列中列出的标准锥度 C 和标准锥角 α。表 8-1 为 GB/T 157—2001 给出的一般用途的锥度和锥角系列。设计时应优先选用第一系列，不满足要求时才选用第二系列。表 8-2 为 GB/T 157—2001 给出的特殊用途圆锥的锥度和锥角系列。

表 8-1 一般用途的圆锥 (GB/T 157—2001)

基本值		推算值		应用举例
系列1	系列2	锥角α	锥角C	
120°	—	—	1∶0.288675	节气阀,汽车,拖拉机阀门
90°	—	—	1∶0.500000	重型顶尖,重型中心孔,阀的阀销锥体
	75°	—	1∶0.651613	埋头螺钉,小于10的螺锥
60°	—	—	1∶0.866025	顶尖,中心孔,弹簧夹头,埋头钻
45°	—	—	1∶1.207107	埋头,半埋头铆钉
30°	—	—	1∶1.866025	摩擦轴节,弹簧卡头,平衡块
1∶3		18°55′28.7″	18.924644°	—	受力方向垂直于轴线易拆开的连接
	1∶4	14°15′0.1″	14.250033°	—
1∶5		11°25′16.3″	11.421186°	—	受力方向垂直于轴线的连接,锥形摩擦离合器、磨床主轴
	1∶6	9°31′38.2″	9.527283°	—
	1∶7	8°10′16.4″	8.171234°	—
	1∶8	7°9′9.6″	7.152669°	重型机床主轴
1∶10		5°43′29.3″	5.724810°	—	受轴向力和扭转力的连接处,主轴承受轴向力
	1∶12	4°46′18.8″	4.771888°	—
	1∶15	3°49′15.9″	3.818305°	—	承受轴向力的机件,如机车十字头轴
1∶20		2°51′51.1″	2.864192°	—	机床主轴,刀具刀杆尾部,锥形铰刀,芯轴
1∶30		1°54′34.9″	1.909683°	—	锥形铰刀,套式铰刀,扩孔钻的刀杆,主轴颈
1∶50		1°8′45.2″	1.145877°	—	锥销,手柄端部,锥形铰刀,量具尾部
1∶100		34′22.6″	0.572953°	—	受静变负载不拆开的连接件,如芯轴等
1∶200		17′11.3″	0.286478°	—	导轨镶条,受震及冲击负载不拆开的连接件
1∶500		6′52.5″	0.114592°	—	

表 8-2 特殊用途的圆锥 (GB/T 157—2001)

基本值	推算值			说明
	圆锥角α		锥度C	
7∶24	16°35′39.4″	16.594290°	1∶3.428571	机床主轴,工具配合
1∶19.002	3°0′52.4″	3.014554°	—	莫氏锥度 No.5
1∶19.180	2°59′11.7″	2.986590°	—	莫氏锥度 No.6
1∶19.212	2°58′53.8″	2.981618°	—	莫氏锥度 No.0
1∶19.254	2°58′30.4″	2.975117°	—	莫氏锥度 No.4
1∶19.922	2°52′31.5″	2.875401°	—	莫氏锥度 No.3
1∶20.020	2°51′40.8″	2.861332°	—	莫氏锥度 No.2
1∶20.047	2°51′26.9″	2.857480°	—	莫氏锥度 No.1

二、圆锥公差

圆锥公差标准适用的锥度（1∶3）～（1∶500），圆锥长度 6～630mm 的光滑圆锥零件。标准中的锥角公差也适用于棱锥的角度。

圆锥公差分为圆锥直径公差、锥角公差、圆锥的形状公差及给定截面圆锥直径公差。

1. 圆锥直径公差 T_D

圆锥直径公差是指圆锥直径允许的变动量，即最大圆锥直径 D_{max}（或 d_{max}）与最小圆锥直径 D_{min}（或 d_{min}）之差。

在圆锥轴向截面内，两个极限圆锥 B 所限定的区域就是圆锥直径的公差带 Z。其中极限圆锥是指允许的最大和最小圆锥，直径分别为最大极限尺寸和最小极限尺寸的两个圆锥，这两个圆锥共轴，并在任意截面上最大和最小直径之差都相等，即其圆锥角相同，如图 8-2 所示。

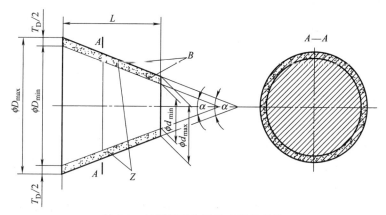

图 8-2 极限圆锥和圆锥直径公差带

圆锥直径公差 T_D 是以基本圆锥直径（通常取大端直径 D）作为基本尺寸规定的尺寸公差，其数值可按 GB/T 1800.3—1998 选取。

有配合要求的圆锥结合，一般采用基孔制，标准公差选用 IT5～IT8。至于无配合要求的圆锥，其偏差可选用双向对称标注，例如 $\phi 80 js10$（±0.06）。

2. 锥角公差 AT

锥角公差是指锥角的允许变动量，即最大与最小锥角之差。在圆锥轴向截面内，由最大和最小极限圆锥角 α_{max}、α_{min} 所限定的区域，称为圆锥角公差带，如图 8-3 所示。

通常情况下当功能上无特殊要求时，则圆锥角误差由圆锥直径来限制。如果对锥角有更严格的要求时，则应另行规定锥角公差或锥度公差。

锥角公差共分 12 个公差等级，公差等级从高至低分别以 AT1、AT2、…、AT12 表示。

锥角公差 AT，当圆锥角公差以弧度或角度为单位时，用代号 AT_α 表示；以长度为单位时，用代号 AT_D 表示。其值见表 8-3。AT_α 值与圆锥直径无关，而与圆锥长度 L 有关。对于同一

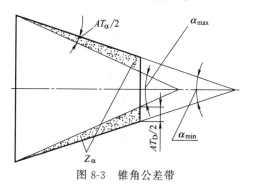

图 8-3 锥角公差带

公差等级，L 越长，则圆锥角精度越容易保证，故 AT_α 值就规定得越小。

表 8-3 圆锥角公差（GB/T 11334—1989）

基本圆锥长度 L/mm		AT5			AT6			AT7		
		AT_α		AT_D	AT_α		AT_D	AT_α		AT_D
大于	至	μrad	(′)(″)	μm	μrad	(′)(″)	μm	μrad	(′)(″)	μm
25	40	160	33″	>4.0~6.3	250	52″	>6.3~10.0	400	1′22″	>10.0~16.0
40	63	125	26″	>5.0~8.0	200	41″	>8.0~12.5	315	1′05″	>12.5~20.0
63	100	100	21″	>6.3~10.0	160	33″	>10.0~16.0	250	52″	>16.0~25.0
100	160	80	16″	>8.0~12.5	125	26″	>12.5~20.0	200	41″	>20.0~32.0
160	250	63	13″	>10.0~16.0	100	21″	>16.0~25.0	160	33″	>25.0~40.0

基本圆锥长度 L/mm		AT8			AT9			AT10		
		AT_α		AT_D	AT_α		AT_D	AT_α		AT_D
大于	至	μrad	(′)(″)	μm	μrad	(′)(″)	μm	μrad	(′)(″)	μm
25	40	630	2′10″	>16.0~20.5	1000	3′26″	<25~40	1600	5′30″	>40~63
40	63	500	1′43″	>20.0~32.0	800	2′45″	>32~50	1250	4′18″	>50~80
63	100	400	1′22″	>25.0~40.0	630	2′10″	>40~63	1000	3′26″	>63~100
100	160	315	1′05″	>32.0~50.0	500	1′43″	>50~80	800	2′45″	>80~125
160	250	250	52″	>40.0~63.0	400	1′22″	>63~100	630	2′10″	>100~160

注：1. 1μrad 等于半径为 1m，弧长为 1μm 所对应的圆心角。5μrad≈1″，300μrad≈1′。

2. 查表示例 1：L 为 63mm，选用 AT7，查得 AT_α 为 315μrad 或 1′05″，则 AT_D 为 20μm。示例 2：L 为 50mm，选用 AT7，查表得 AT_α 为 315μrad 或 1′05″，则 $AT_D = AT_\alpha \times L \times 10^{-3} = 315 \times 50 \times 10^{-3} = 15.75$μm，取 AT_D 为 15.8μm。

AT_D 和 AT_α 的换算关系为

$$AT_D = AT_\alpha \times L \times 10^{-3} \tag{8-3}$$

圆锥角的极限偏差可按单向取值（$\alpha^{+AT_\alpha}_{0}$ 或 $\alpha^{0}_{-AT_\alpha}$），或者双向对称取值（$\alpha \pm AT_\alpha/2$）。为了保证内、外圆锥接触的均匀性，圆锥角公差带通常采用对称于基本圆锥角分布。

3. 圆锥的形状公差 T_F

圆锥的形状公差包括素线直线度公差和横截面圆度公差。在图样上可以标注圆锥的这两项形状公差或其中某一项公差。

（1）**圆锥素线直线度公差** 在任一轴向截面内，允许实际素线形状的最大变动量。圆锥素线直线公差带是在给定截面上，距离为公差值 T_F 的两条平行直线间的区域。

（2）**圆锥横截面圆度公差带** 在任一横截面内，允许截面形状的最大变动量。截面圆度公差带是半径差为公差值 T_F 的两个同心圆之间的区域。

圆锥的这两项公差值可按 GB/T 13319—1991 选取。

4. 给定截面圆锥直径公差 T_{DS}

给定截面圆锥直径公差是指在垂直圆锥轴线的给定截面内，圆锥直径允许的变动量。其公差带为在给定的圆锥截面内，由两个同心圆所限定的区域。

三、圆锥公差的确定方法

圆锥有四个公差项目，设计圆锥配合时不必全部给出，应根据零件的功能要求从中选取所需要的公差项目。我国的国家标准 GB/T 11334—1989 规定了两种圆锥公差的给定方法。

1. 给定圆锥的理论正确圆锥角 α（或锥度 C）和圆锥直径公差 T_D

用圆锥直径公差确定两个极限圆锥，将圆锥角误差和圆锥形状误差确定在此公差带内，这相当于包容要求。标注时应在圆锥极限偏差后面加注符号"Ⓔ"，如图 8-4 所示。

如果对圆锥角公差和圆锥形状公差有更高要求，可再加注圆锥角公差 AT 和圆锥形状公

差 T_F，但 AT 和 T_F 只能占 T_D 的一部分，也可以通过压缩 T_D 的方法达到设计要求，视加工和检验的具体情况而定。

这种给定方法是设计中常采用的一种方法，适用于有配合要求的内、外圆锥体。

2. 同时给出给定截面圆锥直径公差 T_{DS} 和圆锥角公差 AT

T_{DS} 只用于控制给定截面的圆锥直径误差，给定的圆锥角公差 AT 只用来控制圆锥角误差。两种公差各自独立，圆锥应分别满足要求，按独立原则解释。当对圆锥形状精度要求较高时，再单独给出圆锥形状公差 T_F，一般情况下可不必标注。

T_{DS} 和 AT 的关系如图 8-5 所示。当给定截面圆锥直径 $d_{x\max}$ 时，圆锥角公差带为上边两对顶三角形内的区域；当给定截面圆锥直径 $d_{x\min}$ 时，圆锥角公差带为下边两对顶三角形内的区域。圆锥角公差带随 d_x 实际尺寸浮动。

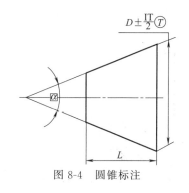

图 8-4　圆锥标注

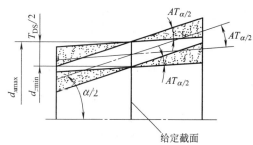

图 8-5　给定截面圆锥直径公差和圆锥角公差

第三节　圆锥配合的精度设计

一、圆锥配合的形成方式

圆锥配合的特点是可通过调整内、外圆锥之间的轴向相对位置而得到各种性质的配合。按照确定内、外圆锥最终的轴向相对位置采用的方式，圆锥配合的形成可分为下列两种方式。

1. 结构型圆锥配合

由内、外圆锥本身的结构或基面距（内、外圆锥基准平面之间的距离）确定装配后的轴向位置，来得到指定的圆锥配合。这种形成方式可获间隙配合、过渡配合和过盈配合。

例如图 8-6 是靠外圆锥的轴肩与内圆锥端面的接触，使两者的轴向位置确定，从而得到指定的间隙配合。图 8-7 是通过基面距 a 来确定两者的轴向位置，从而获得指定的过盈配合。

结构型圆锥配合的内、外圆锥的轴向相对位置是确定的，它们的配合性质取决于内外圆锥的直径公差带。其极限间隙或过盈以及配合公差的计算，与光滑圆柱配合相同。

2. 位移型圆锥配合

位移型圆锥配合指规定内、外圆锥的轴向相对位移或产生位移的轴向力的大小，以确定内、外圆锥的轴向位置，从而获得指定的圆锥配合。例如图 8-8 所示的圆锥配合，由内、外圆锥不受轴向力的情况下相接触的实际初始位置 P_a 开始，内圆锥作一定的轴向位移 E_a，达到终止位置 P_f 即可获得指定的间隙配合。图 8-9 所示圆锥配合，则是由初始位置 P_a 开始，对内圆锥施加一定的装配轴向力 F_s，使内圆锥产生轴向位移到终止位置 P_f，即可获得指定的过盈配合。

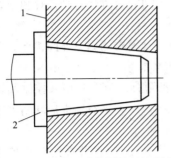 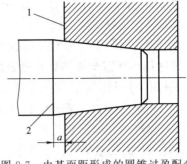

图 8-6　由结构形成的圆锥间隙配合　　　　图 8-7　由基面距形成的圆锥过盈配合
1—内圆锥端面；2—外圆锥轴肩　　　　　　1—内圆锥端面；2—外圆锥轴截交线

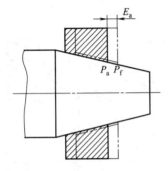 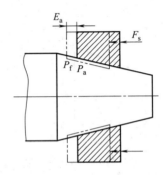

图 8-8　由轴向位移形成的圆锥间隙配合　　　图 8-9　由施加装配轴向力形成的圆锥过盈配合

二、圆锥配合的精度设计方法

结构型圆锥配合或位移型圆锥配合的精度设计，均可按照给定圆锥的理论正确圆锥角 α（或锥度 C）和圆锥直径公差 T_D 的方法设计。

1. 结构型圆锥配合的精度设计

由于结构型圆锥配合的轴向相对位置是确定的，配合性质主要取决于内、外圆锥的直径公差带，因此其精度设计方法与光滑圆柱的轴、孔配合相同。

（1）公差等级的选择　按 GB/T 1800.3—1998 选取公差等级。

（2）基准制的选择　优先采用基孔制，即内圆锥直径的基本偏差取 H。

（3）配合的选择　当采用基孔制时，则主要确定外圆锥直径的基本偏差，根据极限间隙或过盈的大小，以确定外圆锥直径的基本偏差，从而获得其配合。圆锥直径的配合还可以从 GB/T 1801—1999 中规定的优先和常用配合中选取。

当圆锥配合的接触精度要求较高时，可给出圆锥角公差和圆锥形状公差。其数值可从表 8-3 及 GB/T 13319—1991 的相应表格中选取，但其数值应小于圆锥直径公差。

2. 位移型圆锥配合的精度设计

位移型圆锥配合的配合性质是由轴向位移或轴向装配力决定的，因而圆锥直径公差带仅影响初始位置，但不影响其配合性质。

对位移型圆锥配合，内、外圆锥直径的极限偏差采用 H/h 或 JS/js。轴向位移极限值计算式如下。

间隙配合

$$E_{a\max} = S_{\max}/C \tag{8-4}$$
$$E_{a\min} = S_{\min}/C \tag{8-5}$$

过盈配合

$$E_{a\max} = \delta_{\max}/C \tag{8-6}$$
$$E_{a\min} = \delta_{\min}/C \tag{8-7}$$

轴向位移公差
$$T_E = E_{\max} - E_{\min} \tag{8-8}$$

【例 8-1】 有一位移型圆锥配合，锥度 C 为 1∶20，内、外圆锥的基本直径为 60mm，要求装配后得到 H7/u6 的配合性质。试计算由初始位置开始的最小与最大轴向位移。

解：按 ϕ60H7/u6，由 GB/T 1801—1999 查得 $\delta_{\min} = -0.057$mm，$\delta_{\max} = -0.106$mm
按式（8-4）、式（8-5）计算得：

最小轴向位移 　　　$E_{a\min} = \delta_{\min}/C = 0.057 \times 20 = 1.14$(mm)

最大轴向位移 　　　$E_{a\max} = \delta_{\max}/C = 0.106 \times 20 = 2.12$(mm)

三、圆锥配合精度设计实例

【例 8-2】 某铣床主要轴端与齿轮孔连接，采用圆锥加平键的连接方式，其基本圆锥直径为大端直径 $D = \phi 88$mm，锥度 $C = 1∶15$。试确定此圆锥的配合及内外圆锥体的公差。

解：由于此圆锥配合采用圆锥加平键的连接方式，即主要靠平键传递转矩，因而圆锥面主要起定位作用。所以，圆锥公差可按标准规定的第一种方法给定，即只需给出圆锥理论正确的圆锥角 α（或锥度 C）和圆锥直径公差 T_D。此时，锥角误差和圆锥形状误差都由圆锥直径公差 T_D 来控制。

（1）确定公差等级　圆锥直径的标准公差一般为 IT5～IT8。从满足使用要求和加工的经济性出发，外圆锥直径标准公差选 IT7，内圆锥直径标准公差选 IT8。

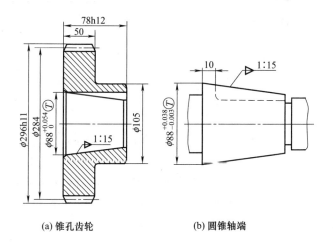

(a) 锥孔齿轮　　　(b) 圆锥轴端

图 8-10　内、外圆锥连接

（2）确定基准制　对于结构型圆锥配合，标准推荐优先采用基孔制，则内圆锥直径的基本偏差取 H，其公差带代号为 H8，即 $\phi 88H8 = \phi 88^{+0.054}_{0}$（由 GB/T 1800.3—1998 查得）。

（3）确定圆锥配合　由圆锥直径误差的影响分析可知，为使内、外锥体配合时轴向位移两变化量最小，则外圆锥直径的基本偏差选 k 即可满足要求。此时，外圆锥直径公差带代号为 k7，即 $\phi 88k7 = \phi 88^{+0.038}_{+0.003}$（由 GB/T 1800.3—1998 查得）。

由于锥角和圆锥的形状误差都控制在直径公差带内，标注时应在圆锥直径的极限偏差后加注符号"⑦"，如图 8-10 所示。

第四节　角度和锥度的检测

一、直接测量圆锥角

直接测量圆锥角是指用光学测角仪、万能角度尺等计量器具测量圆锥角的实际数值。

二、用量规检验圆锥角偏差和基面距偏差

圆锥量规分为圆锥塞规和环规，在成批生产中用于检验内、外圆锥工件的锥度和基面距偏差。

用圆锥量规检验，通常是按照圆锥量规相对于被检验工件端面的轴向移动（基面距偏差）来判断是否合格，为此，在圆锥量规的大端或小端刻有两条相距为 z 值的小台阶，而 z 值相当于工件的基面距公差，如图 8-11、图 8-12 所示。

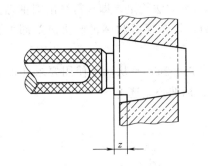

图 8-11　用圆锥塞规检验内圆锥角偏差

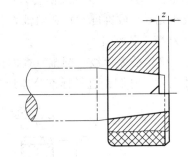

图 8-12　用圆锥环规检验外圆锥角偏差

由于圆锥配合时，通常是锥角公差要求高，直径公差要求低，所以，当用圆锥量规检验时，首先以单项检验锥度，采用涂色法，即在圆锥塞规（环规）工作表面素线全长上，涂 3～4 条极薄的显示剂（红丹或蓝油），然后轻轻地和工件对研，来回旋转应小于 180°，根据显示剂接触面积的位置和大小来判断锥角的实际值合格与否。其次再用圆锥塞规（环规）按基面距偏差作综合的检验，被检验工件的最大圆锥直径处于圆锥塞规（环规）两条刻线之间，则表示该综合结果合格。

三、间接测量圆锥角或锥度

间接测量圆锥角和锥度是指测量与被测锥角或锥度有一定函数关系的若干线性尺寸，然后通过函数关系计算出被测圆锥角的实际值或锥度值。通常使用指示式计量器具和正弦尺、量块、滚子、钢球进行测量。

思 考 题

1. 圆锥配合有哪些优点？

2. 圆锥配合分为哪几类？各适用于什么场合？

3. 有一外圆锥，已知最大圆锥直径 $D_e=20$mm，最小圆锥直径 $d_e=5$mm，圆锥长度 $L=100$mm，试求其锥度及圆锥角。

4. C620-1 车床尾架顶针套与顶针结合采用莫氏锥度 No.4，顶针的基本圆锥长度 $L=118$mm，圆锥角公差等级为 AT9。试查出其基本圆锥角 α 和锥度 C 以及锥角公差值。

5. 圆锥的轴向位移公差和初始位置公差的区别是什么？

第九章

渐开线圆柱齿轮传动的互换性及其检测

在各种机器和仪器的传动装置中，齿轮传动的应用非常广泛。齿轮的精度在一定程度上影响着整台机器和仪器的精度、工作性能和使用寿命。为了保证齿轮传动的精度和互换性，我国公布了相应的国家标准《渐开线圆柱齿轮精度》。本章结合该标准，介绍渐开线圆柱齿轮传动的误差、测量及公差的有关知识。目前我国推荐使用的渐开线圆柱齿轮标准为 GB/T 10095.1~2—2008《渐开线圆柱齿轮精度》、GB/Z 18620.1~2—2008《圆柱齿轮检验实施规范》。

第一节 概 述

一、对齿轮传动的使用要求

对齿轮传动主要有以下四个方面的使用要求。

① 传递运动的准确性。要求从动轮与主动轮运动协调，限制从动齿轮在转动一周的范围内传动比的变化幅度。

从齿轮啮合原理可知，在理论上，一对渐开线齿轮传动过程中，两轮之间的传动比是恒定的，如图 9-1(a) 所示，这时传递运动是准确的。但实际上由于齿轮的制造和安装误差，

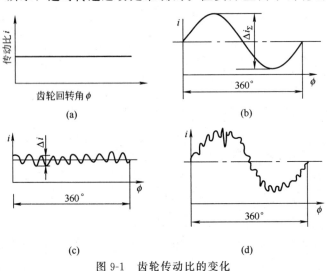

图 9-1 齿轮传动比的变化

在从动轮转过 360°的过程中，两轮之间的传动比是呈周期性变化的，如图 9-1(b) 所示，使从动轮在一转过程中，其实际转角往往不同于理论转角，发生转角误差，导致传递运动不准确。这种转角误差常影响产品的使用性能，必须加以限制。

② 传递运动的平稳性。要求瞬时传动比的变化幅度小。由于齿轮齿廓制造有误差，在一对轮齿啮合过程中，传动比发生高频的瞬时突变，如图 9-1(c) 所示。传动比的这种小周期的变化将引起齿轮传动产生冲击、振动和噪声等现象，影响平稳传动的质量，也必须加以控制。

实际传动过程中，上述两种传动比变化同时存在，如图 9-1(d) 所示。

③ 载荷分布均匀性。齿轮在传递载荷时，若齿面上的载荷分布不均匀，将会因载荷集中于齿面局部区域而导致齿面产生应力集中，引起齿面的磨损加剧、点蚀甚至轮齿折断。载荷分布的均匀性就是要求齿轮相互啮合的齿面应有良好的接触，其接触的痕迹应足够大，以使轮齿均匀承载，从而提高轮齿的承载能力和使用寿命。要求一对齿轮啮合时，工作齿面要保证接触良好，避免应力集中，减少齿面磨损，提高齿面强度和寿命。这项要求可用沿轮齿齿宽和齿高方向上保证一定的接触区域来表示，如图 9-2 所示，对齿轮的此项精度要求又称为接触精度。

④ 合理的齿侧间隙。在齿轮传动中，为了储存润滑油，补偿齿轮受力变形和热变形以及齿轮制造和安装误差，相互啮合轮齿的非工作面之间应留有一定的齿侧间隙。否则齿轮传动过程中可能会出现卡死或烧伤的现象。但该侧隙也不能过大，尤其是对于经常需要正反转的传动齿轮，侧隙过大，会产生空程，引起换向冲击。因此，应合理地确定侧隙的数值，要求一对齿轮啮合时，在非工作齿面间应存在间隙，如图 9-3 所示，法向侧隙 j_{bn} 是为了使齿轮传动灵活，用以储存润滑油、补偿齿轮的制造与安装误差以及热变形等所需的侧隙。否则齿轮传动过程中会出现卡死或烧伤。在圆周方向测得的间隙为圆周侧隙 j_{wt}。

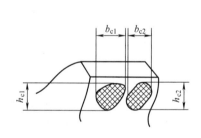

图 9-2 接触区域

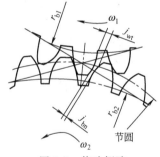

图 9-3 传动侧隙

不同用途和不同工作条件下的齿轮，对上述四项要求的侧重点是不同的。读数装置和分度机构的齿轮，主要要求传递运动的准确性，而对接触均匀性的要求往往是次要的。如果需要正反转，应要求较小的侧隙。

对于低速重载齿轮（如起重机械、重型机械），载荷分布均匀性要求较高，而对传递运动准确性则要求不高。

对于高速重载下工作的齿轮（如汽轮机减速器齿轮），则对运动准确性、传动平稳性和载荷分布均匀性的要求都很高，而且要求有较大的侧隙以满足润滑需要。

二、齿轮加工误差的来源及影响

齿轮的加工误差主要来源于加工工艺系统，如齿轮加工机床的误差、刀具的制造与安装误差等。现以滚齿加工为例，将上述误差归纳为以下几个方面：

1. 几何偏心

几何偏心是齿坯在机床上加工时的安装偏心。造成安装偏心的原因是由于齿坯定位孔与机床芯轴之间有间隙,使齿坯定位孔中心 $O'—O'$ 与机床工作台的回转中心 $O—O$ 不重合,如图 9-4 所示。

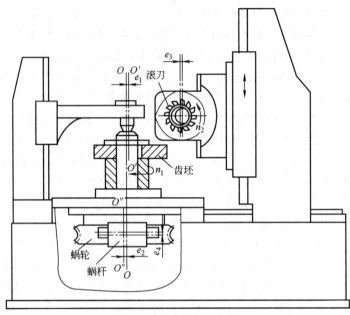

图 9-4 滚齿机加工齿轮

具有几何偏心的齿轮（图 9-5）,一边的齿高增大,另一边的齿高减小。轮齿在以 O 为圆心的圆周上分布是均匀的,但在以 O' 为圆心的圆周上分布是不均匀的。齿轮工作时不能保证回转中心与几何中心重合,所以齿距呈周期性的变化。

2. 运动偏心

它是由机床分度蜗轮中心与工作台回转中心不重合引起的。加工齿轮时,由于分度蜗轮的中心 $O''—O''$ 与机床工作台的回转中心 $O—O$ 不重合（图 9-4）,使分度蜗轮与蜗杆的啮合半径发生变化,导致工作台连同固定在其上的齿坯以一转为周期时快时慢的旋转。这种由分度蜗轮旋转速度变化引起的偏心称为运动偏心。具有运动偏心的齿轮（图 9-6）,齿坯相对于滚刀无径向位移,但有分度圆切线方向的位移,因而使分度圆上齿距大小呈周期性变化。

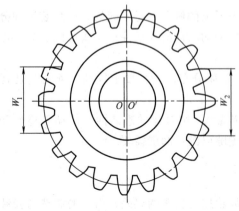

图 9-5 具有几何偏心的齿轮

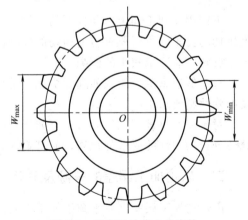

图 9-6 具有运动偏心的齿轮

3. 机床传动链的高频误差

它是指分度蜗杆的径向跳动和轴向窜动引起的轮齿的高频误差，如齿形误差和齿距误差等。

4. 滚刀的制造和安装误差

它主要指滚刀的径向跳动、轴向窜动，滚刀的齿形误差和基节误差等。这是造成被加工齿轮齿形误差和基节误差的主要原因。

由于滚齿过程是滚刀对齿坯周期地连续切削过程，因此，加工误差具有周期性，这是齿轮误差的特点。上述四方面的加工误差中，前两种因素所产生的误差以齿轮一转为周期，称为长周期误差（低频误差）；后两种因素产生的误差，在齿轮一转中，多次重复出现，称为短周期误差（或高频误差）。

为了便于分析齿轮各种误差对齿轮质量的影响，按误差相对于齿轮的方向，又分为径向误差（由几何偏心、刀具径向跳动等原因引起的误差）、切向误差（如由运动偏心、刀具轴向窜动等原因引起的误差）和轴向误差（如由于滚刀导轨的倾斜和齿坯端面对定位孔中心线不垂直等原因引起的误差）。

第二节 单个齿轮的误差项目及其检测

本节主要介绍齿轮精度的评定指标及检测。要求重点掌握影响齿轮传动四项使用要求的各项偏差指标，做到明确每项评定指标的代号、定义、作用及检测方法。

在齿轮标准中，齿轮误差、偏差统称为齿轮偏差，将偏差与公差共用一个符号表示，例如 $F_α$ 表示齿廓总偏差，又表示齿廓总公差。单项要素测量所用的偏差符号用小写字母（如 f）加上相应的下标表示。

一、影响齿轮传动平稳性的因素及检测参数

1. 影响传动平稳性的因素

影响齿轮传递平稳性的因素主要是同侧齿面间的各类短周期误差。造成这类偏差的主要原因是齿轮加工过程中的刀具误差、机床传动链误差等。

2. 保证传动平稳性参数的检测

（1）一齿切向综合偏差 f_i'　f_i' 是指在一个齿距内的切向综合偏差。如图 9-7 所示，在一个齿距角（$360°/z$）内，过偏差曲线的最高、最低点作与横坐标轴平行的两条直线，两平行线间的距离即为 f_i'。在图 9-7 曲线上小波纹最大幅度值为 f_i'。

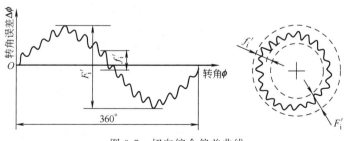

图 9-7　切向综合偏差曲线

f_i' 反映齿轮一齿距角内的转角误差，在齿轮一转中多次重复出现，是评定齿轮传动平稳性精度的一项指标。

f_i' 与切向综合总偏差一样,用单啮仪进行测量。

(2) 一齿径向综合偏差 f_i'' f_i'' 是指被测齿轮在径向(双面)综合检验时,对应一个齿距角的径向综合偏差值。如图 9-8(b) 所示。

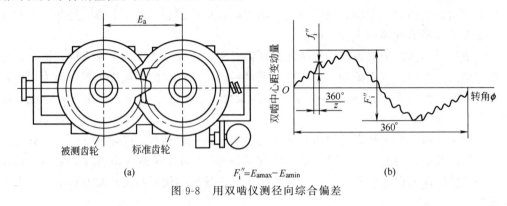

图 9-8 用双啮仪测径向综合偏差

f_i'' 采用双啮仪测量。f_i'' 反映齿轮的短周期径向误差,由于仪器结构简单,操作方便,所以在成批生产中广泛使用。

(3) 齿形误差 f_f f_f 是在齿轮端截面上齿形工作部分(齿顶倒棱部分除外),包容实际齿形且距离为最小的两条设计齿形之间的法向距离(图 9-9)。

通常的齿形工作部分为理论渐开线。齿轮设计中,有时需要对理论渐开线作些修正(如修缘齿形、凸齿形等),此时就应以修正齿形作为设计齿形。

齿形误差的存在,将破坏齿轮副的正常啮合,使啮合点偏离啮合线,从而引起瞬时传动比的变化,导致传动不平稳,所以它是反映一对轮齿在啮合过程中平稳性的指标。

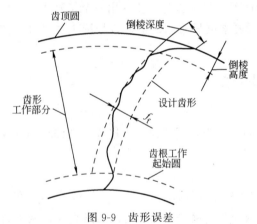

图 9-9 齿形误差

齿形误差可在渐开线检查仪上测量。渐开线检查仪有单圆盘式和万能式两种。单圆盘式对每种规格的被测齿轮需要一个专用的基圆盘,只适用于成批生产;万能式则不需要专用基圆盘,但结构复杂,价格较贵。图 9-10(a) 所示是单圆盘渐开线检查仪的工作原理。仪器通过直尺 2 和基圆盘 1 的纯滚动产生精确的渐开线。被测齿轮 3 与基圆盘同轴安装。传感器 4 和测头装在直尺上面,随直尺一起移动。测量时,按基圆半径 r_b 调整测头的位置,使测头与被测齿面接触。移动直尺 2,在摩擦力作用下,基圆盘与被测齿轮一起转动。如果齿形有误差,则在测量过程中测头相对于齿面之间就有相对移动,此运动通过传感器等测量系统记录下来,如图 9-10(b) 所示。图中实线为齿形误差的记录图形,虚线为设计齿形,包容实际齿形的两条虚线之间的距离就是 f_f。

(4) 基节偏差 f_{pb} f_{pb} 是实际基节与公称基节之差。实际基节是指基圆柱切平面所截两相邻同侧齿面的交线之间的法向距离,如图 9-11 所示。

f_{pb} 使齿轮传动在两对轮齿交替啮合的瞬间发生冲击。当主动轮基节大于从动轮基节时,前对轮齿啮合完成而后对轮齿尚未进入啮合,发生瞬间脱离,引起换齿冲击,如图 9-12(a) 所

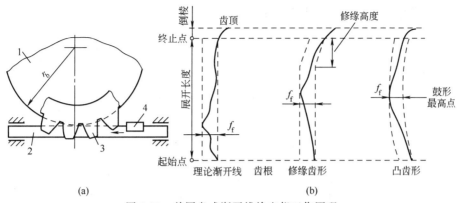

图 9-10 单圆盘式渐开线检查仪工作原理
1—基圆盘；2—直尺；3—被测齿轮；4—传感器

示；当主动轮基节小于从动轮基节时，前对轮齿啮合尚未结束，后对轮齿啮合已开始，从动轮转速加快，同样引起换齿撞击、振动和噪声，影响传动平稳性，如图 9-12（b）所示。

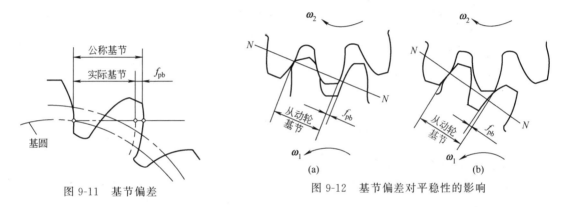

图 9-11 基节偏差　　　　图 9-12 基节偏差对平稳性的影响

上述两种情况的冲击，在齿轮一转中多次重复出现，误差的频率等于齿数，称为齿频误差。

基节偏差一般用基节仪或万能测齿仪测量。图 9-13 为用基节仪测量 f_{pb} 的示意。测量时先按被测齿轮基节的公称值组合量块，并按量块组尺寸调整相平行的活动量爪 1 与固定量爪 2 之间的距离，使指示表为零，然后将支脚 3 靠在轮齿上，并使两个量爪在基圆柱切线与两相邻同侧齿面的交点接触。测量两点之间的直线距离，由指示表上读出基节偏差数值。

（5）齿距偏差 f_{pt}　f_{pt} 是在分度圆上实际齿距与公称齿距之差（图 9-14）。用相对法测量时，公称齿距是指所有实际齿距的平均值。

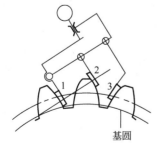
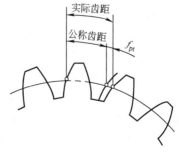

图 9-13 用基节仪测量基节偏差　　　　图 9-14 齿距偏差
1—活动量爪；2—固定量爪；3—支脚

由齿轮啮合原理可知，理论上齿距 P_t 与基节 P_b 有下列关系

$$P_b = P_t \cos\alpha \tag{9-1}$$

式中　α——分度圆上齿形角。

微分上式可得

$$\Delta P_b = \Delta P_t \cos\alpha - P_t \sin\alpha \Delta\alpha$$

所以有

$$\Delta P_t = \frac{\Delta P_b + \Delta\alpha P_t \sin\alpha}{\cos\alpha} \tag{9-2}$$

可见，齿距误差 ΔP_t（体现 f_{pt}）和基节误差 ΔP_b（体现 f_{pb}）及齿形角误差 $\Delta\alpha$（体现 f_f）有一定的函数关系，所以齿距偏差在一定程度上反映了基节偏差和齿形误差的综合影响，故可用 f_{pt} 来评价齿轮工作平稳性。

f_{pt} 是在测量齿距累积误差时同时测得的。

（6）螺旋线波度误差 $f_{f\beta}$　$f_{f\beta}$ 是指宽斜齿轮齿高中部实际齿线波纹的最大波幅，沿齿面法线方向计值（图9-15），它相当于直齿轮的齿形误差，可用来评价宽斜齿轮传动的平稳性。

齿线是齿面与分度圆柱面的交线。通常，直齿轮的齿线为直线，斜齿轮的齿线为螺旋线。

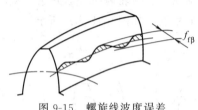

图 9-15　螺旋线波度误差

$f_{f\beta}$ 可用波度仪测量。

二、影响传递运动准确性的因素及检测参数

1. 影响运动准确性的因素

影响传递运动准确性的因素主要是同侧齿面间的各类长周期偏差。造成这类偏差的主要因素是运动偏心和几何偏心。几何偏心影响齿廓位置沿径向方向变动，称为径向误差。而运动偏心是齿廓位置沿圆周切线方向变动，称为切向误差。

2. 影响运动准确性参数检测

为了保证运动准确性，规定有六个评定参数。

（1）切向综合总偏差 F_i'　F_i' 是指被测齿轮与理想精确的测量齿轮单面啮合检验时，在被测齿轮一转内，齿轮分度圆上实际圆周位移与理论圆周位移的最大差值，如图9-7所示。

F_i' 反映了几何偏心、运动偏心以及基节偏差、齿廓形状偏差等影响的综合结果，而且是在近似于齿轮工作状态下测得的，所以它是评定传递运动准确性较为完善的综合指标。

F_i' 的测量用单面啮合综合测量仪（简称单啮仪）进行。由于单啮仪的制造精度要求很高，价格昂贵，目前生产中尚未广泛使用，因此常用其他指标来评定传递运动的准确性。

（2）各个齿距累积偏差 F_{pk} 与齿距累积总偏差 F_p　F_{pk} 指在端平面上，在接近齿高中部的一个与齿轮轴线同心的圆上，任意 k 个齿距的实际弧长与理论弧长之差的最大绝对值。

F_{pk} 值被限定在不大于1/8的圆周上评定。因此，F_{pk} 的允许值适用于齿距数 k 为2到小于 $z/2$ 的弧段内。通常 F_{pk} 取 $k=z/8$ 就足够了。

齿距累积总偏差 F_p 是指齿轮同侧齿面任意弧段（$k=1$ 至 $k=z$）内的最大齿距累积偏差。它表现为齿距累积偏差曲线的总幅度值。

齿距累积偏差主要是滚切齿形过程中由几何偏心和运动偏心造成的。它能反映齿轮一转中偏

心误差引起的转角误差，因此 $F_p(F_{pk})$ 可代替 F_i' 作为评定齿轮运动准确性的指标。但 F_p 是逐齿测得的，每齿只测一个点，而 F_i' 是在连续运转中测得的，它更全面。由于 F_p 的测量可用较普及的齿距仪、万能测齿仪等仪器，因此是目前工厂中常用的一种齿轮运动精度的评定指标。

测量齿距累积误差通常用相对法，可用万能测齿仪或齿距仪进行测量。图 9-16 为万能测齿仪测齿距简图。首先以被测齿轮上任一实际齿距作为基准，将仪器指示表调零，然后沿整个齿圈依次测出其他实际齿距与作为基准的齿距的差值（称为相对齿距偏差），经过数据处理求出 F_p（同时也可求得单个齿距偏差 f_{pk}）。

(3) 径向跳动 F_r 齿轮径向跳动 F_r 是指齿轮一转范围内，测头（球形、圆柱形、砧形）相继置于每个齿槽内时，从它到齿轮轴线的最大径向距离和最小径向距离的差值。检查中，测头在近似齿高中部与左右齿面接触，如图 9-17 所示。F_r 主要是由几何偏心引起的，不能反映运动偏心，它以齿轮一转为周期，属于长周期径向误差，所

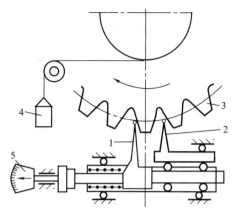

图 9-16　万能测齿仪测齿距简图
1—活动测头；2—固定侧头；3—被测齿轮；
4—重锤；5—指示表

以它必须与能揭示切向误差的单项指标组合，才能全面评定传递运动准确性。径向跳动 F_r 可在齿轮跳动检查仪上进行检测。

(4) 径向综合总偏差 F_i''　F_i'' 是指在径向（双面）综合检验时，产品齿轮的左右齿面同时与测量齿轮接触，并转过一整圈时出现的中心距最大值和最小值之差。

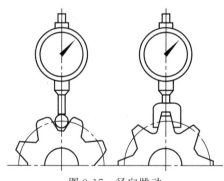

图 9-17　径向跳动

F_i'' 的测量用双面啮合综合检查仪（简称双啮仪）进行。如图 9-18 所示。

若齿轮存在径向误差（如几何偏心）及短周期误差（如齿形误差、基节偏差等），则齿轮与测量齿轮双面啮合的中心距会发生变化。

F_i'' 主要反映径向误差，由于 F_i'' 的测量操作简便，效率高，仪器结构比较简单，因此在成批生产时普遍应用。但其也有缺点，由于测量时被测齿轮齿面是与理想精确测量齿轮啮合，与工作状态不完全符合。F_i'' 只能反映齿轮的径向误差，而不能反映切向误差，所以 F_i'' 并不能确切和充分地用来评定齿轮传递运动的准确性。

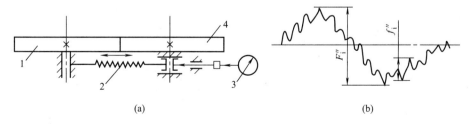

图 9-18　径向综合偏差的测量
1—被测齿轮；2—弹簧；3—指示表；4—被测齿轮

(5) 公法线长度变动量 F_W F_W 是指在齿轮一转范围内，实际公法线长度最大值与最小值之差，如图 9-19 所示。

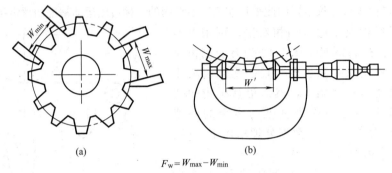

图 9-19 公法线长度变动量及测量

在齿轮新标准中没有 F_W 此项参数，但从我国的齿轮实际生产情况看，经常用 F_r 和 F_W 组合来代替 F_p 或 F_i''，这样检验成本不高且行之有效，故在此保留供参考。

F_W 是由运动偏心引起的，使各齿廓的位置在圆周上分布不均匀，使公法线长度在齿轮转一圈中呈周期性变化。它只能反映切向误差，不能反映径向误差。

公法线长度变动量 F_W 可用公法线千分尺或公法线指示卡规进行测量。

三、影响齿轮载荷分布均匀性的因素及检测

1. 影响载荷分布均匀性的因素

齿轮轮齿载荷分布是否均匀，与一对啮合齿面沿齿高和齿宽方向的接触状态有关。按啮合原理，一对轮齿在啮合过程中，是由齿顶到齿根或由齿根到齿顶在全齿宽上依次接触。对直齿轮，接触线为直线，该接触直线应在基圆柱切平面内且与齿轮轴线平行；对斜齿轮，该接触直线应在基圆柱切平面内且与齿轮轴线成 β_b 角。沿齿高方向，该接触直线应按渐开面（直齿轮）或螺旋渐开面（斜齿轮）轨迹扫过整个齿廓的工作部分。

实际上，由于齿轮的制造和安装误差，啮合齿并不是沿全齿宽接触，就单个齿轮的制造误差而言，对于直齿轮，影响接触长度的是齿向误差；对于宽斜齿轮，影响接触长度的主要是螺旋线的误差。

2. 载荷分布均匀性的检验参数

(1) 齿向误差 F_β F_β 是指在分度圆柱面上齿宽工作部分范围内（端部倒角部分除外），包容实际齿线的两条设计齿线之间的端面距离，如图 9-20(a) 所示。

如前所述，直齿轮的设计齿线一般是直线，斜齿轮的设计齿线一般是圆柱螺旋线，如图

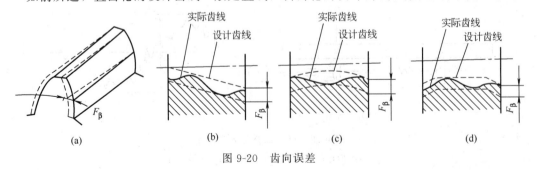

图 9-20 齿向误差

9-20(b) 所示。为了改善齿轮接触状况，提高承载能力，设计齿线也可采用修正齿线，如鼓形齿线 [图 9-20(c)] 和轮齿两端修薄 [图 9-20(d)] 及其他修正齿线。

直齿轮齿向误差测量较简单。如图 9-21 所示，被测齿轮装在芯轴上，芯轴装在两顶尖座或等高的 V 形架上，在齿槽内放入精密小圆柱（对非变位齿轮，小圆柱直径 $d=1.68m$，m 为被测齿轮模数，以保证在分度圆附近接触）。以检验平板为基准，用指示表测量小圆柱两端 A、B 两点的读数差为 a，$\frac{a}{l}b$ 即为该齿轮的齿向误差。

斜齿圆柱齿轮的齿向误差可在导程仪、螺旋角检查仪或万能测齿仪上测量。

（2）接触线误差 F_b F_b 是指在基圆柱的切平面内平行于公称接触线且包容实际接触线的两条最近的直线间的法向距离（图 9-22）。它包括了斜齿轮的齿向误差和齿形误差。

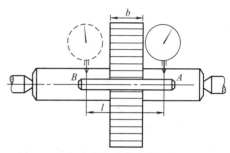

图 9-21 直齿圆柱齿轮齿向误差的测量

如前所述，基圆柱切平面与齿面的交线即为接触线，斜齿轮的接触线为一条与基圆柱母线夹角为 β_b 的直线。接触线误差 F_b 反映了斜齿轮的齿形误差和齿向误差，是斜齿轮控制接触均匀性的参数。

接触线误差可在接触仪上测量。

（3）轴向齿距偏差 F_{px} F_{px} 是在与齿轮基准轴线平行而大约通过齿高中部的一条直线上，任意两个同侧齿面间的实际距离与公称距离之差，沿齿面法线方向计值（图 9-23）。

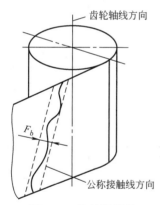

图 9-22 接触线误差

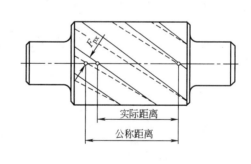

图 9-23 轴向齿距偏差

F_{px} 主要反映了斜齿轮螺旋角误差，它是宽斜齿轮（$\varepsilon_\beta > 1.25$）评价接触均匀性的指标。F_{px} 可用齿距仪测量。

四、影响齿轮副侧隙的单个齿轮因素及测量

为保证齿轮润滑、补偿齿轮的制造误差、安装误差以及热变形等造成的误差，必须在非工作齿面留有侧隙。轮齿与配对齿间的配合相当于圆柱体孔、轴的配合，这里采用的是"基中心距制"，即在中心距一定的情况下，用控制轮齿齿厚的方法获得必要的侧隙。

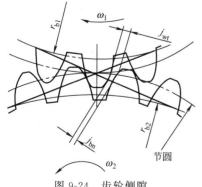

图 9-24 齿轮侧隙

1. 齿侧间隙

齿侧间隙通常有两种表示方法，即圆周侧隙 j_{wt} 和法向侧隙 j_{bn}。如图 9-24 所示。

圆周侧隙 j_{wt} 是指安装好的齿轮副，当其中一个齿轮固定时另一齿轮圆周的晃动量，以分度圆上弧长计值。

法向侧隙 j_{bn} 是指安装好的齿轮副，当工作齿面接触时非工作齿面之间的最短距离。

测量 j_{bn} 需在基圆切线方向，也就是在啮合线方向上测量，一般可以通过压铅丝方法测量，即齿轮啮合过程中在齿间放入一块铅丝，啮合后取出压扁了的铅丝测量其厚度。也可以用塞尺直接测量 j_{bn}。

理论上 j_{bn} 与 j_{wt} 存在以下关系

$$j_{bn} = j_{wt} \cos\alpha_{wt} \cos\beta_b \tag{9-3}$$

式中　α_{wt}——端面工作压力角；

　　　β_b——基圆螺旋角。

2. 最小侧隙 j_{bnmin} 的确定

齿轮传动时，必须保证有足够的最小侧隙 j_{bnmin}，以保证齿轮机构正常工作。对于用黑色金属材料齿轮和黑色金属材料箱体的齿轮传动，工作时齿轮节圆线速度小于 15m/s，其箱体、轴和轴承都采用常用的商业制造公差，j_{bnmin}（mm）可按下式计算

$$j_{bnmin} = \frac{2}{3}(0.06 + 0.005|a_i| + 0.03m_n) \tag{9-4}$$

式中　a_i——中心距；

　　　m_n——法向模数。

按上式计算可以得出如表 9-1 所示的推荐数据。

表 9-1　对于中、大模数齿轮最小侧隙 j_{bnmin} 的推荐数据（GB/Z 18620.2—2008）　　mm

模数 m_n	中心距 a_i					
	50	100	200	400	800	1600
1.5	0.09	0.11	—	—	—	—
2	0.10	0.12	0.15	—	—	—
3	0.12	0.14	0.17	0.24	—	—
5	—	0.18	0.21	0.28	—	—
8	—	0.24	0.27	0.34	0.47	—
12	—	—	0.35	0.42	0.55	—
18	—	—	0.54	0.67	0.94	

3. 齿侧间隙的获得和检验项目

如前所述，齿轮轮齿的配合采用基中心距制，在此前提下，齿侧间隙必须通过减薄齿厚来获得，由此还可以派生出通过控制公法线长度等方法来控制齿厚。

（1）用齿厚极限偏差控制齿厚　为了获得最小侧隙 j_{bnmin}，齿厚应保证有最小减薄量，它是由分度圆齿厚上偏差 E_{sns} 形成的，如图 9-25 所示。

对于 E_{sns} 的确定，可以参考同类产品的设计经验或其他有关资料选取，当缺少此方面资料时可参考下述方法计算选取。

当主动轮与被动轮齿厚都做成最小值即做成上偏差时，可获得最小侧隙 j_{bnmin}。通常取两齿轮的齿厚上偏差相等，此时

$$j_{bnmin} = 2|E_{sns}|\cos\alpha_n \tag{9-5}$$

因此有

$$E_{sns} = \frac{j_{bnmin}}{2\cos\alpha_n} \quad (9-6)$$

按上式求得的 E_{sns} 应取负值。

齿厚公差 T_{sn} 大体上与齿轮精度无关，如对最大侧隙有要求时，就必须进行计算。齿厚公差的选择要适当，公差过小势必增加齿轮制造成本；公差过大会使侧隙加大，使齿轮正、反转时空行程过大。齿厚公差 T_{sn} 可按下式求得

$$T_{sn} = \sqrt{F_r^2 + b_r^2} \, 2\tan\alpha_n \quad (9-7)$$

式中 b_r——切齿径向进刀公差，可按表 9-2 选取。

表 9-2 切齿径向进刀公差 b_r 值

齿轮精度等级	4	5	6	7	8	9
b_r 值	1.26IT7	IT8	1.26IT8	IT9	1.26IT9	IT10

注：查 IT 值的主参数为分度圆直径尺寸。

为了使齿侧间隙不至过大，在齿轮加工过程中还需根据加工设备的情况适当地控制齿厚下偏差 E_{sni}，E_{sni} 可按下式求得

$$E_{sni} = E_{sns} - T_{sn} \quad (9-8)$$

显然若齿厚偏差合格，则实际齿厚偏差 E_{sn} 应处于齿厚公差带内。

一般用齿厚游标卡尺测量分度圆弦齿厚。如图 9-26 所示。用齿厚游标卡尺测量分度圆弦齿厚是以齿顶圆定位测量，因受齿顶圆偏差影响，测量精度较低，故适用于较低精度的齿轮测量或模数较大的齿轮测量。

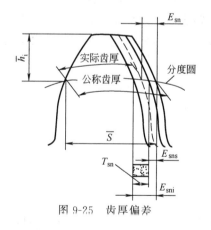

图 9-25 齿厚偏差

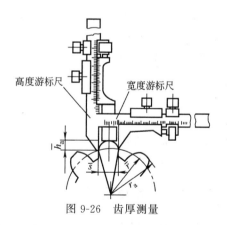

图 9-26 齿厚测量

测量时，先将齿厚卡尺的高度游标尺调至相应于分度圆弦齿高 $\bar{h}_a$ 位置，再用宽度游标尺测出分度圆弦齿厚 $\bar{s}$ 值，将其与理论值比较即可得到齿厚偏差 E_{sn}。

对于非变位直齿轮 $\bar{s}$ 与 $\bar{h}_a$ 按下式计算

$$\bar{s} = 2r\sin\frac{90°}{z} \quad (9-9)$$

$$\bar{h}_a = m\left[1 + \frac{z}{2}\left(1 - \cos\frac{90°}{z}\right)\right] \quad (9-10)$$

(2) 用公法线平均长度极限偏差控制齿厚　齿轮齿厚的变化必然引起公法线长度的变化。测量公法线长度同样可以控制齿侧间隙。公法线长度的上偏差 E_{bns} 和下偏差 E_{bni} 与齿厚偏差有如下关系

$$E_{bns} = E_{sns} \cos\alpha_n \tag{9-11}$$

$$E_{bni} = E_{sni} \cos\alpha_n \tag{9-12}$$

公法线平均长度偏差可用公法线千分尺或公法线指示卡规进行测量。如图 9-19 所示。直齿轮测公法线时的卡量齿数 k 通常可按下式计算

$$k = \frac{z}{9} + 0.5 \quad (取近似的整数) \tag{9-13}$$

非变位的齿形角为 20°的直齿轮公法线长度为

$$W_k = m[2.952(k-0.5) + 0.014z] \tag{9-14}$$

第三节　齿轮副误差评定及检测

本节主要介绍齿轮副精度的评定指标及检测，要求掌握齿轮副轴线平行度偏差 $f_{\Sigma\delta}$、$f_{\Sigma\beta}$ 和接触斑点、齿轮副侧隙、齿轮副中心距极限偏差 $\pm f_a$ 和齿轮副切向综合误差。

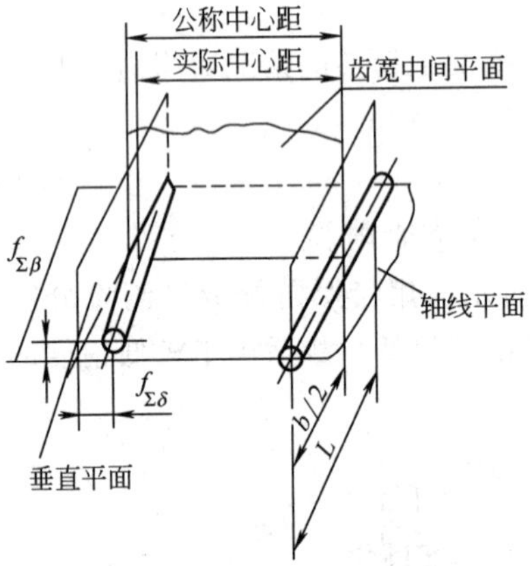

一、轴线平行度偏差及检测

如果一对相互啮合的圆柱齿轮的两条轴线不平行，形成了空间的异面（交叉）直线，则将影响齿轮的接触精度，因此必须加以控制，如图 9-27 所示。

轴线平行度偏差包括轴线平面内的平行度偏差 $f_{\Sigma\delta}$ 和垂直平面上的平行度偏差 $f_{\Sigma\beta}$，轴线平面内的平行度偏差 $f_{\Sigma\delta}$ 是在两轴线的公共平面上测量的；垂直平面上的平行度偏差 $f_{\Sigma\beta}$ 是在与轴线公共平面相垂直平面上测量的。$f_{\Sigma\delta}$ 与 $f_{\Sigma\beta}$ 的最大推荐值为

$$f_{\Sigma\beta} = 0.5\frac{L}{b}F_\beta \tag{9-15}$$

$$f_{\Sigma\delta} = 2f_{\Sigma\beta} \tag{9-16}$$

式中　L——轴承跨距；
　　　b——齿宽。

图 9-27　轴线平行度偏差

二、接触斑点及检测

齿轮副的接触斑点是指安装好的齿轮副，在轻微制动下，运转后齿面上分布的接触擦亮痕迹。对于在齿轮箱体上安装好的配对齿轮所产生的接触斑点大小，可用于评估齿面接触精度。也可以将被测齿轮安装在机架上使测量齿轮在轻载下测量接触斑点，可评估装配后齿轮螺旋线精度和齿廓精度。图 9-28 所示为接触斑点分布示意。图中 b_{c1} 为接触斑点的较大长度，b_{c2} 为接触斑点的较小长度，h_{c1} 为接触斑点的较大高度，h_{c2} 为接触斑点的较小高度。表 9-3 给出了装配后齿轮副接触斑点的最低要求。

接触斑点的检验方法比较简单，对大规格

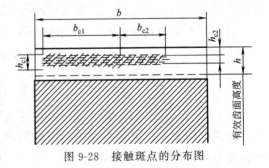

图 9-28　接触斑点的分布图

齿轮更具有现实意义,因为对较大规格的齿轮副一般是在安装好的传动中检验。对成批生产的机床、汽车、拖拉机等中小齿轮允许在啮合机上与精确齿轮啮合检验。

表 9-3 齿轮装配后接触斑点 (GB/T 18620.4—2008)

精度等级	$b_{c1}/b\times100\%$		$h_{c1}/h\times100\%$		$b_{c2}/b\times100\%$		$h_{c2}/h\times100\%$	
	直齿轮	斜齿轮	直齿轮	斜齿轮	直齿轮	斜齿轮	直齿轮	斜齿轮
4级及更高	50	50	70	50	40	40	40	30
5 和 6	45	45	50	40	35	35	30	20
7 和 8	35	35	50	40	35	35	30	20

三、齿轮副侧隙及检测

齿轮副侧隙分圆周侧隙和法向侧隙两种。

圆周侧隙 j_t 是指装配好的齿轮副,当工作齿面接触时,非工作齿面的圆周晃动量(图9-29),以分度圆弧长计值。

法向侧隙 j_n 是指装配好的齿轮副,当工作齿面接触时,非工作齿面之间的最小距离(图 9-24)。

法向侧隙与圆周侧隙的关系为

$$j_n = j_t \cos\beta_b \cos\alpha \quad (9-17)$$

式中,β_b 为基圆上螺旋角;α 为分度圆上齿形角。

j_n、j_t 是直接反映齿轮副侧隙状况的指标。j_n 可用塞尺测量,也可用上式换算而得。

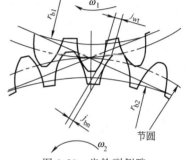

图 9-29 齿轮副侧隙

四、中心距极限偏差

中心距极限偏差 $\pm f_a$ 是指在齿轮副的齿宽中间平面内,实际中心距与公称中心距之差。齿轮副中心距的大小直接影响齿侧间隙的大小。在实际生产中,通常以齿轮箱体支撑孔中心距代替齿轮副中心距进行测量。表 9-4 为中心距极限偏差数值,供参考。

表 9-4 中心距极限偏差 $\pm f_a$ μm

中心距 a/mm	齿轮精度等级		中心距 a/mm	齿轮精度等级	
	5、6	7、8		5、6	7、8
≥6~10	7.5	11	>120~180	20	31.5
>10~18	9	13.5	>180~250	23	36
>18~30	10.5	16.5	>250~315	26	40.5
>30~50	12.5	19.5	>315~400	28.5	44.5
>50~80	15	23	>400~500	31.5	48.5
>80~120	17.5	27			

五、齿轮副切向综合误差

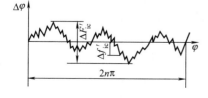

图 9-30 齿轮副切向综合误差曲线

齿轮副切向综合误差 $\Delta f'_{ic}$(公差 F'_{ic})是指装配好的齿轮副,在啮合转动足够多的转数内,一个齿轮相对于另一个齿轮的实际转角与公称转角之差的总幅度值(图 9-30),以分度圆弧长计。这里所说的足够多转数,是为了使一对齿轮在相对位置变化的全部周期中,让误差全部显示出来。

表 9-5 ±fpt、Fp、Fα、fα、fHα、Fr、fi'、Fi'、Fw、±Fpk 偏差允许值（GB/T 10095.1～2—2008）

分度圆直径 d/mm	模数 m_n/mm	偏差项目 精度等级	单个齿距极限偏差 ±f_{pt}				齿距累积总公差 F_p				齿廓总公差 F_α				齿廓形状偏差 f_α				齿廓倾斜极限偏差 ±$f_{H\alpha}$				径向跳动公差 F_r				f_i'/K 值				公法线长度变动公差 F_w				μm
			5	6	7	8	5	6	7	8	5	6	7	8	5	6	7	8	5	6	7	8	5	6	7	8	5	6	7	8	5	6	7	8	
≥5~22	≥0.5~2		4.7	6.5	9.5	13	11	16	23	32	4.6	6.5	9.0	13	3.5	5.0	7.0	10	2.9	4.2	6.0	8.5	9.0	13	18	25	14	19	27	38	10	14	20	29	
	>2~3.5		5.0	7.5	10	15	12	17	23	33	6.5	9.5	13	19	5.0	7.0	10	14	4.2	6.0	8.5	12	9.5	13	19	27	16	23	32	45	10	14	20	29	
>20~50	≥0.5~2		5.0	7.0	10	14	14	20	29	41	5.0	7.5	10	15	4.0	5.5	8.0	11	3.3	4.6	6.5	9.5	11	16	23	32	14	20	29	41	12	16	23	32	
	>2~3.5		5.5	7.5	11	15	15	21	30	42	7.0	10	14	20	5.5	8.0	11	16	4.5	6.5	9.0	13	12	17	24	34	17	24	34	48	12	16	23	32	
	>3.5~6		6.0	8.5	12	17	15	22	31	44	9.0	12	18	25	7.0	9.5	14	19	5.5	8.0	11	16	12	17	25	36	19	27	38	54	12	16	23	32	
>50~125	≥0.5~2		5.5	7.5	11	15	18	26	37	52	6.0	8.5	12	17	4.5	6.5	9.0	13	3.7	5.5	7.5	11	15	21	29	42	16	22	31	44	14	19	27	37	
	>2~3.5		6.0	8.5	12	17	19	27	38	53	8.0	11	16	22	6.0	8.5	12	17	5.0	7.0	10	14	15	21	30	43	18	25	36	51	14	19	27	37	
	>3.5~6		6.5	9.0	13	18	19	28	39	55	9.5	13	19	27	7.5	10	15	21	6.0	8.5	12	17	16	22	31	44	20	29	40	57	14	19	27	37	
>125~280	≥0.5~2		6.0	8.5	12	17	24	35	49	69	7.0	10	14	20	5.5	7.5	11	15	4.4	6.0	9.0	12	20	28	39	55	17	24	34	49	—	22	31	44	
	>2~3.5		6.5	9.0	13	18	25	35	50	70	9.0	13	18	25	7.0	9.5	14	19	5.5	8.0	11	16	20	28	40	56	20	28	39	56	—	22	31	44	
	>3.5~6		7.0	10	14	20	25	36	51	72	11	15	21	30	8.0	12	16	23	6.5	9.5	13	19	20	29	41	58	22	31	41	62	—	22	31	44	
>280~560	≥0.5~2		6.5	9.5	13	19	32	46	64	91	8.5	12	17	23	6.5	9.0	13	18	5.5	7.5	11	15	26	36	51	73	19	27	39	54	19	26	37	53	
	>2~3.5		7.0	10	14	20	33	46	65	92	10	15	21	29	8.0	11	16	22	6.5	9.0	13	18	26	37	52	74	22	31	44	62	19	26	37	53	
	>3.5~6		8.0	11	16	22	33	47	66	92	12	17	24	34	9.0	13	18	26	7.5	11	15	21	27	38	53	75	24	34	48	68	19	26	37	53	

第四节　齿轮精度标准及选择

对于本节内容，要求掌握齿轮精度等级及其选择；会查用各项齿轮偏差数值；能根据生产情况合理选择齿轮偏差的检验组；了解齿轮副侧隙的评定指标及齿坯的精度含义；能够正确标注齿轮零件的各项精度要求。GB/T 10095.1—2008 和 GB/T 10095.2—2008 对齿轮规定了精度等级及各项偏差的允许值。

一、齿轮精度等级及其选择

最新国家标准对单个齿轮规定了 13 个精度等级，分别用阿拉伯数字 0、1、2、3、…、12 表示。其中，0 级精度最高，依次降低，12 级精度最低。其中 5 级精度为基本等级，是计算其他等级偏差允许值的基础。0～2 级目前加工工艺尚未达到标准要求，是为将来发展而规定的特别精密的齿轮精度等级；3～5 级为高精度齿轮；6～8 级为中等精度齿轮；9～12 级为低精度（粗糙）齿轮。

各级常用精度的各项偏差的数值可查表 9-5～表 9-7。

表 9-6　F_β、$f_{f\beta}$、$f_{H\beta}$ 偏差允许值（GB/T 10095.1—2008）　　　　　　μm

分度圆直径 d/mm	齿宽 b/mm \ 精度等级 偏差项目	螺旋线总公差 F_β				螺旋线形状公差 $f_{f\beta}$ 和螺旋线倾斜极限偏差 $\pm f_{H\beta}$			
		5	6	7	8	5	6	7	8
≥5～20	≥4～10	6.0	8.5	12	17	4.4	6.0	8.5	12
	>10～20	7.0	9.5	14	19	4.9	7.0	10	14
>20～50	≥4～10	6.5	9.0	13	18	4.5	6.5	9.0	13
	>10～20	7.0	10	14	20	5.0	7.0	10	14
	>20～40	8.0	11	16	23	6.0	8.0	12	16
>50～125	≥4～10	6.5	9.5	13	19	4.8	6.5	9.5	13
	>10～20	7.5	11	15	21	5.5	7.5	11	15
	>20～40	8.5	12	17	24	6.0	8.5	12	17
	>40～80	10	14	20	28	7.0	10	14	20
>125～280	≥4～10	7.0	10	14	20	5.0	7.0	10	14
	>10～20	8.0	11	16	22	5.5	8.0	11	16
	>20～40	9.0	13	18	25	6.5	9.0	13	18
	>40～80	10	15	21	29	7.5	10	15	21
	>80～160	12	17	25	35	8.5	12	17	25
>280～560	>10～20	8.5	12	17	24	6.0	8.5	12	17
	>20～40	9.5	13	19	27	7.0	9.5	14	19
	>40～80	11	15	22	33	8.0	11	16	22
	>80～160	13	18	26	36	9.0	13	18	26
	>160～250	15	21	30	43	11	15	22	30

表 9-7　F_i''、f_i'' 公差值（GB/T 10095.2—2008）　　　　　　μm

分度圆直径 d/mm	模数 m_n/mm \ 精度等级 偏差项目	径向综合总公差 F_i''				一齿径向综合公差 f_i''			
		5	6	7	8	5	6	7	8
≥5～20	≥0.2～0.5	11	15	21	30	2.0	2.5	3.5	5.0
	>0.5～0.8	12	16	23	33	2.5	4.0	5.5	7.5
	>0.8～1.0	12	18	25	35	3.5	5.0	7.0	10
	>1.0～1.5	14	19	27	38	4.5	6.5	9.0	13

续表

分度圆直径 d/mm	模数 m_n/mm	偏差项目 精度等级	径向综合总公差 F_i''				一齿径向综合公差 f_i''			
			5	6	7	8	5	6	7	8
>20~50	≥0.2~0.5		13	19	26	37	2.0	2.5	3.5	5.0
	≥0.5~0.8		14	20	28	40	2.5	4.0	5.5	7.5
	≥0.8~1.0		15	21	30	42	3.5	5.0	7.0	10
	≥1.0~1.5		16	23	32	45	4.5	6.5	9.0	13
	≥1.5~2.5		18	26	37	52	6.5	9.5	13	19
>50~125	≥1.0~1.5		19	27	39	55	4.5	6.5	9.0	13
	≥1.5~2.5		22	31	43	61	6.5	9.5	13	19
	2.5~4.0		25	36	51	72	10	14	20	29
	≥4.0~6.0		31	44	62	88	15	22	31	44
	≥6.0~10		40	57	80	114	24	34	48	67
>125~280	≥1.0~1.5		24	34	48	68	4.5	6.5	9.0	13
	≥1.5~2.5		26	37	53	75	6.5	9.5	13	19
	2.5~4.0		30	43	61	86	10	15	21	29
	≥4.0~6.0		36	51	72	102	15	22	48	67
	≥6.0~10		45	64	90	127	24	34	48	67
>280~560	≥1.0~1.5		30	43	61	86	4.5	6.5	9.0	13
	≥1.5~2.5		33	46	65	92	6.5	9.5	13	19
	2.5~4.0		37	52	73	104	10	15	21	29
	≥4.0~6.0		42	60	84	119	15	22	31	44
	≥6.0~10		51	73	103	145	24	34	48	68

在确定齿轮精度等级时，主要依据齿轮的用途、使用要求和工作条件。选择齿轮精度等级的方法有计算法和类比法，主要用类比法选择。类比法是根据以往产品设计、性能试验、使用过程中所积累的经验以及较可靠的技术资料进行对比，从而确定齿轮的精度等级。表9-8为各种机械采用的齿轮的精度等级，可供参考。

表9-8 各种机械采用的齿轮的精度等级

应用范围	精度等级	应用范围	精度等级
测量齿轮	2~5	拖拉机	6~10
汽轮机减速器	3~6	一般用途的减速器	6~9
金属切削机床	3~8	轧钢设备的小齿轮	6~10
内燃机车与电气机车	6~7	矿山绞车	8~10
轻型汽车	5~8	起重机	7~10
重型汽车	6~9	农业机械	8~11
航空发动机	3~7		

在机械传动中应用最多的齿轮既传递运动又传递动力，其精度等级与圆周速度密切相关，因此可计算出齿轮的最高圆周速度，根据圆周速度参考表9-9确定齿轮精度等级。

表 9-9　齿轮精度等级的选用（供参考）

精度等级	圆周速度/(m/s)		面的终加工	工　作　条　件
	直齿	斜齿		
3 级 (级精密)	到 40	到 75	特精密的磨削和研齿；用精密滚刀或单边剃齿后大多数不经淬火的齿轮	要求特别精密的或在最平稳且无噪声的特别高速下工作的齿轮传动；特别精密机构中的齿轮；特别高速传动（透平齿轮）；检测 5~6 级齿轮用的测量齿轮
4 级 (特别精密)	到 35	到 70	精密磨齿；用精密滚刀和挤齿或单边剃齿后的大多数齿轮	特别精密分度机构中或在最平稳且无噪声的极高速下工作的齿轮传动；特别精密分度机构中的齿轮；高速透平传动；检测 7 级齿轮用的测量齿轮
5 级 (高精密)	到 20	到 40	精密磨齿；大多数用精密滚刀加工，进而挤齿或剃齿的齿轮	精密分度机构中或要求极平稳用无噪声的高速工作的齿轮传动；精密机构用齿轮；透平齿轮；检测 8 级和 9 级齿轮用测量齿轮
6 级 (高精密)	到 15	到 30	精密磨齿或剃齿	要求最高效率且无噪声的高速下平稳工作的齿轮传动或分度机构的齿轮传动；特别重要的航空、汽车齿轮；读数装置用特别精密传动的齿轮
7 级 (精密)	到 10	到 15	无需热处理仅用精确刀具加工的齿轮；淬火齿轮必须精整加工（磨齿、挤齿、珩齿等）	增速和减速用齿轮传动；金属切削机床送刀机构用齿轮；高速减速器用齿轮；航空、汽车用齿轮；读数装置用齿轮
8 级 (中等精密)	到 6	到 10	不磨齿，不必光整加工或对研	无须特别精密的一般机械制造用齿轮；包括在分度链中的机床传动齿轮；飞机、汽车制造业中的不重要齿轮；起重机构用齿轮；农业机械中的重要齿轮。通用减速器齿轮
9 级 (较低精度)	到 2	到 4	无须特殊光整工作	用于粗糙工作的齿轮

二、齿轮副侧隙及侧隙值的确定

1. 有关侧隙的规定

齿轮副侧隙是装配好的齿轮副，当工作齿面接触时，非工作面之间的最小距离。它的大小主要取决于齿厚和中心距。当中心距不能调整时，就应减薄齿厚。在 GB 10095—2008 中对每一种精度等级只规定了一种中心距极限偏差，因此侧隙的大小主要取决于齿厚，这种侧隙体制称为基中心距制。

因为侧隙用减薄齿厚来获得，所以可用齿厚极限偏差来控制侧隙的大小。国家标准中规定了 14 种齿厚极限偏差代号，用 14 个大写英文字母表示，每种代号所表示的齿厚极限偏差值为该代号所对应的系数与齿距极限偏差 f_{pt} 的乘积（图 9-31）。选取其中两个字母组成侧隙代号，前一个字母表示齿厚上偏差，后一个字母表示齿厚下偏差。

GB 10095—2008 规定，当所选的极限偏差超出图 9-31 所列代号时，允许自行规定。

2. 最小侧隙的确定

齿轮的最小法向侧隙是保证齿轮正常储油和补偿材料变形所必需的间隙大小。

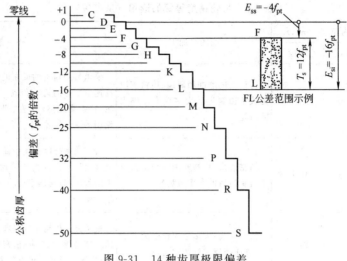

图 9-31　14 种齿厚极限偏差

① 考虑润滑所需最小侧隙 j_{n2} 取决于齿轮的圆周速度和润滑方式，可参考表 9-10。

表 9-10　j_{n2} 的推荐值

润滑方式	圆周速度/(m/s)			
	≤10	>10～25	>25～60	>60
喷油润滑	$0.01m_n$	$0.02m_n$	$0.03m_n$	$(0.03～0.05)m_n$
油池润滑	$(0.005～0.01)m_n$			

注：m_n 为齿轮法向模数，单位为 mm。

② 为补偿温升引起变形所需的最小侧隙 j_{n1} 由下式计算

$$j_{n1} = a(\alpha_1 \Delta t_1 - \alpha_2 \Delta t_2) 2\sin\alpha_n \tag{9-18}$$

式中　a——齿轮副中心距，mm；

α_1，α_2——齿轮和箱体材料的线胀系数；

Δt_1，Δt_2——齿轮和箱体工作温度与标准温度 20℃ 之差；

α_n——齿轮法向啮合角。

③ 最小法向侧隙 j_{nmin}。最小法向侧隙 j_{nmin} 应足以补偿齿轮工作时因温度升高而引起的变形，并保证正常润滑。

齿轮副的最小法向侧隙应为

$$j_{nmin} = j_{n1} + j_{n2} \tag{9-19}$$

3. 齿厚极限偏差的确定

齿厚极限偏差代号通常用计算法确定，其步骤如下。

① 确定齿厚的上偏差。确定两个齿轮齿厚的上偏差 E_{ss1} 和 E_{ss2} 时，应考虑除保证形成齿轮副所需的最小侧隙外，还要补偿由于齿轮的制造（如 Δf_{pb}、ΔF_β）和安装误差（如 Δf_{pa}、Δf_{px}、Δf_{py} 等）所引起的侧隙减少量。即

$$E_{ss1} + E_{ss2} = -\left(2f_a \tan\alpha_n + \frac{j_{nmin} + J_n}{\cos\alpha_n}\right) \tag{9-20}$$

式中　f_a——中心距极限偏差；

J_n——除 Δf_a 以外，齿轮的加工误差和安装误差引起的侧隙减少量。

$$J_n = \sqrt{f_{pb1}^2 + f_{pb2}^2 + 2(F_\beta\cos\alpha_n)^2 + (f_x\sin\alpha_n)^2 + (f_y\cos\alpha_n)^2} \quad (9-21)$$

上式中各项加工误差和安装误差均按其极限情况，即按公差或极限偏差代入，并考虑了各项误差计值方向与侧隙计值方向不一致的换算。由于这些误差均为独立的随机变量，故按平方和合成。

因 $f_x = F_\beta$，$f_y = 0.5F_\beta$，当 $\alpha_n = 20°$ 时，上式可简化为

$$J_n = \sqrt{f_{pb1}^2 + f_{pb2}^2 + 2.104F_\beta^2} \quad (9-22)$$

求出两个齿轮齿厚上偏差之和，便可将此值分配给两个齿轮。一般为等值分配，即设 $E_{ss1} = E_{ss2} = E_{ss}$，则

$$E_{ss} = \frac{E_{ss1} + E_{ss2}}{2} \quad (9-23)$$

如果采用不等值分配，一般大齿轮的齿厚减薄量略大于小齿轮，以尽量避免削弱小齿轮轮齿强度。

② 确定齿厚公差 T_s 和齿厚下偏差 E_{si}。齿厚公差由齿圈径向跳动公差 F_r 和切齿时径向进刀公差 b_r 两项组成，将它们按随机误差合成，如下式所示

$$T_s = \sqrt{F_r^2 + b_r^2} \, 2\tan\alpha_n \quad (9-24)$$

b_r 的大小由表 9-11 确定。

表 9-11 切齿时径向进刀公差 b_r

第 Ⅰ 公差粗糙度等级	4	5	6	7	8	9
b_r	1.26(IT7)	IT8	1.26(IT8)	IT9	1.26(IT9)	IT10

注：表中 IT 值按齿轮分度圆直径从标准公差数值中查取。

齿厚下偏差 E_{si} 由下式计算

$$E_{si} = E_{ss} - T_s \quad (9-25)$$

③ 确定齿厚极限偏差代号。将上面计算的 E_{ss}、E_{si} 分别除以齿距极限偏差 f_{pt}，根据其商并圆整，从图 9-31 中选取相应的代号。

4. 公法线平均长度极限偏差

大模数齿轮，在生产中通常测量齿厚；中、小模数齿轮，在成批生产中，一般测量公法线的长度来代替测量齿厚。可用公法线平均长度的极限偏差代替齿厚极限偏差标注在图样上。公法线平均长度上、下偏差及公差（E_{wms}、E_{wmi}、T_{wm}）与齿厚上下偏差及公差（E_{ss}、E_{si}、T_s）的换算关系如下。

对于外齿轮

$$E_{wms} = E_{ss}\cos\alpha_n - 0.72F_r\sin\alpha_n \quad (9-26)$$

$$E_{wmi} = E_{si}\cos\alpha_n + 0.72F_r\sin\alpha_n \quad (9-27)$$

$$T_{wn} = T_s\cos\alpha_n - 1.44F_r\sin\alpha_n \quad (9-28)$$

对于内齿轮

$$E_{wms} = -E_{si}\cos\alpha_n - 0.72F_r\sin\alpha_n \quad (9-29)$$

$$E_{wmi} = -E_{ss}\cos\alpha_n + 0.72F_r\sin\alpha_n \quad (9-30)$$

用计算法确定齿厚上、下偏差代号比较麻烦，对一般的传动齿轮，也可参考《机械设计手册》用类比法确定。

三、齿轮公差组的检验组及其选择

在检验和验收齿轮精度时,没有必要对齿轮的所有误差项目进行检验。因为同一公差组中各误差项目所控制的误差性质是相同的,所以只要在每一个公差项目组中选出一项或数项公差标注在齿轮零件工作图上,就可以保证齿轮的精度。

每一公差组中所选出的项目最少,但又能控制齿轮传动精度要求的公差组合称为检验组。选择检验组时,应根据齿轮的规格、用途、生产规模、精度等级、齿轮加工方式、计量仪器、检验目的等因素综合分析、合理选择。选择检验组应考虑以下因素。

① 齿轮加工方式。不同的加工方式产生不同的齿轮误差,如滚齿加工时,机床分度蜗轮偏心产生公法线长度变动偏差,而磨齿加工时则由于分度机构误差将产生齿距累积偏差,故根据不同的加工方式采用不同的检验项目。

② 齿轮精度。齿轮精度低,机床精度可足够保证,由机床产生的误差可不检验;齿轮精度高,可选用综合性检验项目,反映全面。

③ 检验目的。终结检验应选用综合性检验项目;工艺检验可选用单项指标以便于分析误差原因。

④ 齿轮规格。直径不大于 400mm 的齿轮可放在固定仪器上进行检验;大尺寸齿轮一般采用量具放在齿轮上进行单项检验。

⑤ 生产规模。大批量应采用综合性检验项目,以提高效率;小批单件生产一般采用单项检验。

⑥ 设备条件。选择检验项目时还应考虑工厂仪器设备条件及习惯检验方法。

齿轮精度标准 GB/T 10095.1~2—2008 及其指导性技术文件中给出的偏差项目虽然很多,但作为评价齿轮质量的客观标准,齿轮质量的检验项目应该主要是单项指标即齿距偏差(F_p、$\pm f_{pt}$、$\pm F_{pk}$)、齿廓总偏差 F_α、螺旋线总偏差 F_β(直齿轮为齿向偏差 F_β)及齿厚偏差 F_{sn}。标准中给出的其他参数,一般不是必检项目,而是根据供需双方具体要求协商确定的,这里体现了设计的第一思想。

根据我国多年来的生产实践及目前齿轮生产的质量控制水平,建议供需双方依据齿轮的功能要求、生产批量和检测手段,在表 9-12 推荐的检验组中选取一个检验组来评定齿轮的精度等级。

表 9-12 推荐的齿轮检验组

检验组	检 验 项 目	适用等级	测 量 仪 器
1	F_p、F_α、F_β、F_r、E_{sn} 或 E_{bn}	3~9	齿距仪、齿形仪、齿向仪、摆差测定仪、齿厚卡尺或公法线千分尺
2	F_p、F_{pk}、F_α、F_β、F_r、E_{sn} 或 E_{bn}	3~9	齿距仪、齿形仪、齿向仪、摆差测定仪、齿厚卡尺或公法线千分尺
3	F_p、F_{pt}、F_α、F_β、F_r、E_{sn} 或 E_{bn}	3~9	齿距仪、齿形仪、齿向仪、摆差测定仪、齿厚卡尺或公法线千分尺
4	F_i''、f_i''、E_{sn} 或 E_{bn}	6~9	双面啮合测量仪、齿厚卡尺或公法线千分尺
5	f_{pt}、F_r、E_{sn} 或 E_{bn}	10~12	齿距仪、摆差测定仪、齿厚卡尺或公法线千分尺

四、齿坯公差

齿坯是指轮齿在加工前供制造齿轮用的工件。齿坯的尺寸偏差和形位误差直接影响齿轮的加工和检验，影响齿轮副的接触和运行，因此必须加以控制。齿坯公差包括齿轮内孔（或齿轮轴的轴颈）、齿顶圆和端面的尺寸公差、形位公差及各表面的粗糙度要求等。

齿轮内孔或轴颈常作为加工、测量和安装基准，按齿轮精度等级对它们的尺寸和形状提出了一定的精度要求。

齿顶圆在加工时也常作为安装基准，尤其是单件生产或尺寸较大的齿轮，或以它为测量基准（如测量齿厚），而在使用时又以内孔或轴颈为基准，这种基准不一致就会影响传动质量，故对齿顶圆直径及其相对于内孔或轴颈都提出了一定的形位公差要求。加工时，端面也常作为定位基准，若其与孔心线不垂直就会产生齿向误差，所以也要提出一定的位置要求。图 9-32 和图 9-33 为两种常用的齿轮结构形式，在此给出其尺寸公差（表 9-13）、形位公差的给定方法供参考。

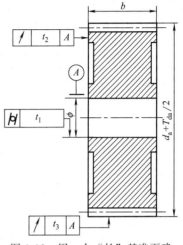

图 9-32　用一个"长"基准面确定基准轴线

图 9-32 为用一个"长"基准面（内孔）来确定基准轴线的例子。内孔的尺寸精度根据与轴的配合性质要求确定。内孔圆柱度公差 t_1 取 $0.04\dfrac{L}{b}F_\beta$ 和 $0.1F_p$ 两者中的较小值（L 为支承该齿轮的较大的轴承跨距）。齿轮基准端面圆跳动公差 t_2 和齿顶圆径向圆跳动公差 t_3 可参考表 9-14。

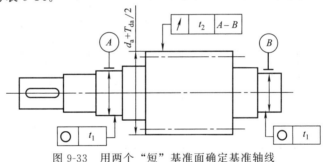

图 9-33　用两个"短"基准面确定基准轴线

表 9-13　齿坯尺寸公差（供参考）

齿轮精度等级		5	6	7	8	9	10	11	12
孔	尺寸公差	IT5	IT6	IT7		IT8		IT9	
轴	尺寸公差	IT5		IT6		IT7		IT8	
顶圆直径偏差		\multicolumn{8}{c	}{$\pm 0.05 m_n$}

表 9-14　齿坯径向和端面圆跳动公差　　　　　　　　　　　　　　　　　　　　　　μm

分度圆直径 d/mm	齿轮精度等级			
	3～4	5～6	7～8	9～10
至 125	7	11	18	28
>125～400	9	14	22	36
>400～800	12	20	32	50
>800～1600	18	28	45	71

齿顶圆直径偏差对齿轮重合度及齿轮顶隙都有影响，有时还作为测量、加工基准，因此也要给出公差，一般可以按 ±0.05mm 给出。图 9-33 为用两个"短"基准面确定基准轴线

的例子。左右两个短圆柱面是与轴承配合面，其圆度公差 t_1 取 $0.04\frac{L}{b}F_\beta$ 和 $0.1F_p$ 两者中的小值。齿顶圆径向圆跳动 t_2 按表 9-14 查取，顶圆直径偏差取 ± 0.05mm。

齿面表面粗糙度可参考表 9-15。

表 9-15　齿面表面粗糙度推荐极限值（GB/Z 18620.4—2008）　　　　μm

齿轮精度等级	Ra		Rz	
	$m_n<6$	$6\leqslant m_n\leqslant 25$	$m_n<6$	$6\leqslant m_n\leqslant 25$
3	—	0.16	—	1.0
4	—	0.32	—	2.0
5	0.5	0.63	3.2	4.0
6	0.8	1.00	5.0	6.3
7	1.25	1.60	8.0	10
8	2.0	2.5	12.5	16
9	3.2	4.0	20	25
10	5.0	6.3	32	40

齿轮各基准面的表面粗糙度可参考表 9-16。

表 9-16　齿轮各基准面的表面粗糙度 Ra 推荐值　　　　μm

各面粗糙度 Ra	齿轮精度等级						
	5	6	7		8	9	
齿面加工方法	磨齿	磨或珩齿	剃或珩齿	精滚精插	插齿或滚齿	滚齿	铣齿
齿轮基准孔	0.32～0.63	1.25	1.25～2.5			5	
齿轮轴基准轴颈	0.32	0.63	1.25		2.5		
齿轮基准端面	1.25～2.5	2.5～5				3.2～5	
齿轮顶圆	1.25～2.5	3.2～5					

思　考　题

一、判断题

1. 齿轮第一公差组的公差是控制齿轮的运动精度。　　　　　　　　　　　　　　（　　）
2. 制造出的齿轮若是合格的，一定能满足齿轮的四项使用要求。　　　　　　　　（　　）
3. 同一个齿轮的齿距累积误差与其切向综合误差的数值是相等的。　　　　　　　（　　）
4. 当一个齿轮的使用基准与加工基准的轴线重合时，即不存在齿圈径向跳动误差。（　　）
5. 齿距累积误差是由于径向误差与切向误差造成的。　　　　　　　　　　　　　（　　）
6. 当几何偏心等于零时，其齿距累积误差主要反映公法线长度变动量。　　　　　（　　）
7. 相啮合的两个齿轮，都存在着基节偏差，但两个齿轮的实际基节相等，对传动平稳性无影响。　　　　　　　　　　　　　　　　　　　　　　　　　　　　　　　　　　　　（　　）
8. 切向一齿综合误差 F_i' 的数值包含齿形误差。　　　　　　　　　　　　　　　（　　）
9. 齿形误差对接触精度无影响。　　　　　　　　　　　　　　　　　　　　　　（　　）

10. 径向综合误差能全面地评定齿形的运动精度。（   ）
11. 切向综合误差能全面地评定齿轮的运动精度。（   ）
12. 公法线平均长度偏差与齿厚偏差具有相同作用。（   ）
13. 绘制齿轮工作图时，必须在齿轮的三个公差组中各选一个检验项目标在齿轮图样上。（   ）
14. 齿轮的三个公差组必须选取相同的精度等级。（   ）
15. 影响齿轮运动精度的误差特性是以齿轮一转为周期的误差。（   ）
16. 影响齿轮工作平稳性的误差特性是在齿轮一转中多次周期地重复出现的误差。（   ）
17. 齿厚的上偏差为正值，下偏差为负值。（   ）
18. 测齿厚时，分度圆的弦齿高误差对齿厚误差有影响。（   ）
19. 齿轮的单项测量，不能充分评定齿轮的工作质量。（   ）
20. 齿轮综合测量的结果代表各单项误差的综合。（   ）

二、简答题

1. 齿轮传动有哪些使用要求？当齿轮的用途和工作条件不同时，其要求的侧重点有何不同？
2. 齿轮轮齿同侧齿面的精度检验项目有哪些？它们对齿轮传动主要有何要求？
3. 切向综合偏差有什么特点和作用？
4. 径向综合偏差（或径向跳动）与切向综合偏差有何区别？用在什么场合？
5. 齿轮精度等级的选择主要有哪些方法？
6. 如何考虑齿轮的检验项目？单个齿轮有哪些必检项目？
7. 齿轮副的精度项目有哪些？
8. 齿轮副侧隙的确定主要有哪些方法？齿厚极限偏差如何确定？
9. 对齿坯有哪些精度要求？
10. 齿厚上、下偏差如何确定？
11. 公法线长度上、下偏差如何确定？
12. GB 10095—1988 中齿轮的三个公差组各有哪些项目？对传动性能的主要影响是什么？
13. 某直齿圆柱齿轮标注为 6(F_α)、7(F_p、F_β) GB/T 10095.1—2008，其模数 $m=2$mm，齿数 $z=60$，齿形角 $\alpha=20°$，齿宽 $b=30$mm。若测量结果为：齿距累积总偏差 $F_p=0.080$mm，齿廓总偏差 $F_\alpha=0.010$mm，单个齿距偏差 $f_{pt}=13\mu m$，螺旋线总偏差 $F_\beta=16\mu m$，问是否满足齿轮精度的要求，为什么？
14. 大量生产某直齿圆柱齿轮，其模数 $m=3.5$mm，齿数 $z=30$，标准齿形角 $\alpha=20°$，变位系数为零，齿宽 $b=50$mm，精度等级为 7 GB/T 10095.1—2008，齿厚上、下偏差分别为 -0.07mm 和 -0.14mm。试确定：

① 其检验项目及其允许值；
② 测量公法线长度时的跨齿数和公称公法线长度及其上、下偏差；
③ 齿面的表面粗糙度轮廓幅度参数及其允许值；
④ 齿轮坯的各项公差或极限偏差（齿顶圆柱面不作为切齿时的找正基准，也不作为测量齿厚的基准）；
⑤ 用某种切齿方法生产第一批齿轮时，这批齿轮按上列的必检精度指标进行测量后合格，然后在工艺条件不变的情况下，用这种切齿方法继续生产该齿轮而采用双啮仪测量，其传递运动准确性和传动平稳性评定指标的名称和公差值。

15. 某直齿圆柱齿轮的模数 $m=3.5$mm，齿数 $z=30$，标准齿形角 $\alpha=20°$，变位系数为零，精度等级为 8 GB/T 100095.1—2008，齿厚上、下偏差分别为 -0.07mm 和 -0.14mm。

（1）以齿顶圆柱面作为测量弦齿厚的基准，在不计及该圆柱面直径的实际偏差的影响时，试确定：①公称弦齿高 h_c 和公称弦齿厚 s_{nc} 的数值；②该圆柱面直径的极限偏差和它对齿轮基准孔轴线的径向圆跳动公差；③弦齿高和弦齿厚在齿轮图上的标注方法。

（2）以齿顶圆柱面作为测量弦齿厚的基准，且计及该圆柱面直径的实际偏差的影响，试确定：①该圆柱面直径的极限偏差和它对齿轮基准孔轴线的径向圆跳动公差；②弦齿高和弦齿厚在齿轮图上的标注方法。

（3）设齿轮齿顶圆柱面直径的实际尺寸为 $\phi 111.92$mm，计及该圆柱面直径的实际偏差对齿厚测量结果的影响，则测齿卡尺的垂直卡尺应按什么尺寸调整？

16. 某通用减速器中相互啮合的两个直齿圆柱齿轮的模数 $m=4$mm，标准齿形角 $\alpha=20°$，变位系数为零，齿数分别为 $z_1=30$ 和 $z_2=96$，齿宽分别为 $b_1=75$mm 和 $b_2=70$mm，传递功率为 7kW，基准孔直径分别为 $d_1=\phi 40$mm 和 $d_2=\phi 55$mm。主动齿轮的转速 $n_1=1280$r/min。采用油池润滑。工作时发热引起温度升高，要求最小侧隙 $j_{bnmin}=0.21$mm。试确定：

① 大、小齿轮的精度等级；

② 大、小齿轮的各个必检精度指标的公差或极限偏差；

③ 大、小齿轮齿厚的极限偏差；

④ 大、小齿轮的公称公法线长度及相应的跨齿数、极限偏差；

⑤ 大、小齿轮的齿轮坯公差；

⑥ 大、小齿轮各个表面的表面粗糙度轮廓幅度参数及其允许值；

⑦ 画出小齿轮的零件图，并将上述技术要求标注在齿轮图上。齿轮的结构参看有关图册或手册进行设计。齿轮轮毂采用光滑孔和普通平键键槽，需要确定光滑孔的公差带代号、键槽宽度和深度的基本尺寸和极限偏差以及键槽中心平面对光滑基准孔轴线的对称度公差。

第十章 螺纹连接的互换性及检测

圆柱螺纹结合的应用在工业生产中很普遍，尤其是普通螺纹结合的应用极为广泛。本节主要介绍普通螺纹的公差、配合与检测以及简介机床梯形螺纹丝杠、螺母的精度和公差。

第一节 概　　述

一、螺纹的分类及使用要求

螺纹通常按用途分为以下三类。

1. 紧固螺纹

紧固螺纹用于连接和紧固各种机械零件。如普通螺纹、过渡配合螺纹和过盈配合螺纹等，其中普通螺纹的应用最为普遍。紧固螺纹的使用要求是保证旋合性和连接强度。

2. 传动螺纹

传动螺纹用于传递动力和位移。如梯形螺纹和锯齿形螺纹等，机床传动丝杠和测量仪的测微螺杆上的螺纹。传动螺纹的使用要求是传递动力的可靠性和传递位移的准确性。

3. 紧密螺纹

紧密螺纹用于使两个零件紧密连接而无泄漏的结合。如管螺纹，用于水管和煤气管道中的管件连接。紧密螺纹的使用要求是连接强度和密封性。

二、普通螺纹连接的主要参数

普通螺纹的牙型如图10-1所示，是指在通过螺纹轴线的剖面上螺纹的轮廓形状，由原始三角形形成，该三角形是高度为 H 的等边三角形，该三角形的底边平行于螺纹轴线。

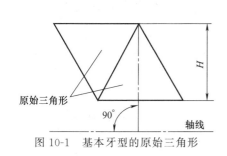

图10-1　基本牙型的原始三角形

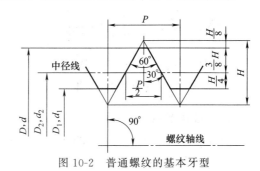

图10-2　普通螺纹的基本牙型

普通螺纹的基本牙型如图 10-2 所示，是指按规定的高度，削平原始三角形的顶部和底部后形成的理论牙型，是规定螺纹极限偏差的基础。

普通螺纹的主要参数如下。

1. 大径

是指与外螺纹牙顶或内螺纹牙底相切的假想圆柱的直径。内、外螺纹大径的基本尺寸分别用代号 D 和 d 表示，且 $D=d$，普通螺纹的公称直径就是螺纹大径的基本尺寸。

2. 小径

是指与外螺纹牙底或内螺纹牙顶相切的假想圆柱的直径。内、外螺纹小径的基本尺寸分别用代号 D_1 和 d_1 表示，且 $D_1=d_1$。外螺纹的小径和内螺纹的大径统称底径，外螺纹的大径和内螺纹的小径统称顶径。

3. 中径

是一个假想圆柱的直径，该圆柱的母线通过牙型上沟槽和凸起宽度相等的地方。内、外螺纹中径的基本尺寸分别用代号 D_2 和 d_2，且 $D_2=d_2$。

4. 螺距

是指相邻两牙在中径线上对应两点间的轴向距离。螺距的基本值用代号 P 表示。

5. 单一中径

是一个假想圆柱的直径，该圆柱的母线通过牙型上沟槽宽度等于螺距基本值一半（$P/2$）的地方，内、外螺纹的单一中径分别用代号 D_{2s} 和 d_{2s} 表示，见图 10-3。

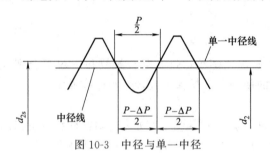

图 10-3 中径与单一中径

单一中径可以用三针法测得以表示螺纹的实际中径尺寸的数值。

6. 牙型角

牙型角是指在螺纹牙型上，相邻的两牙侧间的夹角，用代号 α 表示，如图 10-4 所示。牙型角的一半称为牙型半角。普通螺纹牙型半角为 30°。

7. 牙侧角

是指在螺纹牙型上，牙侧与螺纹轴线的垂线间的夹角，左、右牙侧分别用代号 α_1 和 α_2 表示，如图 10-5 所示。普通螺纹牙侧角的基本值是 30°。

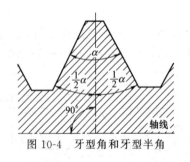

图 10-4 牙型角和牙型半角

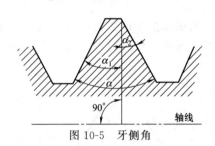

图 10-5 牙侧角

8. 螺纹接触高度

是指在两个相互配合螺纹的牙型上，它们的牙侧重合部分在垂直于螺纹轴线方向上的距离。普通螺纹的接触高度的基本值等于 $5H/8$，如图 10-2 所示。

9. 螺纹旋合长度

是指两个相互配合的螺纹沿螺纹轴线方向相互旋合（重合）部分的长度。

第二节　普通螺纹几何参数误差对互换性的影响

要实现普通螺纹的互换性，必须保证其良好的旋合性和足够的连接强度。旋合性是指相互结合的内、外螺纹能够自由旋入，并获得指定的配合性质。连接强度是指相互结合的内、外螺纹的牙侧能够均匀接触，具有足够的承载能力。

在螺纹加工过程中，其几何参数不可避免地会产生误差，因而影响其互换性。影响螺纹互换性的几何参数有螺纹的直径（包括大径、中径、小径）、螺距和牙型半角。

一、螺纹直径偏差的影响

螺纹直径（包括大径、中径和小径）的偏差是指螺纹加工后直径的实际尺寸与螺纹直径的基本尺寸之差。由于相互配合的内、外螺纹直径的基本尺寸相同，因此，如果外螺纹直径的偏差大于内螺纹对应直径的偏差，则不能保证它们的旋合性；假如外螺纹直径的偏差比内螺纹对应直径的偏差小得多，尽管它们能够旋入，然而它们的接触高度会减小，从而导致它们的连接强度不足。由于螺纹的配合面是牙侧面，螺纹的三个直径参数中，中径偏差对螺纹互换性的影响是主要的，它决定螺纹结合的配合性质。所以，必须控制螺纹直径的实际尺寸，对直径规定适当的上、下偏差。

因此，相互结合的内、外螺纹在顶径处和底径处应分别留有适当的间隙，以保证它们能够自由旋合。为保证螺纹的连接强度，螺纹的牙底应制成圆弧形状。

二、螺距误差的影响

螺距误差分为螺距偏差和螺距累积误差。螺距偏差 ΔP 是指螺距的实际值与其基本值 P 之差。螺距累积误差 ΔP_Σ 是指在规定的螺纹长度内，任意两同名牙侧与中径线交点间的实际轴向距离与其基本值之差中的最大绝对值。螺距累积误差 ΔP_Σ 对螺纹互换性的影响比螺距偏差 ΔP 更大。

如图 10-6 所示相互结合的内、外螺纹，假设内螺纹为理想牙型（内螺纹的实际轴向距离 $L_内 = nP$，P 为螺距的基本值），与其相配合的外螺纹仅存在螺距误差，它的 n 个螺距的实际轴向距离大于其基本值 nP，因此外螺纹的螺距累积误差为 $\Delta P_\Sigma = |L_外 - nP|$。$\Delta P_\Sigma$ 使内、外螺纹牙侧产生干涉而不能旋合。

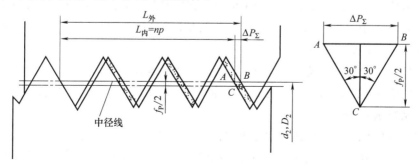

图 10-6　螺距累积误差对旋合性的影响

为了使具有螺距累积误差 ΔP_Σ 的外螺纹能够旋入理想的内螺纹，保证其旋合性，应将外螺纹的干涉部分削掉，使其牙侧上的 B 点移至与内螺纹牙侧上的 C 点接触（螺牙另一侧的间隙不变）。即将外螺纹的中径减小一个数值 f_p，使外螺纹轮廓刚好能被内螺纹轮廓包容。

同理，假设外螺纹为理想牙型，如内螺纹存在螺距累积误差 ΔP_Σ，那么为保证其旋合性，应将内螺纹的中径增大一个数值 F_p。

f_p（或 F_p）称为螺距误差的中径当量。由图 10-6 中的 $\triangle ABC$ 可求出：

$$f_p（或 F_p）= 1.732 \Delta P_\Sigma \tag{10-1}$$

三、牙侧角偏差的影响

牙侧角偏差是指牙侧角的实际值与其基本值之差，它包括螺纹牙侧的形状误差和牙侧相对于螺纹轴线的垂线的位置误差。

如图 10-7 所示，相互结合的内、外螺纹的牙侧角的基本值均为 $30°$，假设内螺纹 1 为理想螺纹，而外螺纹 2 仅存在牙侧角偏差。图中左牙侧角偏差 $\Delta\alpha_1 < 0$，右牙侧角偏差 $\Delta\alpha_2$，使内、外螺纹牙侧产生干涉而不能旋合。

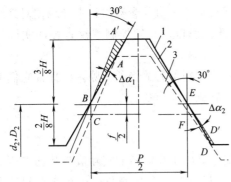

图 10-7 牙侧角偏差对旋合性的影响

为了消除干涉，保证旋合性，应将外螺纹的干涉部分削掉，把外螺纹螺牙沿垂直于螺纹轴线方向移动 $f_\alpha/2$ 至虚线 3 处，使外螺纹轮廓刚好能被内螺纹轮廓包容。即将外螺纹的中径减小一个数值 f_α。同样，当内螺纹存在牙侧角偏差时，为了保证旋合性，应将内螺纹中径增大一个数值 F_α。f_α（或 F_α）称为牙侧角偏差的中径当量。

如图 10-7 所示，$\triangle ABC$ 的边长 $BC = AA'$，$\triangle DEF$ 的边长 $EF = DD'$，在 $\triangle ABC$ 和 $\triangle DEF$ 中应用正弦定理，当牙型半角为 $30°$ 时，$H = \sqrt{3}P/2$，经整理、运算并进行单位换算后得：

$$f_\alpha（或 F_\alpha）= 0.073P(K_1|\Delta\alpha_1| + K_2|\Delta\alpha_2|) \quad \mu m \tag{10-2}$$

式中，系数 K_1、K_2 的数值分别取决于 $\Delta\alpha_1$、$\Delta\alpha_2$ 的正、负号。螺距基本值 P 的单位为 mm；牙侧角偏差 $\Delta\alpha_1$、$\Delta\alpha_2$ 的单位为分（′）。

对于外螺旋，当 $\Delta\alpha_1$（或 $\Delta\alpha_2$）为正值时，在中径与小径之间的牙侧产生干涉，相应的系数 K_1（或 K_2）取 2；当 $\Delta\alpha_1$（或 $\Delta\alpha_2$）为负值时，在中径与大径之间的牙侧产生干涉，相应的系数 K_1（或 K_2）取 3。

对于内螺旋，当 $\Delta\alpha_1$（或 $\Delta\alpha_2$）为正值时，在中径与小径之间的牙侧产生干涉，相应的系数 K_1（或 K_2）取 3；当 $\Delta\alpha_1$（或 $\Delta\alpha_2$）为负值时，在中径与大径之间的牙侧产生干涉，相应的系数系数 K_1（或 K_2）取 2。

增大内螺纹中径或减小外螺纹中径可以消除牙侧角偏差，虽可保证旋合，但会使内、外螺纹牙侧接触面积减少，载荷相对集中到接触部位，造成接触压力增大，降低螺纹的连接强度。

四、作用中径对螺纹旋合性的影响

影响螺纹旋合性的主要因素是中径偏差、螺纹误差和牙侧角偏差。它们的综合结果可用作用中径表示。在规定的旋合长度内,恰好包容实际外螺纹的假想内螺纹的中径,称为该外螺纹的作用中径,用代号 d_{2m} 表示;恰好包容实际内螺纹的假想外螺纹中径,称为内螺纹的作用中径,用代号 D_{2m} 表示。

当外螺纹存在螺纹累积误差和牙侧角偏差时,需将它的中径减小 (f_p+f_α),才能与理想的内螺纹旋合。同样,当内螺纹存在螺距累积误差和牙侧角偏差时,需将它的中径增大 (f_p+f_α)。

如图 10-8 所示,所谓的假想螺纹是具有理想的螺距、牙侧角和牙型高度,并且分别在牙顶处和牙底处留有间隙,以保证它包容实际螺纹,使两者的大径、小径处不发生干涉。

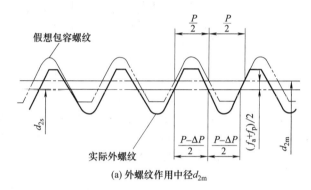

(a) 外螺纹作用中径 d_{2m}

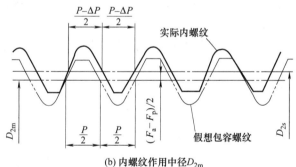

(b) 内螺纹作用中径 D_{2m}

图 10-8 螺纹作用中径

外螺纹和内螺纹的作用中径分别按下式计算:

$$d_{2m} = d_{2s} + (f_p + f_\alpha) \qquad (10-3)$$

$$D_{2m} = D_{2s} - (F_p + F_\alpha) \qquad (10-4)$$

由此可见,内、外螺纹能够自由旋合的条件是:$d_{2m} \leqslant D_{2m}$,或者外螺纹 d_{2m} 不大于其中径最大极限尺寸,内螺纹 D_{2m} 不小于其中径最小极限尺寸。

五、普通螺纹合格性的判断原则(泰勒原则)

螺纹的检测,应针对螺纹的不同使用场合、螺纹加工条件和生产批量的大小,由设计者决定采用何种检验手段,以判断被检测螺纹合格与否。

小批量螺纹的检测,可以用工具显微镜、螺纹千分尺、三针法等分别测出螺纹的单一中径、螺距误差和牙侧角偏差。对生产批量较大的螺纹，可以按泰勒原理使用螺纹量规检测，判断被测螺纹的旋合性和连接强度合格与否。

如图 10-9 所示，泰勒原则指为了保证旋合性，实际螺纹的作用中径应不超出最大实体牙型的中径；为了保证连接强度，该实际螺纹任何部位的单一中径应不超出最小实体牙型的中径。

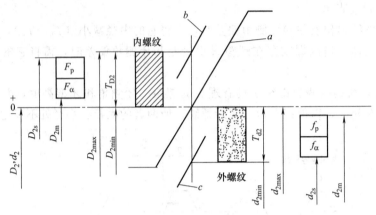

图 10-9 泰勒原则

a—内、外螺纹最大实体牙型；b—内螺纹最小实体牙型；c—外螺纹最小实体牙型；
$D_{2\max}$、$D_{2\min}$—内螺纹中径最大、最小极限尺寸；$d_{2\max}$、$d_{2\min}$—外螺纹中径最大、最小极限尺寸；
T_{D2}、T_{d2}—内、外螺纹中径公差

最大和最小实体牙型是指在螺纹中径公差范围内，分别具有材料量最多和最小并且具有与基本牙型一致的螺纹牙型。外螺纹的最大和最小实体牙型中径分别等于其中径最大和最小极限尺寸 $d_{2\max}$、$d_{2\min}$，内螺纹的最大和最小实体牙型中径分别等于其中径最小和最大极限尺寸 $D_{2\min}$、$D_{2\max}$。

按照泰勒原则，螺纹中径的合格性条件如下：

外螺纹为 $\quad\quad\quad\quad d_{2m} \leq d_{2\max}$ 且 $\quad d_{2s} \geq d_{2\min}$ \quad\quad (10-5)

内螺纹为 $\quad\quad\quad\quad D_{2m} \geq D_{2\min}$ 且 $\quad D_{2s} \leq D_{2\max}$ \quad\quad (10-6)

第三节 普通螺纹的基本偏差与公差

普通螺纹的公差带与尺寸公差带一样，其位置由基本偏差决定，大小由公差等级决定；螺纹的公差精度则由公差带和旋合长度决定。普通螺纹国家标准 GB/T 197—2003《普通螺纹 公差》规定了普通螺纹配合是最小间隙为零以及具有保证间隙的螺纹公差带、旋合长度和公差精度。

普通螺纹公差带是沿基本牙型的牙侧、牙顶和牙底分布的公差带，由基本偏差和公差两个要素构成，在垂直于螺纹轴线的方向计量其大、中、小径的极限偏差和公差值。

一、螺纹的基本偏差

螺纹的基本偏差用来确定公差带相对于基本牙型的位置。GB/T 197—2003《普通螺纹公差》对于螺纹的中径和顶径规定了基本偏差，并且它们的数值相同。如图 10-10 所示对

内螺纹规定了代号为 G、H 的两种基本偏差，均为下偏差 EI；如图 10-11 所示（d_{3max} 为外螺纹实际小径的最大允许值），对于外螺纹规定代号为 e、f、g、h 的四种基本偏差，均为上偏差 es。

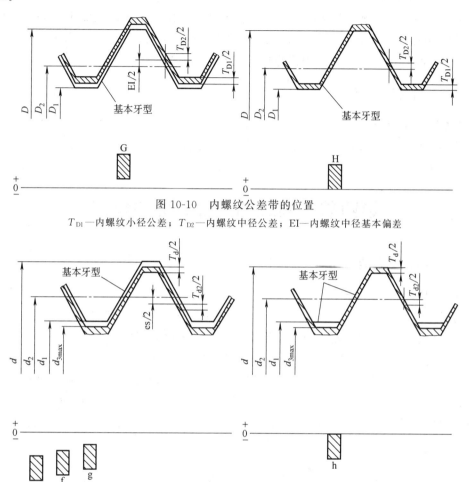

图 10-10　内螺纹公差带的位置

T_{D1}—内螺纹小径公差；T_{D2}—内螺纹中径公差；EI—内螺纹中径基本偏差

图 10-11　外螺纹公差带的位置

T_d—外螺纹大径公差；T_{d2}—外螺纹中径公差；es—外螺纹中径基本偏差

二、螺纹的公差

螺纹公差用来确定公差带的大小，它表示螺纹直径的尺寸允许的变动范围。普通螺纹国家标准 GB/T 197—2003 对螺纹中径和顶径（外螺纹顶径为大径，内螺纹顶径为小径）分别规定了若干公差等级，见表 10-1。其中，3 级精度最高，9 级精度最低。

表 10-1　螺纹的公差等级

螺纹直径	公差等级
内螺纹中径 D_2	4、5、6、7、8
内螺纹小径 D_1	4、5、6、7、8
外螺纹中径 d_2	3、4、5、6、7、8、9
外螺纹大径 d	4、6、8

中径公差具有三个功能：控制中径本身的尺寸偏差，还控制螺距误差和牙侧角偏差。无需单独规定螺距公差和牙侧角公差。

公差带代号是由螺纹的中径和顶径的公差等级代号和基本偏差代号组合而成的。标注时中径公差带代号在前，顶径公差带代号在后。例如，5H6H 表示内螺纹中径公差带代号为5H，顶径（小径）公差带代号为6H。如果中径公差带代号和顶径公差带代号相同，则标注时只写一个，例如 6f 表示外螺纹中径与顶径（大径）公差带代号相同。

三、螺纹的旋合长度

普通螺纹国家标准 GB/T 197—2003 规定了短旋合长度 S、中等旋合长度 N 和长旋合长度 L 三种旋合长度。通常采用中等旋合长度。为了加强联接强度，可选择长旋合长度，对空间位置受到限制或受力不大的螺纹，可选择短旋合长度。

第四节　螺纹的精度设计与标注

一、普通螺纹的精度设计与标注

1. 普通螺纹的精度设计

普通螺纹国家标准 GB/T 197—2003《普通螺纹　公差》根据螺纹的公差带和旋合长度两个因素，规定了螺纹的公差等级，分为精密级、中等级和粗糙级。表 10-2 为该国标规定的不同公差精度宜采用的公差带，同一公差精度的螺纹的旋合长度越长，则公差等级就应越低。设计时一般用途的螺纹可按中等旋合长度 N 选取螺纹公差带。对配合性质要求稳定或有定心精度要求的螺纹连接，应采用精密级。对于螺纹加工较困难的零件部位，例如在深盲孔内加工螺纹，则应采用粗糙级。除特殊情况外，标准规定以外的其他公差带不应选用。

表 10-2　普通螺纹的推荐公差带

公差精度	内螺纹公差带			外螺纹公差带		
	S	N	L	S	N	L
精密	4H	5H	6H	(3h4h)	**4h** (4g)	(5h4h) (5g4g)
中等	**5H** (5G)	6H 6G	7H (7G)	(5g6g) (5h6h)	6e **6f** 6g 6h	(7e6e) (7g6g) (7h6h)
粗糙	—	7H (7G)	8H (8G)	—	(8e) 8g	(9e8e) (9g8g)

注：1. 选用顺序依次为：粗字体公差带、一般字体公差带、括弧内的公差带。
　　2. 带方框的粗字体公差带用于大量生产的紧固件螺纹。

为了保证螺纹副有足够的螺纹接触高度，保证螺纹的连接强度，螺纹副应优先选用 H/g、H/h 或 G/h 配合。对于公称直径小于 1.4mm 的螺纹，应采用 5H/6h、4H/6h 或更精密的配合。

2. 普通螺纹标注

普通螺纹的完整标记由螺纹代号 M、尺寸代号（公称直径×螺距，单位为 mm）、公差代号及旋合长度代号、旋向代号组成，尺寸代号、公差带代号、旋合长度代号和旋向代号之间各用短横线"-"分开。标注螺纹标记时应注意：粗牙螺纹不标注其螺距数值；中等旋合长度代号 N 不标注，右旋螺纹不标注旋向代号，对于中等公差精度螺纹，公称直径 D（或 d）≥1.6mm 的 5H、6h 公差带的代号不标注。

细牙螺纹应标出螺距，粗牙螺纹不标出螺距。例如：

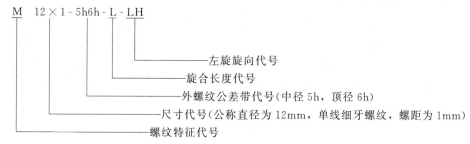

在装配图上，内、外螺纹配合的标记，内螺纹公差带代号在前，外螺纹公差带代号在后，中间用斜线分开。例如，M20×2-7H/7g6g-L。

3. 螺纹的表面粗糙度轮廓要求

螺纹牙侧表面粗糙度轮廓要求主要根据中径公差等级确定。

【例 10-1】 有一普通外螺纹 M12×1，加工后测量得单一中径 $d_{2s}=11.275$mm，螺距累积误差 $\Delta P_\Sigma = |-30| \mu m$，左、右牙侧角偏差 $\Delta\alpha_1=+40'$，$\Delta\alpha_2=-30'$。试计算该螺纹的作用中径 d_{2m}，并按泰勒原则判断该螺纹合格与否。

解：（1）确定中径的极限尺寸

查国标，得中径基本尺寸 $d_2=11.350$mm；得中径公差 $T_{d2}=118\mu m$ 和基本偏差 es$=26\mu m$。由此可得中径的最大和最小极限尺寸为：

$$d_{2max}=d_2+\text{es}=11.350-0.026=11.324(\text{mm})$$
$$d_{2min}=d_{2max}-T_{d2}=11.324-0.118=11.206(\text{mm})$$

（2）计算作用中径

由式（10-1）计算螺距误差中径当量：

$$f_p=1.732\Delta P_\Sigma=1.732\times 0.03=0.052(\text{mm})$$

由式（10-2）计算牙侧角偏差中径当量：

$$f_\alpha=0.073P(K_1|\Delta\alpha_1|+K_2|\Delta\alpha_2|)$$
$$=0.073\times 1(2\times|+40'|+3\times|-30'|)$$
$$=12.4(\mu m)=0.012(\text{mm})$$

由式（10-3）计算作用中径：

$$d_{2m}=d_{2s}+(f_p+f_\alpha)=11.275+(0.052+0.012)=11.339(\text{mm})$$

（3）判断被测螺纹合格与否

$d_{2s}=11.275$mm$>d_{2min}=11.206$mm，该螺纹的连接强度合格；但 $d_{2m}=11.339>d_{2max}=11.324$mm，该外螺纹的旋合性不合格。结论：该螺纹不合格。

二、梯形螺纹的精度设计与标注

1. 梯形螺纹的基本牙型

机床采用梯形螺纹丝杠和螺母作传动和定位用,其特点是精度要求高,特别是对螺距公差(或螺旋线公差)的要求。GB/T 5796.1—2005《梯形螺纹 基本牙型》规定的梯形螺纹是由原始三角形截去顶部和底部所形成,其原始三角形为顶角等于30°的等腰三角形。为了储存润滑油及保证梯形螺纹传动的灵活性,必须使内外螺纹配合后在大径和小径间留有一个保证间隙 a_c,分别在内外螺纹的牙底上,由基本牙型让出一个大小等于 a_c 的间隙,如图10-12所示。

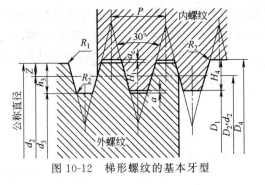

图 10-12 梯形螺纹的基本牙型

2. 梯形螺纹的公差等级与基本偏差

GB/T 5796.4—2005《梯形螺纹 公差》规定了内外螺纹的大、中、小径的公差等级,如表10-3所示。

表 10-3 梯形螺纹的公差等级

直 径	公差等级	直 径	公差等级
内螺纹小径 D_1	4	外螺纹中径 d_2	(6)7,8,9
外螺纹大径 d	4	外螺纹小径 d_3	7,8,9
内螺纹中径 D_2	7,8,9		

该标准对内螺纹的大径 D_3、中径 D_2 和小径 D_1 只规定了一种基本偏差 H(下偏差),其值为零;对外螺纹的中径 d_2 规定了 h、e 和 c 三种基本偏差,对大径 d 和小径 d_3 规定了一种基本偏差 h,其中 h 的基本偏差(上偏差)为 0,e 和 c 的基本偏差(上偏差)为负。

3. 梯形螺纹的标记

梯形螺纹的标记如下:

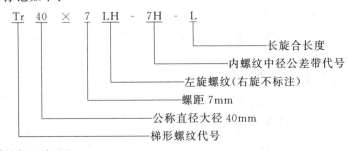

梯形螺纹副的标记如下:

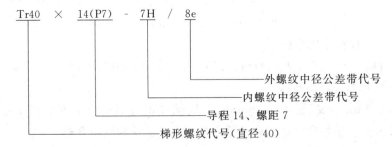

机床行业制定了 JB/T 2886—1992《机床梯形螺纹丝杠、螺母技术条件》（以下简称机标）。机标对机床丝杠和螺母分别规定了 7 个精度等级，分别用阿拉伯数字 3、4、5、6、7、8、9 表示。其中 3 级精度最高，9 级最低。

各级精度的应用如下：3、4 级用于超高精度的坐标镗床和坐标磨床的传动、定位丝杠和螺母；5、6 级用于高精度的齿轮磨床、螺纹磨床和丝杠车床的主传动丝杠和螺母；7 级用于精密螺纹车床、齿轮机床、镗床、外圆磨床和平面磨床等的传动丝杠和螺母；8 级用于普通车床和普通铣床的进给丝杠和螺母；9 级用于带分度盘的进给机构的丝杠和螺母。其规定的公差或极限偏差项目，除螺距公差、牙型半角极限偏差、大径和中径以及小径公差外，还增加了丝杠螺旋线公差（只用于 4、5 和 6 级的高精度丝杠）、丝杠全长上中径尺寸变动量公差和丝杠中径跳动公差。

第五节　螺纹的检测

螺纹是多几何参数要素，检测方法可分为综合检验和单项测量两类。

一、综合检验

螺纹的综合检验是指用螺纹量规检验被测螺纹各个几何参数的误差的综合结果。用普通螺纹量规的通规检验被测螺纹的作用中径（含底径），用普通螺纹止规检验被测螺纹的单一中径，使用光滑极限量规检验被测螺纹顶径的实际尺寸。

检验内螺纹用的量规称为螺纹塞规，检验外螺纹用的量规称为螺纹环规。螺纹量规的设计应符合泰勒原则。如图 10-13 和图 10-14 所示，螺纹量规通规模拟被测螺纹的最大实体牙型，检验被测螺纹的作用中径是否超出其最大实体牙型的中径，并同时检验被测螺纹底径的实际尺寸是否超出其最大实体尺寸。所以，通规应具有完整的牙型，并且其螺纹的长度应等于被测螺纹的旋合长度。止规用来检验被测螺纹的单一中径是否超出其最小实体牙型的中径，因此止规采用截短牙型，并且只有 2～3 个螺距的螺纹长度，以减少牙侧偏差和螺距误差对检验结果的影响。

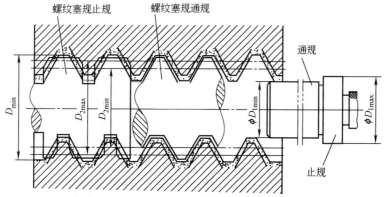

图 10-13　用螺纹塞规和光滑极限塞规检验内螺纹

如果通规能够旋合通过整个被测螺纹，则认为旋合性合格，否则为不合格；如果其止规不能旋入或不能完全旋入被测螺纹（只允许与被测螺纹的两端旋合，旋合量不得超过两个螺距），则认为连接强度合格，否则为不合格。

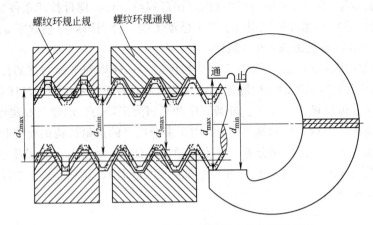

图 10-14 用螺纹环规和光滑极限卡规检验外螺纹

螺纹量规通规、止规以及检验螺纹顶径用的光滑极限量规的设计计算，见 GB/T 3934—2003《普通螺纹量规 技术条件》中的规定。

二、单项测量

螺纹的单项测量是指分别对被测螺纹的各个几何参数进行测量，单项测量主要用于测量精密螺纹、螺纹量规、螺纹刀具、丝杠螺纹和进行工艺分析。常用的单项测量方法有以下几种。

1. 三针法测量外螺纹单一中径

如图 10-15（a）所示，将三根直径相同的精密圆柱量针分别放入被测螺纹直径方向的两个沟槽中，与牙型两侧面接触，然后用指示式量仪测量这三根量针外侧母线之间的距离（针距）M。由测得的针距 M、被测螺纹距的基本值 P、牙型半角 $\alpha/2$ 和量针直径 d_0 计算被测螺纹的单一中径 d_{2s}：

$$d_{2s}=M-d_0\left(1+\frac{1}{\sin\frac{\alpha}{2}}\right)+\frac{P}{2}\cot\frac{\alpha}{2} \tag{10-7}$$

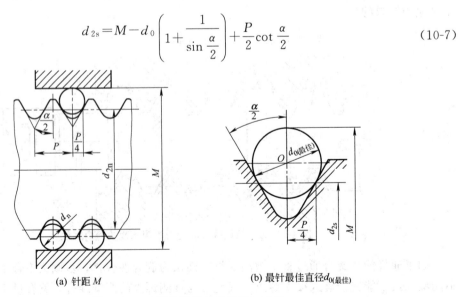

(a) 针距 M (b) 量针最佳直径 $d_{0(最佳)}$

图 10-15 三针法测量外螺纹单一中径

由式（10-7）可知，影响螺纹单一中径测量精度的因素有：针距 M 的测量误差、量针的尺寸偏差和形状误差、被测螺纹的螺距偏差和牙侧角偏差。为了避免牙侧角偏差对测量结果的影响，应使量针与被测螺纹牙型沟槽的两个接触点间的轴向距离等于螺距基本值的一半（$P/2$），如图 10-15（b）所示，可得最佳的量针直径 d_0 的计算公式如下：

$$d_0 = \frac{P}{2\cos\frac{\alpha}{2}} \tag{10-8}$$

三针法测量外螺纹单一中径属于间接测量法。

2. 影像法测量外螺纹几何参数

影像法测量外螺纹几何参数是指用工具显微镜将被测外螺纹牙型轮廓放大成像，按被测外螺纹的影像来测量其螺距、牙侧角和中径，也可测量其大径和小径。

3. 用螺纹千分尺测量外螺纹中径

螺纹千分尺是测量低精度外螺纹中径的常用量具。如图 10-16 所示，它的构造与普通外径千分尺相似，只是在两量砧上分别安装了可更换的 V 形槽测头 2 和锥形测头 3。螺纹千分尺带有一套不同规格的测头，以测量不同螺距的外螺纹中径。

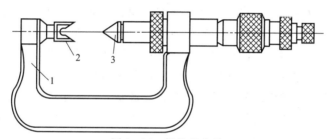

图 10-16　螺纹千分尺
1—千分尺体　2—V 形槽测头　3—锥形测头

当将 V 形槽测头和锥形测头安装在内径千分尺上时，也可测量内螺纹的中径。

思 考 题

1. 螺纹中径、单一中径和作用中径三者有何区别和联系？
2. 什么是普通螺纹的互换性要求？从几何精度上如何保证普通螺纹的互换性要求？
3. 螺纹的实际中径在中径极限尺寸内中径是否就合格？为什么？
4. 试说明下列代号的含义：
(1) M24-6H；
(2) M36×2-5g6g-L；
(3) M30×2LH-6H/5h6h。

第十一章 尺寸链

第一节 概述

机械零件无论在设计或制造中,一个重要的问题就是如何保证产品的质量。也就是说,设计一部机器,除了要正确选择材料,进行强度、刚度、运动精度计算外,还必须进行几何精度计算,合理地确定机器零件的尺寸、几何形状和相互位置公差,在满足产品设计预定技术要求的前提下,能使零件、机器获得既经济又顺利的加工和装配。为此,需对设计图样上要素与要素之间、零件与零件之间有尺寸、位置关系要求,且能对构成首尾衔接、形成封闭形式的尺寸组加以分析,研究它们之间的变化;计算各个尺寸的极限偏差及公差;以便选择保证达到产品规定公差要求的设计方案与经济的工艺方法。

一、尺寸链的定义和特性

在一个零件或一台机器的结构中,总有一些相互联系的尺寸,这些尺寸按一定顺序连接成一个封闭的尺寸组,称为尺寸链。

图 11-1(a) 所示的间隙配合,就是一个由孔直径 D、轴直径 d 和间隙 x 组成的最简单的尺寸链。间隙大小受 D、d 的影响。

图 11-1(b) 所示是由台阶轴三个台阶长度和总长形成的尺寸链。

图 11-1(c) 所示零件在加工过程中,以 B 面为定位基准获得尺寸 A_1、A_2,A 面到 C

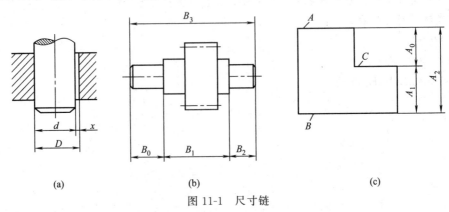

图 11-1 尺寸链

面的距离 A_0 也就随之确定，尺寸 A_1、A_2 和 A_0 形成尺寸链。

综上所述可知，尺寸链具有两个特性：封闭性和相关性。

二、尺寸链的组成

构成尺寸链中的每一个尺寸，都称为环。尺寸链的环分为封闭环和组成环。

1. 封闭环

封闭环指在装配过程或加工过程最后自然形成的那个尺寸，它也是确保机器装配精度要求或零件加工质量的一环，通常封闭环加下角标"0"表示。任何一个尺寸链中，只有一个封闭环。如图 11-1 中的 x、B_0 和 A_0。

2. 组成环

尺寸链中除封闭环以外的其他各环都称为组成环，组成环按其对封闭环影响的不同，又分为增环与减环。

（1）增环 当尺寸链中其他组成环不变时，某一组成环增大，封闭环也随之增大，则该组成环称为增环。如图 11-1 中的 D、B_3 和 A_2。

（2）减环 当尺寸链中其他组成环不变时，某一组成环增大，封闭环反而随之减小，则该组成环称为减环。如图 11-1 中的 d、B_1 和 A_1。

三、尺寸链的种类

尺寸链通常按下述特征分类。

1. 按应用场合分类

（1）装配尺寸链 指全部组成环为不同零件设计尺寸所形成的尺寸链，如图 11-1(a) 所示。

（2）零件尺寸链 指全部组成环为同一零件的设计尺寸所形成的尺寸链，如图 11-1(b) 所示。

（3）工艺尺寸链 指全部组成环为同一零件工艺尺寸所形成的尺寸链，如图 11-1(c) 所示。

2. 按各环所在空间位置分类

（1）直线尺寸链 指全部组成环都平行于封闭环的尺寸链，如图 11-1 所示。

（2）平面尺寸链 指全部组成环位于一个或几个平行平面内，但某些组成环不平行于封闭环，如图 11-2 所示。

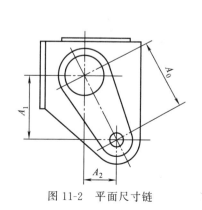

图 11-2 平面尺寸链

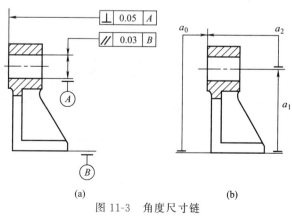

图 11-3 角度尺寸链

(3) 空间尺寸链 指组成环位于几个不平行的平面内。

3. 按各环尺寸的几何特征分类

(1) 长度尺寸链 指链中各环均为长度尺寸,如图 11-1、图 11-2 所示。

(2) 角度尺寸链 指链中各环均为角度尺寸或平行度、垂直度,如图 11-3 所示。角度尺寸链常用于分析和计算机械结构中有关零件要素的位置精度,如平行度、垂直度等。

尺寸链还有其他的一些分类方法。

本章重点讨论长度尺寸链中的直线尺寸链。

第二节　用极值法计算尺寸链

一、建立尺寸链

1. 确定封闭环

建立尺寸链,首先要正确地确定封闭环。装配尺寸链的封闭环是在装配之后形成的,往往是机器上有装配精度要求的尺寸,如保证机器可靠工作的相对位置尺寸或保证零件相对运动的间隙等。在建立尺寸链之前,必须查明在机器装配和验收的技术要求中规定的所有几何精度要求项目,这些项目往往就是某些尺寸链的封闭环。

零件尺寸链的封闭环应为公差等级要求最低的环,一般在零件图上是不需要标注的,以免引起加工中的混乱。如图 11-1(b) 中尺寸 B_0 是不标注的。

工艺尺寸链的封闭环是在加工中自然形成的,一般为被加工零件要求达到的设计尺寸或工艺过程中需要的尺寸。加工顺序不同,封闭环也不同。所以工艺尺寸链的封闭环必须在加工顺序确定之后才能判断。

一个尺寸链中只有一个封闭环。

2. 查找组成环

组成环是对封闭环有直接影响的那些尺寸。一个尺寸链的组成环数应尽量少。

查找组成环时,以封闭环尺寸的任一端为起点,依次找出各个相毗连并直接影响封闭环的全部尺寸,其中最后一个尺寸应与封闭环的另一侧相连接。

如图 11-4(a) 所示的车床主轴轴线与尾座轴线高度差的允许值 A_0 是装配技术要求,为封闭环。组成环可从尾座顶尖开始查找,尾座顶尖轴线到底面的高度 A_1、与床身导轨面相连的底板的厚度 A_2、床身导轨面到主轴轴线的距离 A_3,最后回到封闭环。A_1、A_2、A_3 均为组成环。

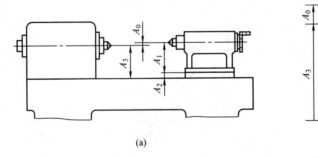

图 11-4　车床顶尖高度尺寸链

一个尺寸链至少要由两个组成环组成。

在封闭环有较高技术要求或形位误差较大的情况下,建立尺寸链时,还要考虑形位误差对封闭环的影响。

3. 画尺寸链线图

为清楚地表达尺寸链的组成,通常不需要画出零件或部件的具体结构,只需将尺寸链中各尺寸依次首尾相连画出,形成封闭的图形即可,这样的图形称为尺寸链线图,如图 11-4(b) 所示,在尺寸链线图中,常用带单箭头的线段表示各环,箭头仅表示查找尺寸链的组成环的方向。与封闭环箭头相同的环为减环,与封闭环箭头相反的环为增环。如图 11-4(b) 中,A_3 为减环,A_1、A_2 为增环。

二、极值法公式

极值法是按各环的极限值进行尺寸链计算的方法。这种方法的特点是从保证完全互换性出发,由各组成环的极限尺寸计算封闭环的极限尺寸,从而求得封闭环公差,所以这种方法又称为完全互换法。

① 封闭环的基本尺寸 A_0 等于所有增环的基本尺寸之和减去所有减环的基本尺寸之和。用公式表示为

$$A_0 = \sum_{i=1}^{n} A_i - \sum_{i=n+1}^{m} A_i \tag{11-1}$$

式中,n 为增环环数;m 为全部组成环数。

② 封闭环的最大极限尺寸 $A_{0\max}$ 等于所有增环的最大极限尺寸之和减去所有减环的最小极限尺寸之和。用公式表示为

$$A_{0\max} = \sum_{i=1}^{n} A_{i\max} - \sum_{i=n+1}^{m} A_{i\min} \tag{11-2}$$

③ 封闭环的最小极限尺寸 $A_{0\min}$ 等于所有增环的最小极限尺寸之和减去所有减环的最大极限尺寸之和。用公式表示为

$$A_{0\min} = \sum_{i=1}^{n} A_{i\min} - \sum_{i=n+1}^{m} A_{i\max} \tag{11-3}$$

④ 封闭环的上偏差 ES_0 和下偏差 EI_0

$$ES_0 = \sum_{i=1}^{n} ES_i - \sum_{i=n+1}^{m} EI_i \tag{11-4}$$

$$EI_0 = \sum_{i=1}^{n} EI_i - \sum_{i=n+1}^{m} ES_i \tag{11-5}$$

即封闭环的上偏差等于所有增环的上偏差之和减去所有减环的下偏差之和。封闭环的下偏差等于所有增环的下偏差之和减去所有减环的上偏差之和。

⑤ 封闭环公差 T_0 等于所有组成环公差之和

$$T_0 = \sum_{i=1}^{n} T_i \tag{11-6}$$

三、用极值法解装配尺寸链

1. 正计算

正计算是已知组成环的基本尺寸及偏差,求封闭环的基本尺寸及偏差。正计算的计算步

骤是：根据装配要求确定封闭环；寻找组成环；画尺寸链线图；判别增环和减环；由各组成环的基本尺寸和极限偏差验算封闭环的基本尺寸和极限偏差，以校核几何精度设计的正确性。

【例 11-1】 在图 11-5(a) 所示齿轮结构中，轴是固定的，齿轮在轴上回转，设计要求齿轮左右端面与挡环之间有间隙，现将此间隙集中在齿轮右端面与右挡环左端面之间，按工作条件，要求 $A_0 = 0.10 \sim 0.45$mm，已知：$A_1 = 30_{-0.13}^{\ 0}$ mm，$A_2 = A_5 = 5_{-0.075}^{\ 0}$ mm，$A_3 = 43_{+0.02}^{+0.18}$ mm，$A_4 = 3_{-0.04}^{\ 0}$ mm。试问所规定的零件公差及极限偏差能否保证齿轮部件装配后的技术要求？

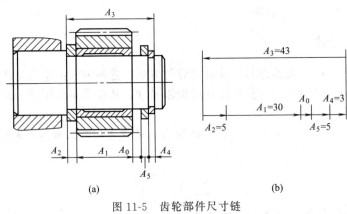

图 11-5 齿轮部件尺寸链

解： ① 画尺寸链图，区分增环、减环。齿轮部件的间隙 A_0 是装配过程最后形成的，是尺寸链的封闭环，$A_1 \sim A_5$ 是 5 个组成环，如图 11-5（b）所示，其中 A_3 是增环，A_1、A_2、A_4、A_5 是减环。

② 计算封闭环的基本尺寸。将各组成环的基本尺寸，代入式(11-1)，得

$$A_0 = A_3 - (A_1 + A_2 + A_4 + A_5)$$
$$= 43 - (30 + 5 + 3 + 5)$$
$$= 0 \ (\text{mm})$$

即要求封闭环的尺寸为 $0_{+0.10}^{+0.45}$ mm。

③ 按式(11-4) 和式(11-5) 计算封闭环的极限偏差

$$\text{ES}_0 = \text{ES}_3 - (\text{EI}_1 + \text{EI}_2 + \text{EI}_4 + \text{EI}_5)$$
$$= +0.18 - (-0.13 - 0.075 - 0.04 - 0.075)$$
$$= +0.50 \ (\text{mm})$$

$$\text{EI}_0 = \text{EI}_3 - (\text{ES}_1 + \text{ES}_2 + \text{ES}_4 + \text{ES}_5)$$
$$= +0.02 - (0 + 0 + 0 + 0) = 0.02 \ (\text{mm})$$

④ 计算封闭环的公差。将各组成环的公差，代入式（11-6），得

$$T_0 = T_1 + T_2 + T_3 + T_4 + T_5$$
$$= 0.13 + 0.075 + 0.16 + 0.04 + 0.075 = 0.48 \ (\text{mm})$$

校核结果表明，封闭环的公差及极限偏差均已超过要求的范围，必须调整组成环的极限偏差。

2．反计算

反计算是已知封闭环的基本尺寸及偏差和各组成环的基本尺寸，求各组成环的偏差，最

后再进行校核。

在具体分配各组成环的公差时，可采用"等公差法"或"等精度法"。

(1) 等公差法　当各组成环的基本尺寸一般相差不大时，可将封闭环的公差平均分配给各组成环，如果需要，可在此基础上进行必要的调整，这种方法称为等公差法。即

$$T = \frac{T_0}{m} \tag{11-7}$$

实际工作中，各组成环的基本尺寸一般相差较大，按等公差法分配公差，从加工工艺上讲不合理。为此，可采用等精度法。

(2) 等精度法　所谓等精度法，就是各组成环公差等级相同，即各环公差等级系数相等，设其值均为 a，则

$$a_1 = a_2 = \cdots = a_m = a \tag{11-8}$$

按国家标准规定，在 IT5～IT18 范围内，标准公差值的计算公式为：$T = ai$，其中 i 为标准公差因子，在常用尺寸段内，$i = 0.45\sqrt[3]{D} + 0.001D$。本章为了应用方便，将部分公差等级系数 a 的值和标准公差因子 i 的数值列于表 11-1 和表 11-2 中。

表 11-1　公差等级系数 a 的值

公差等级	IT8	IT9	IT10	IT11	IT12	IT13	IT14	IT15	IT16	IT17	IT18
系数 a	25	40	64	100	160	250	400	640	1000	1600	2500

表 11-2　尺寸≤500mm 各尺寸分段的公差因子 i 值

分段尺寸/mm	≤3	>3～6	>6～10	>10～18	>18～30	>30～50	>50～80	>80～120	>120～180	>180～250	>250～315	>315～400	>400～500
i/μm	0.54	0.73	0.90	1.08	1.31	1.56	1.86	2.17	2.52	2.90	3.23	3.54	3.89

由式(11-6) 可得

$$a = \frac{T_0}{\sum_{j=1}^{m} i_j} \tag{11-9}$$

计算出 a 值后，将其与标准公差计算公式表相比较，得出最接近的公差等级后，可按该等级查标准公差表，求出组成环的公差值，从而进一步确定各组成环的极限偏差。各组成环的极限偏差确定方法是先留一个组成环作为调整环，其余各组成环的极限偏差按"入体原则"确定，即包容尺寸的基本偏差为 H，被包容尺寸的基本偏差为 h，一般长度尺寸为 js。

进行反计算时，最后必须进行正计算，以校核设计的正确性。

【例 11-2】　图 11-6 所示为某齿轮箱的一部分，根据使用要求，应保证间隙 A_0 在 1～1.75mm 之间，若已知 $A_1 = 140$mm，$A_2 = 5$mm，$A_3 = 101$mm，$A_4 = 50$mm，$A_5 = 5$mm。用等精度法求各环的极限偏差。

解：① 画尺寸链图，区分增环、减环。

间隙 A_0 是装配过程最后形成的，是尺寸链的封闭环，A_1～A_5 是 5 个组成环，如图 11-6(b) 所示，其中 A_3、A_4 是增环，A_1、A_2、A_5 是减环。

② 计算封闭环的基本尺寸

$$A_0 = A_3 + A_4 - (A_1 + A_2 + A_5)$$
$$= 101 + 50 - (140 + 5 + 5) = 1(\text{mm})$$

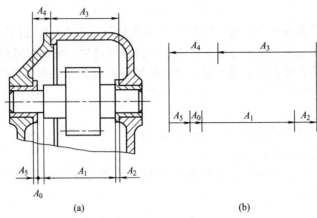

图 11-6 齿轮箱部件尺寸链

所以 $A_0 = 1^{+0.75}_{\ 0}$ mm，公差 $T_0 = 0.75$。

③ 计算各环的公差。首先计算各组成环的标准公差因子：$i_1 = 2.52$，$i_2 = i_5 = 0.73$，$i_3 = 2.17$，$i_4 = 1.56$，由式(11-9)得各组成环的公差等级系数为

$$a = \frac{T_0}{\sum i_j} = \frac{750}{2.52 + 0.73 + 2.17 + 1.56 + 0.73} = 97.3$$

由表 11-1 查得，$a = 97.3$ 在 IT10 级和 IT11 级之间。

根据实际情况，箱体零件尺寸大，难加工，衬套尺寸较小，易控制，故选 A_1、A_3 和 A_4 为 IT11 级，A_2 和 A_5 为 IT10 级。

查标准公差表得各组成环的公差为：$T_1 = 0.25$ mm，$T_2 = T_5 = 0.048$ mm，$T_3 = 0.22$ mm，$T_4 = 0.16$ mm。

校核封闭环公差

$$\begin{aligned} T_0 &= \sum_{i=1}^{m} T_i \\ &= 0.25 + 0.048 + 0.22 + 0.16 + 0.048 \\ &= 0.726 \text{mm} < 0.75 \text{mm} \end{aligned}$$

故封闭环为 $1^{+0.726}_{\ 0}$ mm。

④ 确定各组成环的极限偏差。

根据"入体原则"，由于 A_1、A_2 和 A_5 相当于被包容尺寸，故取其上偏差为零，即 $A_1 = 140^{\ 0}_{-0.25}$ mm，$A_2 = A_5 = 5^{\ 0}_{-0.048}$ mm；A_3 和 A_4 均为同向平面间距离，留 A_4 作调整环，取 A_3 的下偏差为 0，即 $A_3 = 101^{+0.22}_{\ 0}$ mm。

据式(11-5)有

$$0 = (0 + \text{EI}_4) - (0 + 0 + 0)$$
$$\text{EI}_4 = 0$$

由于 $T_4 = 0.16$ mm，故 $A_4 = 50^{+0.16}_{\ 0}$ mm。

校核封闭环的上偏差

$$\begin{aligned} \text{ES}_0 &= \text{ES}_3 + \text{ES}_4 - \text{EI}_1 - \text{EI}_2 - \text{EI}_5 \\ &= 0.22 + 0.16 - (-0.25 - 0.048 - 0.048) = +0.726 \text{(mm)} \end{aligned}$$

校核结果，符合要求。

最后结果为

$A_1 = 140_{-0.25}^{0}$ mm，$A_2 = A_5 = 5_{-0.048}^{0}$ mm，$A_3 = 101_{0}^{+0.22}$ mm

$A_4 = 50_{0}^{+0.16}$ mm，$A_0 = 1_{0}^{+0.726}$ mm

四、用极值法求工艺尺寸链

中间计算是已知封闭环和其余各组成环的基本尺寸及偏差，求尺寸链中某一未知组成环的基本尺寸及偏差。中间计算常用在基准换算和工序尺寸换算等工艺尺寸链计算中。

【例 11-3】 如图 11-7(a) 所示的轴，加工顺序为：车外圆 A_1 为 $\phi 70.5_{-0.1}^{0}$ mm，铣键槽深为 A_2，磨外圆 A_3 为 $\phi 70_{-0.06}^{0}$ mm。要求磨完外圆后，保证键槽深 A_2 为 $62_{-0.3}^{0}$ mm，求铣键槽的深度 A_2。

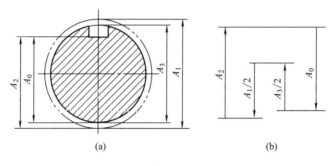

图 11-7 轴的工艺尺寸链

解：① A_0 是加工最后自然形成的环，所以是封闭环；尺寸链线图如图 11-7（b）所示（以外圆圆心为基准，依次画出 $A_1/2$，A_2，A_0 和 $A_3/2$)，其中 A_2、$A_3/2$ 为增环，$A_1/2$ 为减环。

② 计算 A_2 的基本尺寸和上、下偏差

$$A_2 = A_0 - \frac{A_3}{2} + \frac{A_1}{2} = 62 - \frac{70}{2} + \frac{70.5}{2} = 62.25 \text{(mm)}$$

$$\text{ES}_2 = \text{ES}_0 - \frac{\text{ES}_3}{2} + \frac{\text{EI}_1}{2} = 0 - 0 + (-0.05) = -0.05 \text{(mm)}$$

$$\text{EI}_2 = \text{EI}_0 - \frac{\text{EI}_3}{2} + \frac{\text{ES}_1}{2} = -0.3 - (-0.03) + 0 = -0.27 \text{(mm)}$$

键槽的深度为 $62.25_{-0.27}^{-0.05}$

③ 校核计算结果。由式（11-6）可得

$$T_0 = T_2 + \frac{T_3}{2} + \frac{T_1}{2} = [(-0.05) - (-0.27)] + 0.03 + 0.05 = 0.3 \text{(mm)}$$

满足题目要求，计算正确。

第三节　用统计法计算尺寸链

一、统计法基本公式

极值法是按尺寸链中各环的极限尺寸来计算公差的。但是，由生产实践可知，在成批生

产和大量生产中，零件实际尺寸的分布是随机的，多数情况下可考虑成正态分布或偏态分布。换句话说，如果加工或工艺调整中心接近公差带中心时，大多数零件的尺寸分布于公差带中心附近，靠近极限尺寸的零件数目极少。因此，可利用这一规律，将组成环公差放大，这样不但使零件易于加工，同时又能满足封闭环的技术要求，从而获得更大的经济效益。当然，此时封闭环超出技术要求的情况是存在的，但其概率很小，所以这种方法又称大数互换法。

根据概率论和数理统计的理论，统计法解尺寸链的基本公式如下。

1. 封闭环公差

由于在大批量生产中，封闭环 A_0 的变化和组成环 A_i 的变化都可视为随机变量，且 A_0 是 A_i 的函数，则可按随机函数的标准偏差的求法，得

$$\sigma_0 = \sqrt{\sum_{i=1}^{m} \xi_i^2 \sigma_i^2} \tag{11-10}$$

式中 σ_0，σ_1，$\cdots$，σ_m——封闭环和各组成环的标准偏差；

ξ_1，ξ_2，$\cdots$，ξ_m——传递系数。

若组成环和封闭环尺寸偏差均服从正态分布，且分布范围与公差带宽度一致，且 $T_i = 6\sigma_i$，此时封闭环的公差与组成环公差有如下关系

$$T_0 = \sqrt{\sum_{i=1}^{m} \xi_i^2 T_i^2} \tag{11-11}$$

如果考虑到各组成环的分布不为正态分布时，式中应引入相对分布系数 K_i，对不同的分布，K_i 值的大小可由表 11-3 中查出，则

$$T_0 = \sqrt{\sum_{i=1}^{m} \xi_i^2 K_i^2 T_i^2} \tag{11-12}$$

2. 封闭环中间偏差

上偏差与下偏差的平均值为中间偏差，用 Δ 表示，即

$$\Delta = \frac{\mathrm{ES} + \mathrm{EI}}{2} \tag{11-13}$$

当各组成环为对称分布时，封闭环中间偏差为各组成环中间偏差的代数和，即

$$\Delta_0 = \sum_{i=1}^{m} \xi_i \Delta_i \tag{11-14}$$

当组成环为偏态分布或其他不对称分布时，则平均偏差相对中间偏差之间偏移量为 $e\dfrac{T}{2}$，e 称为相对不对称系数（对称分布 $e=0$），这时式(11-14)应改为

$$\Delta_0 = \sum_{i=1}^{m} \xi_i \left(\Delta_i + e_i \frac{T_i}{2} \right) \tag{11-15}$$

3. 封闭环极限偏差

封闭环上偏差等于中间偏差加二分之一封闭环公差，下偏差等于中间偏差减二分之一封

闭环公差，即

$$\left.\begin{aligned}\mathrm{ES}_0 &= \Delta_0 + \frac{1}{2}T_0 \\ \mathrm{EI}_0 &= \Delta_0 - \frac{1}{2}T_0\end{aligned}\right\} \tag{11-16}$$

表 11-3 典型分布曲线与 K、e 值

分布 特征	正态分布	三角分布	均匀分布	瑞利分布	偏态分布	
					外尺寸	内尺寸
e	0	0	0	−0.28	0.26	−0.26
K	1	1.22	1.73	1.14	1.17	1.17

二、计算方法

【例 11-4】 用统计法解【例 11-2】。

解：步骤①和②同【例 11-2】。

③ 确定各组成环公差。

设各组成环尺寸偏差均接近正态分布，则 $K_i=1$，又因该尺寸链为线性尺寸链，故 $|\xi_i|=1$。按等公差等级法

$$T_0 = \sqrt{T_1^2 + T_2^2 + T_3^2 + T_4^2 + T_5^2} = a\sqrt{i_1^2 + i_2^2 + i_3^2 + i_4^2 + i_5^2}$$

所以

$$a = \frac{T_0}{\sqrt{i_1^2 + i_2^2 + i_3^2 + i_4^2 + i_5^2}} = \frac{750}{\sqrt{2.52^2 + 0.73^2 + 2.17^2 + 1.56^2 + 0.73^2}} \approx 196.56$$

由标准公差计算公式表查得，接近 IT12 级。根据各组成环的基本尺寸，从标准公差表查得各组成环的公差为：$T_1=400\mu m$，$T_2=T_5=120\mu m$，$T_3=350\mu m$，$T_4=250\mu m$。则

$$T_0 = \sqrt{0.4^2 + 0.12^2 + 0.35^2 + 0.25^2 + 0.12^2} = 0.611\mathrm{mm} < 0.750\mathrm{mm} = T_0$$

可见，确定的各组成环公差是正确的。

④ 确定各组成环的极限偏差。$A_4 = 50^{+0.250}_{0}\mathrm{mm}$

按"入体原则"确定各组成环的极限偏差如下

$$A_1 = 140^{+0.300}_{-0.300}\mathrm{mm}, A_2 = A_5 = 5^{0}_{-0.120}\mathrm{mm}, A_3 = 101^{+0.350}_{0}\mathrm{mm}, A_4 = 50^{+0.250}_{0}\mathrm{mm}$$

⑤ 校核确定的各组成环的极限偏差能否满足使用要求。

设各组成环尺寸偏差均接近正态分布，则 $e_i=1$。

a. 计算封闭环的中间偏差，由式(11-15)

$$\Delta_0 = \sum_{i=1}^{5} \xi_i \Delta_i = \Delta_3 + \Delta_4 - \Delta_1 - \Delta_2 - \Delta_5$$

$$=0.175+0.125-0-(-0.060)-(-0.060)=0.420 \text{ (mm)}$$

b. 计算封闭环的极限偏差，由式（11-17）

$$\text{ES}_0 = \Delta_0 + \frac{1}{2}T_0 = 0.420 + \frac{1}{2} \times 0.611 \approx 0.726\text{mm} < 0.750\text{mm} = \text{ES}_0$$

$$\text{EI}_0 = \Delta_0 - \frac{1}{2}T_0 = 0.420 - \frac{1}{2} \times 0.611 \approx 0.0115\text{mm} > 0 = \text{EI}_0$$

以上计算说明确定的组成环极限偏差是满足使用要求的。

由【例 11-2】和【例 11-4】相比较可以算出，用统计法计算尺寸链，可以在不改变技术要求所规定的封闭环公差的情况下，组成环公差放大约 60%，而实际上出现不合格件的可能性却很小（仅有 0.27%），这会给生产带来显著的经济效益。

第四节 保证装配精度的其他尺寸链计算方法

对于装配尺寸链，除了用完全互换法和不完全互换法解算以外，还可以用分组互换法、修配法和调整法等措施保证装配精度。

一、分组互换法

分组互换法是把组成环的公差扩大 N 倍，使之达到经济加工精度要求，然后按完工后零件实际尺寸分成 N 组，装配时根据大配大、小配小的原则，按对应组进行装配，以满足封闭环的要求。

例如，设基本尺寸为 $\phi 18\text{mm}$ 的孔、轴配合，要求间隙 $x=3\sim 8\mu m$，这意味着封闭环的公差 $T_0=5\mu m$，若按完全互换法，则孔、轴的直径（组成环）公差只能为 $2.5\mu m$。

若采用分组互换法，将孔、轴的直径公差扩大四倍，公差为 $10\mu m$，将完工后的孔、轴按实际尺寸分为四组，按对应的组进行装配，各组的最大间隙均为 $8\mu m$，最小间隙均为 $2.5\mu m$，故能满足要求，见图 11-8。

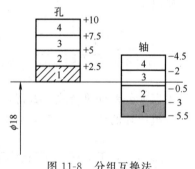

图 11-8 分组互换法

采用分组互换法时，为保证各组的配合性质一致，其增环公差应等于减环公差值。

分组互换法的优点是既可扩大零件的制造公差，又能保证高的装配精度。其主要缺点是增加了检测费用；仅组内零件可以互换；由于零件分布不均匀，可能在某些组内剩下多余零件，造成浪费。

分组互换法一般宜用于大批量生产中精度要求高、零件形状简单易测、环数少的尺寸链。另外由于分组后零件的形状误差不会减少，这就限制了分组数，一般为 2~4 组。

二、修配法

修配法是根据零件加工的可能性，对各组成环规定经济可行的制造公差。装配时，通过修配方法改变尺寸链中预先规定的某组成环的尺寸（该环称为补偿环），以满足装配精度要求。

如图 11-4(a) 所示，将 A_1、A_2 和 A_3 的公差放大到经济可行的程度，为保证主轴和尾座等高性能的要求，选面积最小、重量最轻的尾座底板 A_2 为补偿环，装配时通过对该环的辅助加工（如铲、刮等），切除少量材料，以抵偿封闭环上产生的累积误差，直到满足 A_0 要求为止。

补偿环切莫选择尺寸链的公共环，以免因修配而影响其他尺寸链的封闭环精度。

装配前补偿环需预留修配余量 T_k

$$T_k = \sum_{i=1}^{m} T_i - T_0 \tag{11-17}$$

式中，T_k 为按经济加工精度给定的各组成环的公差值。

修配法的优点也是既扩大了组成环的公差，又保证了高的装配精度。主要缺点是增加了修配工作量和费用，修配后各组成环失去互换性，不宜组织流水生产。

修配法用于小批量生产、环数较多、精度要求高的尺寸链。

三、调整法

调整法是将尺寸链各组成环按经济公差制造，由于组成环尺寸公差扩大而使封闭环上产生的累积误差，可通过装配时采用调整补偿环的尺寸或位置来补偿。

常用的补偿环可分为两种。

1. 固定补偿环

在尺寸链中选择一个合适的组成环作为补偿环（如垫片、垫圈或轴套等）。补偿环可根据需要按尺寸大小分为若干组，装配时，从合适的尺寸组中取一补偿环，装入尺寸链中预定的位置，使封闭环达到规定的技术要求。如图 11-9 所示，两固定补偿环用于使锥齿轮处于正确啮合位置。装配时，根据所测的实际间隙选择合适的调整垫片作补偿件，使间隙达到要求。

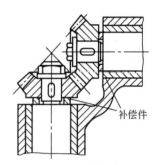

图 11-9 固定补偿环

2. 可动补偿环

装配时调整可动补偿环的位置以达到封闭环的精度要求。这种补偿环在机械设计中应用很广，结构形式很多，例如图 11-10 所示为通过镶条位置，以保证车床溜板箱与床身导轨之间的间隙 A_0。

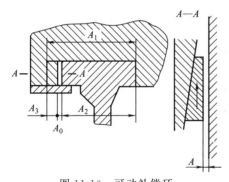

图 11-10 可动补偿环

调整法的主要优点是：可加大组成环的制造公差，使制造容易，同时可得到很高的装配精度；装配时不需修配；使用过程中可以调整补偿环的位置或更换补偿环，以恢复机器原有精度。它的主要缺点是有时需要额外增加尺寸链零件数（增加补偿环），使结构复杂，制造费用增高，降低结构的刚性。

调整法主要应用于封闭环的精度要求高、组成环数目较多的尺寸链，尤其是对使用过程中，组成环的尺寸可能由于磨损、温度变化或受力变形等原因而产生较大变化的尺寸链，调整法有独到的优越性。调整法和修配法的精度在一定程度上取决于装配工人的技术水平。

思 考 题

一、填空题

1. 零部件或机器上若干_____并形成_____的尺寸系统称为尺寸链。
2. 尺寸链按应用场合分_____尺寸链、_____尺寸链和_____尺寸链。
3. 尺寸链由_____和_____构成。
4. 组成环包含_____和_____。
5. 封闭环的基本尺寸等于所有_____的基本尺寸之和减去所有_____的基本尺寸之和。
6. 当所有的增环都是最大极限尺寸,而所有的减环都是最小极限尺寸,封闭环必为_____尺寸。
7. 所有的增环下偏差之和减去所有减环上偏差之和,即为封闭环的_____偏差。
8. 封闭环公差等于_____。
9. "入体原则"的含义为:当组成环为包容尺寸时取_____偏差为零。

二、选择题

1. 一个尺寸链至少由_____个尺寸组成,有_____个封闭环。
   A 1 B 2 C 3 D 4
2. 零件在加工过程中间获得的尺寸称为_____。
   A 增环 B 减环 C 封闭环 D 组成环
3. 封闭环的精度由尺寸链中_____的精度确定。
   A 所有增环 B 所有减环 C 其他各环
4. 按"入体原则"确定各组成环极限偏差应_____。
   A 向材料内分布 B 向材料外分布 C 对称分布

三、判断题

1. 当组成尺寸链的尺寸较多时,封闭环可有两个或两个以上。
2. 封闭环的最小极限尺寸等于所有组成环的最小极限尺寸之差。
3. 封闭环的公差值一定大于任何一个组成环的公差值。
4. 在装配尺寸链中,封闭环是在装配过程中最后形成的一环,也即为装配的精度要求。
5. 尺寸链增环增大,封闭环增大,减环减小,封闭环减小。
6. 装配尺寸链每个独立尺寸的偏差都将将影响装配精度。

四、简答题与计算题

1. 什么叫尺寸链?它有何特点?
2. 如何确定尺寸链的封闭环?能不能说尺寸链中未知的环就是封闭环?
3. 解算尺寸链主要为解决哪几类问题?
4. 完全互换法、不完全互换法、分组法、调整法和修配法各有何特点?各适用于何种场合?
5. 有一孔、轴配合,装配前孔和轴均需镀铬,镀层厚度均为 $10\mu m \pm 2\mu m$,镀后应满足 $\phi 30H8/f7$ 的配合,试确定孔和轴在镀前的尺寸。
6. 某厂加工一批曲轴部件,如图 11-11 所示。经试运转,发现有的曲轴肩与轴承衬套端面有划伤现象。按设计要求 $A_0 = 0.1 \sim 0.2$ mm,而 $A_1 = 150^{+0.018}_{0}$ mm,$A_2 = A_3 = 75^{-0.02}_{-0.08}$ mm,试验算给定尺寸的极限偏差是否合理?

7. 如图 11-12 所示的链轮部件及其支架,要求装配后轴向间隙 $A_0=0.2\sim0.5$mm,试按大数互换法确定有关各零件的尺寸公差与极限偏差。

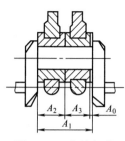

图 11-11 曲轴部件

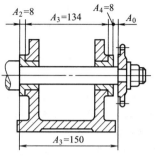

图 11-12 链轮部件

参 考 文 献

[1] 甘永立. 几何量公差与检测. 第 5 版. 上海：上海科学技术出版社，2001.
[2] 甘永立. 几何量公差与检测习题试题集. 上海：上海科学技术出版社，2002.
[3] 王伯平. 互换性与测量技术基础. 北京：机械工业出版社，2000.
[4] 杨好学. 互换性与技术测量. 西安：西安电子科技大学出版社，2000.
[5] 何兆凤. 公差配合与技术测量. 北京：中国劳动和社会保障出版社，2002.
[6] 吕天玉，宫波. 公差配合与测量技术. 第 2 版. 大连：大连理工大学出版社，2005.
[7] 机械工业部统编. 公差配合与测量. 北京：机械工业出版社，1991.
[8] 刘越. 公差配合与技术测量. 北京：化学工业出版社，2004.
[9] 孔庆华，刘传绍. 极限配合与测量技术基础. 上海：同济大学出版社，2002.
[10] 柳晖. 互换性与技术测量基础. 上海：华东理工大学出版社，2006.
[11] 李小沛. 尺寸极限与配合的设计和选用. 北京：中国标准出版社，2002.
[12] 高晓康. 几何精度设计与检测. 上海：上海交通大学出版社，2002.
[13] 谢铁邦. 互换性与技术测量. 武汉：华中科技大学出版社，2002.
[14] 郑叔芳. 机械工程测量学. 北京：科学出版社，1999.
[15] 吕永智. 公差配合与技术测量. 北京：机械工业出版社，2003.
[16] 张琳娜. 精度设计与测量控制基础. 北京：中国计量出版社，1997.
[17] 陈于萍，高晓康. 互换性与测量技术. 北京：高等教育出版社，2002.
[18] 李必文. 机械精度设计与检测. 长沙：中南大学出版社，2011.
[19] 徐学林. 互换性与测量技术基础. 长沙：湖南大学出版社，2010.